"十四五"高等职业教育新形态一体化教材

信息技术课程系列

人工智能应用基础

郭　勇　赵瑞丰　杜　辉◎主　编
林　励　李伟权　王亚楠◎副主编
王路群◎主　审

中国铁道出版社有限公司
CHINA RAILWAY PUBLISHING HOUSE CO., LTD.

内 容 简 介

本书是人工智能技术应用专业的基础教材，以简单且生活化的实训案例为载体，讲解人工智能算法的基本原理，降低学习门槛。本书内容包括Python篇、机器学习篇、深度学习篇、计算机视觉篇以及自然语言处理篇。

Python篇通过实训案例，让读者认识并掌握Python编程语言的基础。机器学习篇通过实训案例，让读者认识机器学习经典算法的基本原理和简单应用。深度学习篇通过实训案例，让读者了解多种神经网络模型的原理及其在生活场景中的运用。计算机视觉篇通过实训案例，让读者了解人工智能算法在计算机视觉领域的典型应用。自然语言处理篇通过实训案例，让读者了解人工智能算法在自然语言领域的典型应用。

本书适合对人工智能感兴趣的在校学生、社会工作者以及其他零基础的读者，通过体验书中关于人工智能技术在计算机视觉、自然语言处理等领域的案例，可以逐渐对人工智能有所认知，并具备初步的实践能力。

图书在版编目（CIP）数据

人工智能应用基础 / 郭勇，赵瑞丰，杜辉主编 .—北京：中国铁道出版社有限公司，2022.8（2024.7 重印）
"十四五"高等职业教育新形态一体化教材
ISBN 978-7-113-29253-9

Ⅰ. ①人… Ⅱ. ①郭… ②赵… ③杜… Ⅲ. ①人工智能－高等职业教育－教材 Ⅳ. ① TP18

中国版本图书馆 CIP 数据核字 (2022) 第 099426 号

书　　名：人工智能应用基础
作　　者：郭　勇　赵瑞丰　杜　辉

策　　划：王春霞　　　　编辑部电话：（010）63551006
责任编辑：王春霞　徐盼欣
封面设计：尚明龙
责任校对：孙　玫
责任印制：樊启鹏

出版发行：中国铁道出版社有限公司（100054，北京市西城区右安门西街 8 号）
网　　址：https://www.tdpress.com/51eds/
印　　刷：北京联兴盛业印刷股份有限公司
版　　次：2022 年 8 月第 1 版　2024 年 7 月第 2 次印刷
开　　本：850 mm × 1 168 mm 1/16　印张：17.25　字数：402 千
书　　号：ISBN 978-7-113-29253-9
定　　价：65.00 元

"十四五"高等职业教育新形态一体化教材

编审委员会

序

2021 年十三届全国人大四次会议表决通过的《中华人民共和国国民经济和社会发展第十四个五年规划和 2035 年远景目标纲要》，对我国社会主义现代化建设进行了全面部署，“十四五”时期对国家的要求是高质量发展，对教育的定位是建立高质量的教育体系，对职业教育的定位是增强职业教育的适应性。当前，在“十四五”关键之年，如何切实推动落实《国家职业教育改革实施方案》《职业教育提质培优行动计划（2020—2023 年）》等文件要求，是新时代职业教育适应国家高质量发展的核心任务。随着新科技和新工业化发展阶段的到来和我国产业高端化转型，必然引发企业用人需求和聘用标准发生新的变化，以人才需求为起点的高职人才培养理念使创新中国特色人才培养模式成为高职战线的核心任务，为此国务院和教育部制定和发布了包括“1+X”职业技能等级证书制度、专业群建设、“双高计划”、专业教学标准、信息技术课程标准、实训基地建设标准等一系列的文件，为探索新时代中国特色高职人才培养指明了方向。

要落实国家职业教育改革一系列文件精神，培养高质量人才，就必须解决“教什么”的问题，必须解决课程教学内容适应产业新业态、行业新工艺、新标准要求等难题，教材建设改革创新就显得尤为重要。国家这几年对于职业教育教材建设加大了力度，2019 年，教育部发布了《职业院校教材管理办法》（教材〔2019〕3 号）、《关于组织开展“十三五”职业教育国家规划教材建设工作的通知》教职成司函〔2019〕94 号），在 2020 年又启动了《首届全国教材建设奖全国优秀教材（职业教育与继续教育类）》评选活动，这些都旨在选出具有职业教育特色的优秀教材，并对下一步如何建设好教材进一步明确了方向。在这种背景下，坚持以习近平新时代中国特色社会主义思想为指导，落实立德树人根本任务，适应新技术、新产业、新业态、新模式对人才培养的新要求，中国铁道出版社有限公司邀请我与鲍洁教授共同策划组织了"'十四五'高等职业教育新形态一体化教材"，尤其是我国知名计算机教育专家谭浩强教授、全国高等院校计算机基础教育研究会会长黄心渊教授对课程建设和教材编写都提出了重要的指导意见。这套教材在设计上把握了如下几个原则：

1. 价值引领、育人为本。牢牢把握教材建设的政治方向和价值导向，充分体现党和国家的意志，体现鲜明的专业领域指向性，发挥教材的铸魂育人、关键支撑、固本培元、文化交流等功能和作用，培养适应创新型国家、制造强国、网络强国、数字中国、智慧社会需要的不可或缺的高层次、高素质技术技能型人才。

2. 内容先进、突出特性。充分发挥高等职业教育服务行业产业优势，及时将行业、产业的新技术、新工艺、新规范作为内容模块，融入教材中去。并且，为强化学生职业素养养成和专业技术积累，将专业精神、职业精神和工匠精神融入教材内容，满足职业教育的需求。此外，为适应项目学习、案例学习、模块化学习等不同学习方式要求，注重以真实生产项目、典型工作任务、案例等为载体组织教学单元的教材、新型活页式、工作手册式等教材，力求教材反映人才培养模式和教学改革方向，有效激发学生学习兴趣和创新潜能。

3. 改革创新、融合发展。遵循教育规律和人才成长规律，结合新一代信息技术发展和产业变革对人才的需求，加强校企合作、深化产教融合，深入推进教材建设改革。加强教材与教学、教材与课程、教材与教法、线上与线下的紧密结合，信息技术与教育教学的深度融合，通过配套数字化教学资源，满足教学需求和符合学生特点的新形态一体化教材。

4. 加强协同、锤炼精品。准确把握新时代方位，深刻认识新形势新任务，激发教师、企业人员内在动力。组建学术造诣高、教学经验丰富、熟悉教材工作的专家队伍，支持科教协同、校企协同、校际协同开展教材编写，全面提升教材建设的科学化水平，打造一批满足学科专业建设要求，能支撑人才成长需要、经得起实践检验的精品教材。

按照教育部关于职业院校教材的相关要求，充分体现工业和信息化领域相关行业特色，以高职专业和课程改革为基础，编写信息技术课程、专业群平台课程、专业核心课程等所需教材。本套教材计划出版 4 个系列，具体为：

1. 信息技术课程系列。教育部发布的《高等职业教育专科信息技术课程标准（2021 年版）》给出了高职计算机公共课程新标准，新标准由必修的基础模块和由 12 项内容组成的拓展模块两部分构成。拓展模块反映了新一代信息技术对高职学生的新要求，各地区、各学校可根据国家有关规定，结合地方资源、学校特色、专业需要和学生实际情况，自主确定拓展模块教学内容。在这种新标准、新模式、新要求下构建了该系列教材。

2. 电子信息大类专业群平台课程系列。高等职业教育大力推进专业群建设，基于产业需求的专业结构，使人才培养更适应现代产业的发展和职业岗位的变化。构建具有引领作用的专业群平台课程和开发相关教材，彰显专业群的特色优势地位，提升电子信息大类专业群平台课程在高职教育中的影响力。

3. 新一代信息技术类典型专业课程系列。以人工智能、大数据、云计算、移动通信、物联网、区块链等为代表的新一代信息技术，是信息技术的纵向升级，也是信息技术之间及其与相关产业的横向融合。在此技术背景下，围绕新一代信息技术专业群（专业）建设需要，重点聚焦这些专业群（专业）缺乏教材或者没有高水平教材的专业核心课程，完善专业教材体系，支撑新专业加快发展建设。

4. 本科专业课程系列。在厘清应用型本科、高职本科、高职专科关系，明确高职本科服务目标，准确定位高职本科基础上，研究高职本科电子信息类典型专业人才培养方案和课程体系，在培养高层次技术技能型人才方面，组织编写该系列教材。

新时代，职业教育正在步入创新发展的关键期，与之配合的教育模式以及相关的诸多建设都在深入探索，本套教材建设按照“选优、选精、选特、选新”的原则，发挥高等职业教育领域的院校、企业的特色和优势，调动高水平教师、企业专家参与，整合学校、行业、产业、教育教学资源，充分认识到教材建设在提高人才培养质量中的基础性作用，集中力量打造与我国高等职业教育高质量发展需求相匹配、内容和形式创新、教学效果好的课程教材体系，努力培养德智体美劳全面发展的高层次、高素质技术技能人才。

本套教材内容前瞻、体系灵活、资源丰富，是值得关注的一套好教材。

国家职业教育指导咨询委员会委员
北京高等学校高等教育学会计算机分会理事长
全国高等院校计算机基础教育研究会荣誉副会长

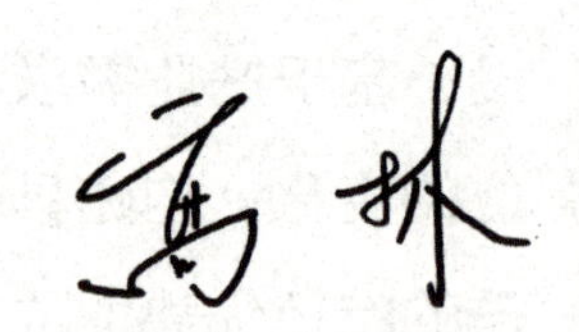

2021 年 8 月

前言

从可爱的“机器猫”到下棋的“阿尔法狗”，从 MCS51 单片机到英伟达的 GPU，编者经历了信息技术蓬勃发展的 20 年。2017 年 3 月 5 日，2017 年政府工作报告指出，要加快培育壮大包括人工智能在内的新兴产业，“人工智能”首次被写入了全国政府工作报告。以人工智能技术为代表的新一代信息技术已开始融入各行各业，成为变革社会的重要推动力，人工智能已上升为国家战略。

社会对计算机视觉、语音识别、机器学习等技术的热情与日俱增，结合 Python 语言引发了一场学习人工智能相关技术的潮流。然而，面对复杂的数学推导公式和广泛的行业应用，我们深感需要编写一本人工智能入门、适合理工科学生快速学习的基础教材。本书编者团队结合课堂教学特点和项目实践经验，摒除传统的人工智能类的数学基础要求高、测试难度大等问题，设计了以案例为载体的、可验证测试的情境教学模块。

本书结合随机数（浙江）智能科技有限公司的“派 Lab”人工智能教学实训平台，解决全校大范围的理工科学生对人工智能基础课程的高通用性、高扩展性和实验案例资源丰富的人工智能开放实验平台的需求，全方位支撑课程教学、实操、考核及科研活动。

本书的内容如下：

（1）Python 篇　与机器沟通：通过五个实训案例，让读者认识 Python 语言，掌握 Python 编程的基本语法和 Python 标准库在人工智能技术中的运用。

（2）机器学习篇　让机器能决策：通过五个实训案例，让读者认识机器学习算法的基本原理，理解处理回归、分类、聚类问题的方法，掌握机器学习算法在日常生活中的应用。

（3）深度学习篇　让机器会思考：通过五个实训案例，让读者认识深度学习算法的基本原理，理解各神经网络模型的核心思想，掌握深度学习算法在现实场景中的运用。

（4）计算机视觉篇　让机器看得见：通过五个实训案例，让读者了解计算机如何识别并处理图像，理解计算机视觉算法的基本原理，掌握计算机视觉领域的典型应用。

（5）自然语言处理篇　让机器读得懂：通过五个实训案例，让读者了解计算机如何识别并处理语音和文字，理解自然语言处理算法的基本原理，掌握自然语言处理领域的典型应用。

本书的特色如下：

（1）建设人工智能在线教学实训平台，实现线上线下相结合，课内课外互通。利用该开放实训平台，学生在课堂内未完成的实验任务，可以在课堂外继续完成。

（2）以案例作为知识点的载体，在案例中逐步讲解验证，使读者能够快速了解人工智能相关的基本技术和方法，让人工智能技术的学习变得更简单。

（3）提供课件、源代码等供读者学习。为了配合课堂教学和自学，编者制作了高质量的教学课件、案例源代码和学习视频等，并不断更新平台的实训案例。

本书由郭勇、赵瑞丰、杜辉任主编，由林励、李伟权、王亚楠任副主编，冷鹏、王青、余婷、汪胜平参与编写，由王路群任主审。感谢曹静和随机数（浙江）智能科技有限公司在本书的编排及代码验证工作中提供的支持。为了方便组织教学，本书配套的相关资料可通过“派 Lab”人工智能教学实训平台查看并下载，平台网址：www.314ai.com。还可与本书编者联系（E-mail：linlimcu@qq.com）。

图书编写是一项与时俱进的长久工程，需要在实践中不断检验和修改。同时，由于编者水平有限，书中难免存在疏漏和不妥之处，敬请广大读者给予批评和指正。

编　者

2022 年 2 月

配套资源索引

微课

目 录

单元一 Python篇 与机器沟通

Python是一门功能强大的计算机编程语言，其设计思想是简单、优雅和明确。Python已广泛应用于Web开发、科学运算、数据分析等众多领域。特别是在人工智能领域，Python被认为是目前该领域最适合、应用最广泛、最有潜力的语言。

本篇将通过五个实训案例，让读者认识Python语言，掌握Python编程的基本语法和Python标准库在人工智能技术中的运用。

1.1 Python的历史

Python的创始人是荷兰人吉多·范罗苏姆（Guido van Rossum）。1989年的圣诞节期间，吉多·范罗苏姆为了在阿姆斯特丹打发时间，决心开发一个新的脚本解释程序，作为ABC编程语言的一种继承。之所以选中Python作为程序的名字，是因为他是BBC电视剧《蒙提·派森的飞行马戏团》（*Monty Python's Flying Circus*）的爱好者。

1991年，第一个Python编译器诞生，它是用C语言实现的，并能够调用C语言的库文件。

Python 2.0于2000年10月16日发布，实现了完整的垃圾回收，并且支持Unicode。Python 2.7被确定为最后一个Python 2.x版本。

Python 3.0于2008年12月3日发布，此版不完全兼容之前的Python源代码。不过，很多新特性后来也被移植到Python 2.6/2.7版本。

1.2 Python的作用

1.2.1 Web应用开发

Python经常被用于Web开发。尽管目前PHP、JavaScript依然是Web开发的主流语言，但Python上升势头更为猛劲。尤其随着Python的Web开发框架逐渐成熟（如Django、Flask、TurboGears、web2py等），程序员可以更轻松地开发和管理复杂的Web程序。

例如，通过mod_wsgi模块，Apache可以运行用Python编写的Web程序。Python定义了

WSGI 标准应用接口来协调 HTTP 服务器与基于 Python 的 Web 程序之间的通信。

例如，人们经常访问的集电影、读书、音乐于一体的豆瓣网，如图 1-1 所示，就是使用 Python 实现的。

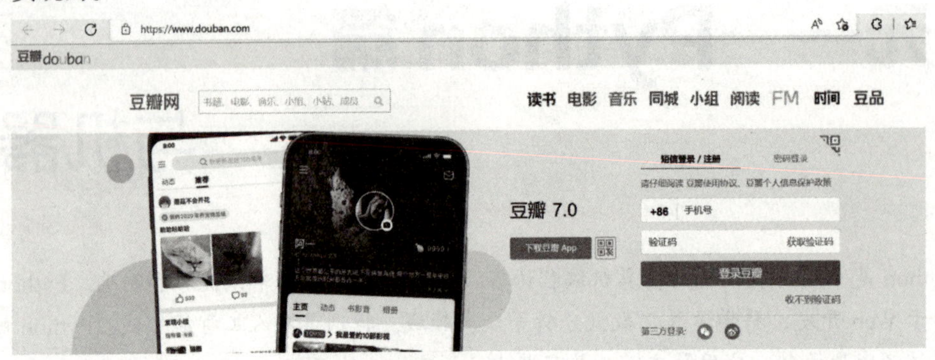

图 1-1　豆瓣网

1.2.2　自动化运维

很多操作系统中，Python 是标准的系统组件，大多数 Linux 发行版以及 NetBSD、OpenBSD 和 Mac OS X 都集成了 Python，可以在终端下直接运行 Python。

有一些 Linux 发行版的安装器使用 Python 语言编写，如 Ubuntu 的 Ubiquity 安装器、Red Hat Linux 和 Fedora 的 Anaconda 安装器等。

另外，Python 标准库中包含了多个可用来调用操作系统功能的库。例如，通过 pywin32 这个软件包，可以访问 Windows 的 COM 服务以及其他 Windows API；使用 IronPython 能够直接调用 .Net Framework。

通常情况下，Python 编写的系统管理脚本，无论是可读性，还是性能、代码重用度以及扩展性方面，都优于普通的 shell 脚本。

1.2.3　人工智能领域

Python 在人工智能领域内的机器学习（machine learning）、神经网络（neural network）、深度学习（deep learning）等方面，都是主流的编程语言。

基于大数据分析和深度学习发展而来的人工智能，其本质上已经无法离开 Python 的支持，原因至少有以下几点：

（1）目前世界上优秀的人工智能学习框架，比如 TensorFlow（神经网络框架）、PyTorch（神经网络框架）以及 Keras 神经网络库等，都是用 Python 实现的。

（2）微软的 CNTK（认知工具包）也完全支持 Python，并且该公司开发的 Visual Studio Code，也已经把 Python 作为第一级语言进行支持。

（3）Python 擅长进行科学计算和数据分析，支持各种数学运算，可以绘制出高质量的 2D 和 3D 图像。

总之，人工智能时代的来临，使得 Python 从众多编程语言中脱颖而出。

1.2.4 网络爬虫

Python语言很早就用来编写网络爬虫。Google等搜索引擎公司大量地使用Python语言编写网络爬虫。

从技术层面上讲，Python提供了很多服务于编写网络爬虫的工具，如urllib、Selenium和BeautifulSoup等，还提供了一个网络爬虫框架Scrapy。

1.2.5 科学计算

和其他解释型语言（如shell、JavaScript、PHP）相比，Python在数据分析、可视化方面有相当完善和优秀的库，如NumPy、SciPy、Matplotlib、pandas等，这可以满足Python程序员编写科学计算程序。

1.2.6 游戏开发

很多游戏使用C++编写图形显示等高性能模块，而使用Python或Lua编写游戏的逻辑模块。和Python相比，Lua的功能更简单，体积更小；而Python则支持更多的特性和数据类型。

例如，游戏*Sid Meier's Civilization*（《文明》）（见图1-2）就是使用Python实现的。

图1-2 游戏《文明》

除此之外，Python可以直接调用Open GL实现3D绘制，这是高性能游戏引擎的技术基础。事实上，有很多Python语言实现的游戏引擎，如Pygame、Pyglet以及Cocos 2D等。

1.3 Python的设计哲学

打开派Lab的线上开发环境，新建一个cell，输入“import this”并运行，会出现如下英文诗：

```
import this
The Zen of Python, by Tim Peters
Beautiful is better than ugly.
```

```
Explicit is better than implicit.
Simple is better than complex.
Complex is better than complicated.
Flat is better than nested.
Sparse is better than dense.
Readability counts.
Special cases aren't special enough to break the rules.
Although practicality beats purity.
Errors should never pass silently.
Unless explicitly silenced.
In the face of ambiguity, refuse the temptation to guess.
There should be one-- and preferably only one --obvious way to do it.
Although that way may not be obvious at first unless you're Dutch.
Now is better than never.
Although never is often better than *right* now.
If the implementation is hard to explain, it's a bad idea.
If the implementation is easy to explain, it may be a good idea.
Namespaces are one honking great idea -- let's do more of those!
```

翻译如下：

```
优美胜于丑陋（Python 以编写优美的代码为目标）
明了胜于晦涩（优美的代码应当是明了的，命名规范，风格相似）
简洁胜于复杂（优美的代码应当是简洁的，不要有复杂的内部实现）
复杂胜于凌乱（如果复杂不可避免，那代码间也不能有难懂的关系，要保持接口简洁）
扁平胜于嵌套（优美的代码应当是扁平的，不能有太多的嵌套）
间隔胜于紧凑（优美的代码有适当的间隔，不要奢望一行代码解决问题）
可读性很重要（优美的代码是可读的）
即便假借特例的实用性之名，也不可违背这些规则（这些规则至高无上）
不要包容所有错误，除非你确定需要这样做（精准地捕获异常，不写 except:pass 风格的代码）
当存在多种可能，不要尝试去猜测
而是尽量找一种，最好是唯一一种明显的解决方案（如果不确定，就用穷举法）
虽然这并不容易，因为你不是 Python 之父（这里的 Dutch 是指 Guido ）
做也许好过不做，但不假思索就动手还不如不做（动手之前要细思量）
如果你无法向人描述你的方案，那肯定不是一个好方案；反之亦然（方案测评标准）
命名空间是一种绝妙的理念，我们应当多加利用（倡导与号召）
```

这首诗反映了Python的设计哲学——Python是一种追求优雅、明确、简单的编程语言，但事实上，产生这首诗的代码写得并没有那么简单易懂：

```
s = """Gur Mra bs Clguba, ol Gvz Crgref
```

```
Ornhgvshy vf orggre guna htyl.
Rkcyvpvg vf orggre guna vzcyvpvg.
Fvzcyr vf orggre guna pbzcyrk.
Pbzcyrk vf orggre guna pbzcyvpngrq.
Syng vf orggre guna arfgrq.
Fcnefr vf orggre guna qrafr.
Ernqnovyvgl pbhagf.
Fcrpvny pnfrf nera'g fcrpvny rabhtu gb oernx gur ehyrf.
Nygubhtu cenpgvpnyvgl orngf chevgl.
Reebef fubhyq arire cnff fvyragyl.
Hayrff rkcyvpvgyl fvyraprq.
Va gur snpr bs nzovthvgl, ershfr gur grzcgngvba gb thrff.
Gurer fubhyq or bar-- naq cersrenoyl bayl bar --boivbhf jnl gb qb vg.
Nygubhtu gung jnl znl abg or boivbhf ng svefg hayrff lbh'er Qhgpu.
Abj vf orggre guna arire.
Nygubhtu arire vf bsgra orggre guna *evtug* abj.
Vs gur vzcyrzragngvba vf uneq gb rkcynva, vg'f n onq vqrn.
Vs gur vzcyrzragngvba vf rnfl gb rkcynva, vg znl or n tbbq vqrn.
Anzrfcnprf ner bar ubaxvat terng vqrn -- yrg'f qb zber bs gubfr!"""

d = {}
for c in (65, 97):
    for i in range(26):
        d[chr(i+c)] = chr((i+13) % 26 + c)

print ("".join([d.get(c, c) for c in s]))
The Zen of Python, by Tim Peters

Beautiful is better than ugly.
Explicit is better than implicit.
Simple is better than complex.
Complex is better than complicated.
Flat is better than nested.
Sparse is better than dense.
Readability counts.
Special cases aren't special enough to break the rules.
Although practicality beats purity.
Errors should never pass silently.
Unless explicitly silenced.
```

```
In the face of ambiguity, refuse the temptation to guess.
There should be one-- and preferably only one --obvious way to do it.
Although that way may not be obvious at first unless you're Dutch.
Now is better than never.
Although never is often better than *right* now.
If the implementation is hard to explain, it's a bad idea.
If the implementation is easy to explain, it may be a good idea.
Namespaces are one honking great idea -- let's do more of those!
```

1.4 Python的特点

Python是当今非常热门的语言之一。2022年3月的TIOBE编程语言排行榜中（见图1-3），Python名列第一，并且其流行度依然处在上升势头。

Mar 2022	Mar 2021	Change	Programming Language	Ratings	Change
1	3	↑	Python	14.26%	+3.95%
2	1	↓	C	13.06%	-2.27%
3	2	↓	Java	11.19%	+0.74%
4	4		C++	8.66%	+2.14%
5	5		C#	5.92%	+0.95%
6	6		Visual Basic	5.77%	+0.91%
7	7		JavaScript	2.09%	-0.03%
8	8		PHP	1.92%	-0.15%
9	9		Assembly language	1.90%	-0.07%
10	10		SQL	1.85%	-0.02%
11	13	↑	R	1.37%	+0.12%
12	14	↑	Delphi/Object Pascal	1.12%	-0.07%
13	11	↓	Go	0.98%	-0.33%
14	19	⇈	Swift	0.90%	-0.05%
15	18	↑	MATLAB	0.80%	-0.23%
16	16		Ruby	0.66%	-0.52%
17	12	⇊	Classic Visual Basic	0.60%	-0.66%
18	20	↑	Objective-C	0.59%	-0.31%
19	17	↓	Perl	0.57%	-0.58%
20	38	⇈	Lua	0.56%	+0.23%

图1-3　2022年3月编程语言排行

此外，相对其他语言，Python 语言在人工智能领域拥有如下优势：

（1）Python 具有优质的开发文档。

（2）语言设计简洁优雅，对开发者友好，开发效率高，而且 Python 相对容易学习。

（3）具有丰富的第三方库支持，提供图像密集型库，包括 VTK、Maya 3D 可视化工具包、科学 Python、数字 Python、Python 成像库等。

（4）Python 的可移植性、可扩展性、可嵌入性大大降低了 Python 程序的开发周期，在丰富的第三方库的支持下，少量代码即可完成相对复杂的程序。

1.5 学习计划

可以通过图 1-4 所示的学习路径完成 Python 基础的学习。

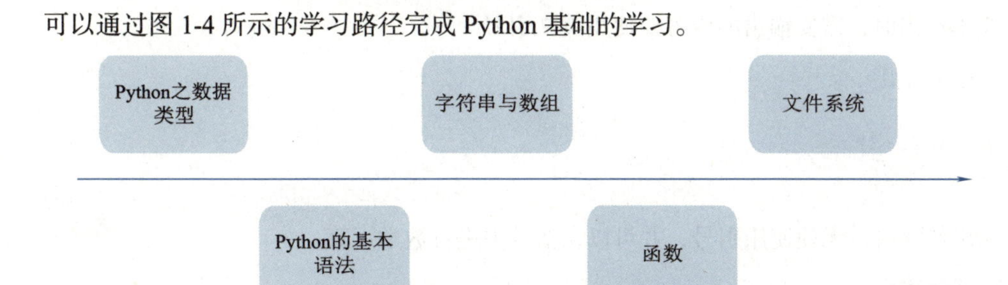

图 1-4　Python 基础学习路径

图 1-4 中所有内容本书均基于 Python 3.x 版本讲解。将会涉及的知识点如下所示：

（1）Python3 的所有常用语法。

（2）面向对象的编程思维。

（3）运用模块进行编程。

（4）数据处理基础。

实训案例 1　Python “读心术”

实训目标

扫一扫

案例1 “读心术”上

（1）通过简单版本的小游戏，掌握使用 print( ) 函数进行输出，使用 input( ) 函数进行输入。

（2）了解分支和循环（if...else）的实现逻辑，并可以简单应用。

（3）了解 Python 中的数据类型。

实训背景

扫一扫

案例1 “读心术”下

小派的室友小王给小派买了一包零食，但是要小派猜中价格才能送给小派。下面我们通过程序来模拟小派猜测零食价格的过程。

实训要点

本实训介绍 Python 的基础知识：input( ) 函数、print( ) 函数、数据类型与 if/else 语句。

知识点1　输出：print( ) 函数

print( ) 函数的括号内是要输出的内容，需要被英文单引号或双引号引用；另外，print( ) 函数的括号也须是英文括号。

1. 文本输出

```
print('I love 314.cn')
I love 314.cn
```

文本输出时，需要输出的内容要使用英文引号。

2. 数字输出

```
print(5+3)
8
```

输出数字时，无须使用引号，并可以在括号中进行数学运算。

3. 复合输出

```
print('www.314ai.cn' + '8')
www.314ai.cn8
```

使用数学运算符中的“+”号，可以在输出的时候进行拼接操作。

```
print('www.314ai'+'.cn')
www.314ai.cn
```

参与拼接的内容必须使用英文引号引用。

```
print('www.314ai.cn' * 8)
www.314ai.cnwww.314ai.cnwww.314ai.cnwww.314ai.cnwww.314ai.cnwww.314ai.
cnwww.314ai.cnwww.314ai.cn
```

使用数学运算符中的“*”，可以对引号中的内容重复输出。

以下代码会报错（思考一下为什么会报错）：

```
print('www.314ai.cn' + 8)
---------------------------------------------------------------------------
TypeError                                 Traceback (most recent call last)
<ipython-input-29-c58f62084582> in <module>
----> 1 print('www.314ai.cn' + 8)

TypeError: can only concatenate str (not "int") to str
```

通过提示可以得知，“+”只能将 str 数据类型进行连接，而 print( ) 函数中的 8 没有加英文引号，它的数据类型并不是 str，而是 int。

关于数据类型的知识将在后文中讲到。

知识点 2　输入 input( ) 函数

input( ) 函数具有以下特点：

（1）仅打印文本输入框中的内容。

（2）括号内的数字不需要使用引号。

（3）括号内的中文字符或字母需要使用引号。

下面使用中括号 [ ] 代替 input 的输入框表示。

```
a = input()
print(a)
 [6]
6

a = input(1256)
print(a)
1256 [ 你好, 派 Lab]
你好, 派 Lab
a = input('abc')
print(a)
abc [456]
456

a = input('请输入内容:')
print(a)
请输入内容: [ 你好, 派 Lab!]
你好, 派 Lab!
```

通过使用 input( ) 函数，可以获取用户的输入内容。

知识点 3　变量、字符串与数据类型

1. 变量

变量名就像人们在现实社会的名字，把一个值赋值给一个名字时，它会存储在内存中，称之为变量（variable），在大多数语言中，都把这种行为称为“给变量赋值”或“把值存储在变量中”。

不过，Python 与大多数其他计算机语言的做法稍有不同，如图 1-5 所示，它并不是把值存储在变量中，而更像是把名字贴在值的上边。

图 1-5　变量名与值示意图

```
a = 'www.314ai.cn'
a
'www.314ai.cn'

name = 'www.314ai.cn'
name
'www.314ai.cn'

url_pai = 'www.314ai.cn'
url_pai
'www.314ai.cn'
```

a、name、url_pai 都属于变量名，而 'www.314ai.cn' 则是其对应的值。

2. 字符串

字符串就是引号内的一切内容。也可以把字符串称为文本。文本和数字是截然不同的。

```
5 + 8
13

'5' + '8'
'58'
```

如果要告诉 Python 正在创建一个字符串，就要在字符两边加上引号，可以是单引号或者双引号。但是，引号必须成对，不能一边单引号，另一边双引号。

如果字符串中需要出现单引号或双引号，这个时候要用转义符号（\）对字符串中的引号进行转义：

```
'Let\'s go!'
"Let's go!"
```

如果对于一个字符串中有多个需要转义的符号，可以使用原始字符串功能：

```
str0 = 'C:\\Program Files\\Intel\\WiFi\\Help'
print(str0)
C:\Program Files\Intel\WiFi\Help

str1 = r'C:\Program Files\Intel\WiFi\Help'
print(str1)
C:\Program Files\Intel\WiFi\Help
```

如果希望得到一个跨越多行的字符串，例如：

随机数通常被视为一个随机的信息量，是一个人工神经网络的神经元，圆周率派（π）则是一个最完美的随机数生成器。

在飞速发展的人工智能时代，“无限”的可能性远超人类想象，如何站在巨人的肩膀上，探索宇宙的终极定律。

随机数智能将深度学习的巨大力量作用于现实世界，为抽象的人工智能学习构建精妙的解决方案，让人工智能技术的学习变得简单！

这时候就需要使用到三重引号字符串：

```
str2 = '''
随机数通常被视为一个随机的信息量，是一个人工神经网络的神经元，圆周率派（π）则是一个最完美的随机数生成器。
在飞速发展的人工智能时代，“无限”的可能性远超人类想象，如何站在巨人的肩膀上，探索宇宙的终极定律。
随机数智能将深度学习的巨大力量作用于现实世界，为抽象的人工智能学习构建精妙的解决方案，让人工智能技术的学习变得简单！
'''
print(str2)
随机数通常被视为一个随机的信息量，是一个人工神经网络的神经元，圆周率派（π）则是一个最完美的随机数生成器。
在飞速发展的人工智能时代，“无限”的可能性远超人类想象，如何站在巨人的肩膀上，探索宇宙的终极定律。
随机数智能将深度学习的巨大力量作用于现实世界，为抽象的人工智能学习构建精妙的解决方案，让人工智能技术的学习变得简单！
```

3. 数据类型

如图 1-6 所示，Python 中的数据类型包含整数、字符串、浮点数，且数据类型之间可以相互转换。

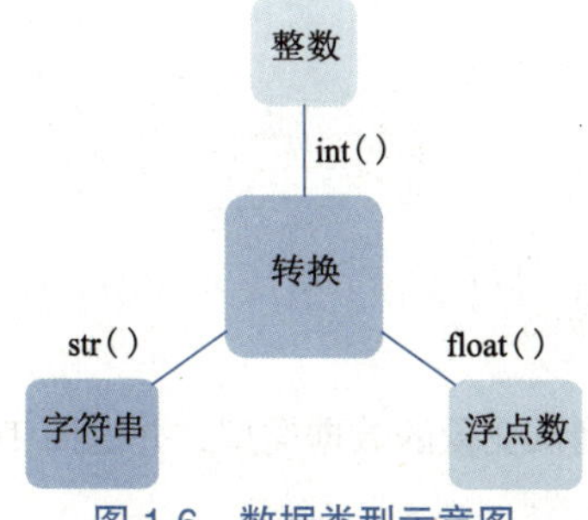

图 1-6 数据类型示意图

int() 函数会将括号中的数值进行裁剪，只保留整数部分，并非四舍五入。

```
a = 5.21
b = int(a)
```

```
print(b)
5
```

float( ) 函数会将括号中的数值转换为小数。

```
a = 521
b = float(a)
print(b)
521.0
```

str( ) 函数会将括号中的内容转换为字符串。

```
a = 521
print(a*8)
b = str(a)
print(b)
print(b*8)
4168
521
521521521521521521521521
```

上述代码中，可以通过字符串乘法判断出 521 是作为字符串参与了字符串乘法。需要注意的是，有功能的函数尽量不要将其作为变量名，这样会引起不必要的麻烦，如以下代码：

```
int = 'www.314ai.cn'
# int 被赋予新的值，导致原本类型转换的功能失效
print(int(521.1314))
TypeError: 'str' object is not callable
```

使用 type( ) 函数可以获取括号中数据的类型。

```
type('abv123')
str

type(123)
int
```

使用 isinstance( ) 函数可以确认变量的数据类型，并返回 True 或者 False 的结果。

```
a = 'abvc589'
# 结果若为 True 则表明变量 a 的类型是 str；若为 False，则不是 str 类型
isinstance(a,str)
True
```

```
a = 123
# 结果若为 True 则表明变量 a 的类型是 float；若为 False ，则不是 float 类型
isinstance(a,float)
False
```

知识点 4 条件分支（if...else）

条件分支结构如下：

```
if 条件:
        条件为真时
        代码
else:
        条件为假时
        代码
```

例如：

```
a = 3
b = 4
if a > b:
    print('a 比 b 大 ')
else:
    print('b 比 a 大 ')
b 比 a 大
```

条件表达式如下：

```
x if 条件 else y
```

即当 if 后的条件为真时，结果为 x，当 if 后的条件为假时，结果为 y。

```
x, y = 4, 5
if x < y:
    small = x
else:
    small = y
print(small)
4
```

上述条件分支结构可用条件表达式来实现。

```
x, y = 4, 5
small = x if x < y else y
print(small)
4
```

实训步骤

在开始实训之前，我们先画出图 1-7 所示的流程图。猜价格游戏的流程主要是先输入一个价格，然后通过条件分支对输入的价格进行判断，最后根据结果输出相应内容。

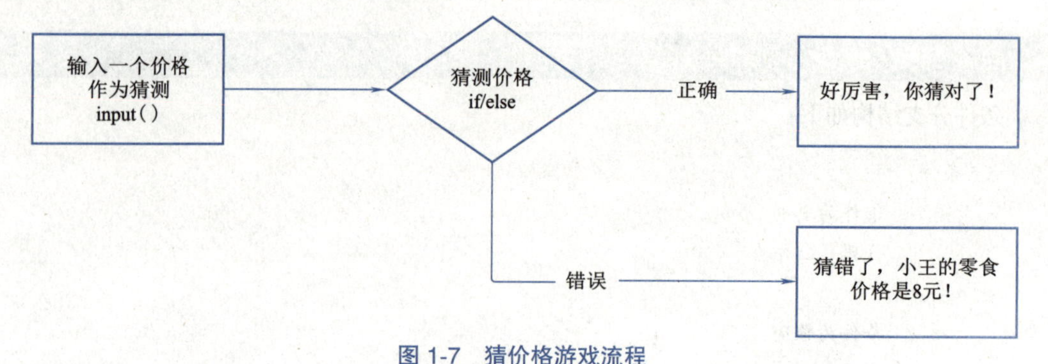

图 1-7　猜价格游戏流程

第一步　使用 print( ) 函数打印出小游戏的标题

```
print('这是一个猜价格小游戏（V1.0）')
```

第二步　通过 input( ) 函数输入猜测的价格

需要注意的是，为了接下来使用猜测的价格，要对猜测的价格进行赋值。

```
a = input('请猜测一下小王的零食花了多少钱（0-10之间的整数）：')
```

第三步　使用 int( ) 函数对输入结果整型化

```
guess = int(a)
```

第四步　通过 if...else 结构实现猜测结果判断的过程

```
if guess == 8:
    # 猜测正确
    print('好厉害，你猜对了！ ')
else:
    # 猜测错误
    print('猜错了，小王的零食价格是8元！ ')
```

第五步　通过 print( ) 函数告诉大家游戏结束

```
print('游戏结束')
```

运行结果：

```
这是一个猜价格小游戏（V1.0）
请猜测一下小王的零食花了多少钱（0-10之间的整数）：8
好厉害，你猜对了！
游戏结束
```

实训案例 2 “读心术”进阶

实训目标

（1）掌握操作符的概念与常用操作符的优先级。

（2）了解分支和循环（for、while）的实现逻辑，并可以简单应用。

（3）了解 Python 中包的概念与异常的处理方式。

（4）按照如下需求完成对读心术小游戏的改进：

①游戏应该在猜错的时候给出提示；

②应该有多次的猜测机会；

③答案要随机，每次猜的时候答案都是不同的且不可知的；

④如果输入内容的格式不正确要给出提示；

⑤猜对了之后要统计出来猜了几次。

扫一扫

案例 2 “读心术”进阶

实训背景

还记得我们上节课的小游戏吗？

小强玩了猜价格的小游戏后，认为体验不好。他认为有以下几点需要修改：游戏应该在猜错的时候给出提示；应该有多次的猜测机会；答案要随机，每次猜的时候答案都是不同的且不可知的；如果输入内容的格式不正确要给出提示；猜对了之后要统计出来猜了几次。

实训演示

进入派 Lab 对应课程的实训环境，运行下面的代码，体验“读心术”小游戏的改进。

```
%run ./data-sets/guess1.1.py
```

实训要点

优化猜价格游戏的过程中，用到了如下知识：while 循环、操作符、包和异常处理。

知识点 1 操作符

1. 算术操作符（一元操作符）

如图 1-8 所示，从左至右依次是加、减、乘、除、取余数、幂运算和地板除（a // b = int(a/b)）。

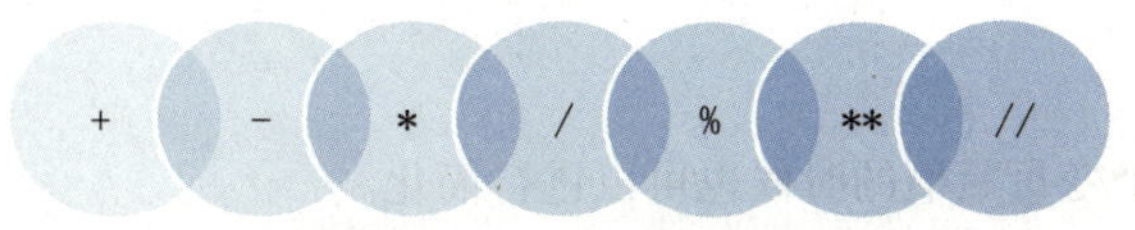

图 1-8 算术操作符

```
# 加法
a = 10
a = a + 11
a
21
# 除法
a = 100
a = a / 25
a
4.0
# 幂运算
a = 100
a = a ** 2
a
10000
# 地板除
a = 100
a = a // 24
a
4
# 取余
a = 100
a = a % 21
a
16
```

上面是从逻辑的角度的写法，实际上在Python中对单一变量的运算操作有更简洁的写法：

```
# 加法
a = 10
a += 11
a
21
# 取余
a = 100
a %= 21
a
16
```

此外，如果对多个变量赋值的时候也可以进行简化。

例如：

```
a = b = c = 10
print(a)
print(b)
print(c)
10
10
10

a,b = 3,4
print(a)
print(b)
3
4
```

算术操作符的优先级，与数学运算一致，先乘除再加减：

```
print(-2 * 5 + 24 / -4 - 8 // 3 + 30 % 4)
print((-2) * 5 + (24 / (-4)) - (8 // 3) + (30 % 4))
-16.0
-16.0
```

需要注意的是，算术操作符中，幂运算（**）比较特殊，它的特殊之处在于它比它左侧的算术运算符优先级高，但是比右侧的优先级低。例如：

```
print(-5 ** 2)
print((-5) ** 2)
print(5 ** -2)
-25
25
0.04
```

单独只有算术运算符的时候，可以不使用括号；如果与其他运算符混用的情况下，适当地使用括号会增加代码可读性。

2. 比较操作符（二元操作符）

图 1-9 所示为不同的比较操作符。

比较操作符通过比较两端内容来返回布尔（bool）类型的值（True / False）。

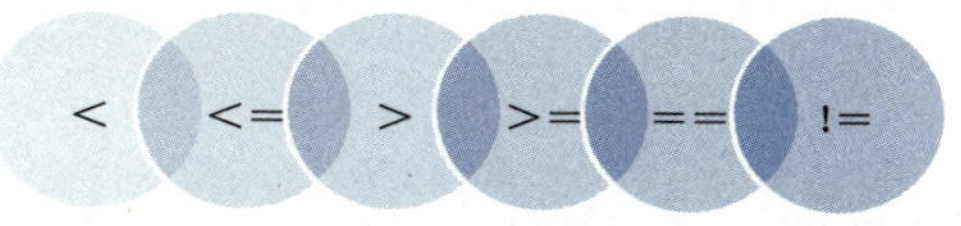

图 1-9 比较操作符

```
print(3 < 4)
print(3 > 4)
True
False
```

3. 逻辑操作符

图 1-10 所示为三种逻辑操作符，其返回结果与比较操作符一样，即布尔类型的值。

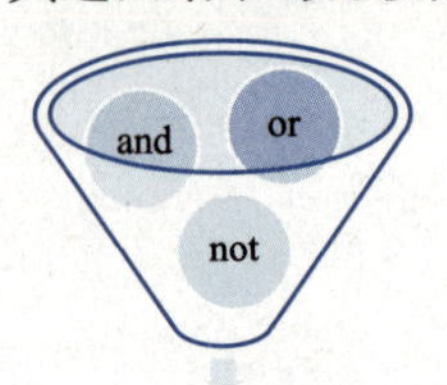

图 1-10 逻辑操作符

and 操作符两侧都为真的情况下结果为 True，否则为 False。

```
(3 < 4) and (4 < 5)
True
(3 < 4) and (4 > 5)
False
```

or 操作符两侧至少有一个为真的情况下结果为 True，否则为 False。

```
(3 < 4) or (6 < 5)
True

(3 > 4) and (9 < 5)
False
```

not 操作符为一元操作符，作用是取其内容的相反值。

```
not True
False

not False
True

# 0 在 Python 中解释为 False
not 0
True

# 1 在 python 中解释为 True
not 1
False
```

4. 常用操作符的优先级

图 1-11 所示为常用操作符的优先级，图中从上到下优先级依次降低。

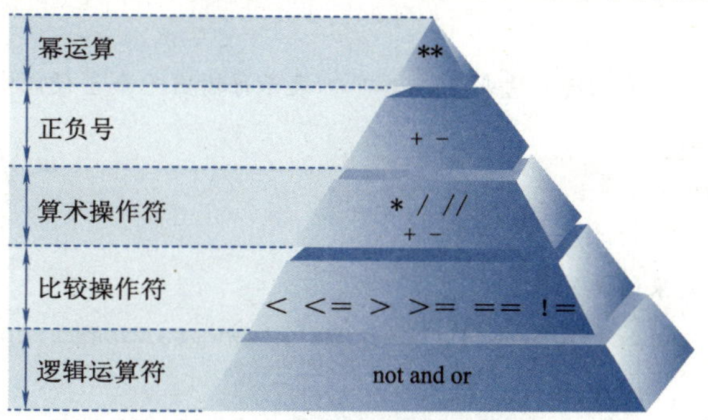

图 1-11 常用操作符的优先级

知识点 2 循环

1. while 循环

当条件为真时，循环体会一直进行下去，直到条件为假，然后退出循环。

```
while 条件:
        循环体
```

例如：

```
i = 0
while i < 10:
    print(i)
    i += 1
0
1
2
3
4
5
6
7
8
9
```

可见，当 i=9 时，while 条件为 True，进入循环体，将 9 打印出来之后，i 变成了 10，while 条件为 False，退出循环。

2. for 循环

```
for 目标 in 表达式:
        循环体
```

例如：

```
url = 'www.314ai.cn'
for i in url:
    # 默认的print是以换行结束，end=' '表示每输出1个i便以空格结束
    print(i,end=' ')
www.314ai.cn

# 用英文中括号括起来的是列表
url = ['www.314ai.cn','www.baidu.com','www.randomai.cn', 3.1415916]
for i in url:
    # 默认的print是以换行结束，end=' '表示每输出1个i便以空格结束
    print(i)
www.314ai.cn
www.baidu.com
www.randomai.cn
3.1415916
```

其中，表达式可以是字符串、列表、元组或range表达式等。

3. range( )

语法：

```
range( start, stop, step=1 )
```

这个内置函数有三个参数，其中start和step两个参数是可选的。

step表示步长，step=1表示该参数默认值是1。

range的作用是生成一个从start参数的值开始到stop-1参数的值结束的数字序列。

```
for i in range(10):
    print(i,end = '...')
0...1...2...3...4...5...6...7...8...9...

for i in range(6,21,3):
    print(i,end = ' ')
6 9 12 15 18
```

知识点3　包

包就是封装好的Python程序，如猜数字小游戏中的random包，就是一个与随机数相关的包。

Python有许多功能强大的包，例如与人工智能相关的tensorflow包，与数学相关的math包，与数据处理相关的numpy包等。

在使用这些包之前，需要先使用 import 命令导入包。

1. 导入包

```
import math
math.sqrt(16)
4.0
```

2. 导入包中需要的函数

```
from random import randint
randint(1,10)
2
```

3. 导入整包并以指定名称引用

```
import math as m
m.sqrt(25)
5.0
```

4. 查询包中的内嵌函数

```
help(math)
Help on module math:

NAME
    math

MODULE REFERENCE
    https://docs.python.org/3.8/library/math

    The following documentation is automatically generated from the Python
    source files.  It may be incomplete, incorrect or include features that
    are considered implementation detail and may vary between Python
    implementations. When in doubt, consult the module reference at the
    location listed above.

DESCRIPTION
    This module provides access to the mathematical functions
    defined by the C standard.

FUNCTIONS
    acos(x, /)
```

```
        Return the arc cosine (measured in radians) of x.

    acosh(x, /)
        Return the inverse hyperbolic cosine of x.

    asin(x, /)
        Return the arc sine (measured in radians) of x.

    asinh(x, /)
        Return the inverse hyperbolic sine of x.

    atan(x, /)
        Return the arc tangent (measured in radians) of x.

    atan2(y, x, /)
        Return the arc tangent (measured in radians) of y/x.

        Unlike atan(y/x), the signs of both x and y are considered.

    atanh(x, /)
        Return the inverse hyperbolic tangent of x.

    ceil(x, /)
        Return the ceiling of x as an Integral.

        This is the smallest integer >= x.
    ……
    trunc(x, /)
        Truncates the Real x to the nearest Integral toward 0.

        Uses the __trunc__ magic method.

DATA
    e = 2.718281828459045
    inf = inf
    nan = nan
    pi = 3.141592653589793
    tau = 6.283185307179586

FILE
    /usr/local/lib/python3.8/lib-dynload/math.cpython-38-x86_ 64-linux-
gnu.so
```

上述结果 Functions 中的函数即该包（math）中的可用函数。

知识点4 异常处理

回到最初的小游戏上。如果输入的是非数字的内容时：

```
print('这是一个猜价格小游戏（V1.0）')
# 输入数字，用来判断这个数字和目标数字是否相同
a = input('请猜测一下小王的零食花了多少钱（0-10之间的整数）:')
guess = int(a)
# 判断猜测值与目标值是否相同
# '==' 在 Python 中代表“等于”的意思
if guess == 8:
    # 猜测正确
    print('好厉害，你猜对了！')
# 猜测错误
else:
    print('猜错了，小王的零食价格是8元！')
print('游戏结束')
猜价格小游戏（V1.0）
请猜测一下小王的零食花了多少钱（0-10之间的整数）: a
---------------------------------------------------------------------------
ValueError                                Traceback (most recent call last)
<ipython-input-47-874ed740f08e> in <module>
      2 # 输入数字，用来判断这个数字和目标数字是否相同
      3 a = input('请猜测一下小王的零食花了多少钱（0-10之间的整数）:')
----> 4 guess = int(a)
      5 # 判断猜测值与目标值是否相同
      6 # == 2个等号在 Python 中代表"等于"的意思

ValueError: invalid literal for int() with base 10: 'a'
```

代码提示“ValueError: invalid literal for int( ) with base 10: 'a'”。

可以在程序中使用 try...except 结构来捕捉异常：

```
try:
    int('a')
except ValueError as e:
    print('出现错误，错误是 %s' % e)
```

运行结果：

```
出现错误，错误是 invalid literal for int() with base 10: 'a'
```

try...except 可以处理多个异常，例如：

```
try:
    sum = 1 + '1'
    f = open('我是一个不存在的文档.txt')
    print(f.read())
    f.close()
except OSError as reason:
    print('文件出错，错误原因是：' + str(reason))
except TypeError as reason:
    print('类型出错，错误原因是：' + str(reason))
```

运行结果：

```
类型出错，错误原因是:unsupported operand type(s) for +: 'int' and 'str'
```

实训步骤

该“读心术”小游戏的程序流程如图 1-12 所示。

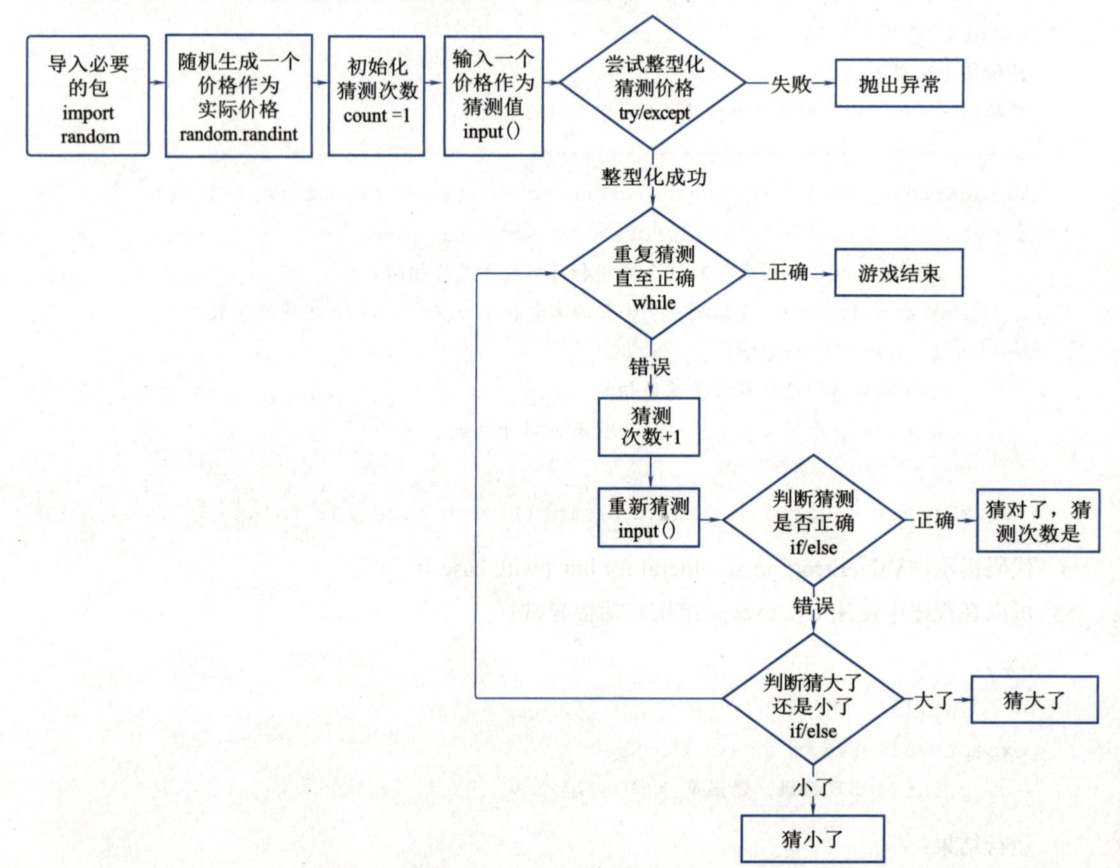

图 1-12 “读心术”进阶流程

第一步　导入包

```
import random
```

第二步　初始化当前这包零食的价格和猜测次数

```
# 初始化零食价格，使用 randint( ) 函数，在 1-100 的范围内生成一个整数
secret = random.randint(1,100)
# 初始化猜测次数
count = 1
print('这是一个猜价格小游戏（V1.1）')
```

第三步　获取输入的价格猜测值，并将值赋值给 temp

```
temp = input("请猜测一下这包零食的价格是（0-100 之间的整数）：")
```

第四步　尝试对 temp 变量进行整型化

如果输入的结果不是整型，则会打印出错误类型。

```
try:
    guess = int(temp)
except ValueError as e:
    print('输入内容有误，错误内容是:%s！' % e)
```

第五步　重复猜测过程

可以使用 while 语句，当结果不正确时，一直进行猜测，猜测正确就退出游戏。

```
while guess != secret:
    count += 1
    temp = input("猜错了，请再猜一次吧：")
    guess = int(temp)

print('游戏结束')
```

注意：每猜测一次（进入一次 while 循环），count 的次数就会 +1。

第六步　加入提示过程

如果猜大了就提示大了；如果猜小了就提示小了。

```
if guess == secret:
    print("你猜对了，共猜了 %d 次！" % count)
else:
     if guess > secret:
         print("你猜的价格比实际价格要大！")
else:
         print("你猜的价格比实际价格要小！")
```

第七步　调整代码顺序

添加输入内容不可整型化时，退出游戏。

```
try:
    # 尝试整型化输入内容
    guess = int(temp)
# 如果输入内容无法整型化，则会抛出 ValueError 的错误
except ValueError as e:
    print('输入内容有误，错误内容是:%s！ ' % e)
    # 如果输入内容整型化的时候发生了 ValueError 错误，则将本次的零食价格赋值给猜测值
    # 这样，进入下方 while 循环的时候就会因为 guess == secret 从而跳出 while 循环，
直接进入 print("游戏结束") 的位置
    guess = secret
while guess != secret:
    count += 1
    temp = input("猜错了，请再猜一次吧:")
    guess = int(temp)
    # 判断大了还是小了需要放在 while 循环中
    if guess == secret:
        print("你猜对了，共猜了 %d 次！ " % count)

    else:
        # 如果猜测值大了
        if guess > secret:
            print("你猜的价格比实际价格要大！ ")
        # 如果猜测值小了
        else:
            print("你猜的价格比实际价格要小！ ")
print("游戏结束")
```

运行结果：

```
这是一个猜价格小游戏（V1.1）
请猜测一下这包零食的价格是（0-100之间的整数）：50
猜错了，请再猜一次吧：60
你猜的价格比实际价格要大！
猜错了，请再猜一次吧：2
你猜的价格比实际价格要小！
猜错了，请再猜一次吧：30
你猜的价格比实际价格要小！
猜错了，请再猜一次吧：40
```

```
你猜的价格比实际价格要小！
猜错了，请再猜一次吧：45
你猜的价格比实际价格要小！
猜错了，请再猜一次吧：48
你猜的价格比实际价格要小！
猜错了，请再猜一次吧：49
你猜的价格比实际价格要小！
猜错了，请再猜一次吧：55
你猜的价格比实际价格要小！
猜错了，请再猜一次吧：59
你猜的价格比实际价格要大！
猜错了，请再猜一次吧：58
你猜对了，共猜了 11 次！
游戏结束
```

实训案例 3　像搭积木一样学函数

实训目标

（1）掌握列表的基础知识（包含创建，元素添加、删除与取出）。

（2）在列表的基础上，了解元组的基础知识。

（3）掌握字典的基本操作与常用方法。

（4）对函数的概念与应用有一定的了解。

（5）可以实现简单的文件操作。

扫一扫

案例3搭积木

实训背景

小强想通过一个程序，实现输入关键字，查找当前文件夹内（如果当前文件夹内包含文件夹，则进入文件夹继续搜索）所有含有该关键字的文本文件（扩展名为 .txt），并显示该文件所在的位置以及关键字在文件中的具体位置（第几行第几个字符）的功能。应当如何实现呢？

实训要点

实现关键字查找的整个案例过程中，用到了如下的新知识点：

列表、字典、函数、文件。

下面，就让我们依次了解这些知识点吧。

知识点1　列表（List）

如图 1-13 所示，任何类型的数据都可以装进列表中。

图 1-13　列表示意图

1. 创建列表

```
# 直接创建一个列表
list0 = ['派Lab','随机数','www.314ai.cn',1,3.1415926,[1,22,'a']]
print(list0)
['派Lab', '随机数', 'www.314ai.cn', 1, 3.1415926, [1, 22, 'a']]

# 转化为列表
list('www.314ai.cn')
['w', 'w', 'w', '.', '3', '1', '4', 'a', 'i', '.', 'c', 'n']
```

2. 添加元素

如图 1-14 所示，可以用三种函数向列表中添加元素。

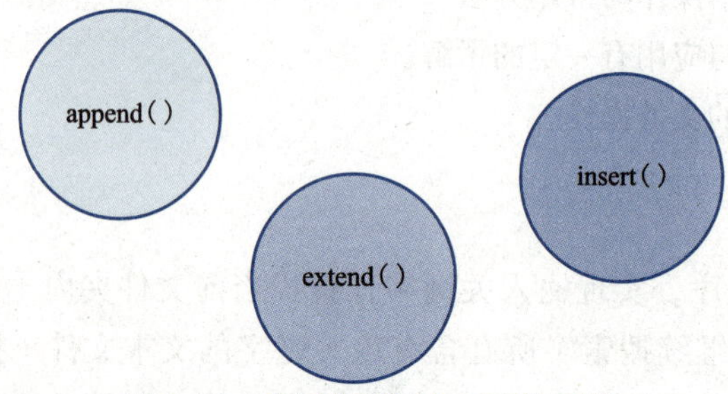

图 1-14　向列表中添加元素的函数

append() 函数，向列表最后添加一个元素。

```
empty_list = []
# 向 empty_list 中添加一个数字 1
# 一次只能添加一个元素且该元素会添加至最后一个位置
empty_list.append(1)
print(empty_list)
# 打印添加数字 1 后的列表长度
```

```
print(len(empty_list))
[1]
1
```

extend( ) 函数，用一个列表扩展原有列表。

```
empty_list = []
# 用一个列表扩展 empty_list
# 一次只能添加一个元素且该元素会添加至最后一个位置
empty_list.extend(['www.314ai.cn','派Lab',3.1415926])
print(empty_list)
# 打印新列表长度
print(len(empty_list))
['www.314ai.cn', '派Lab', 3.1415926]
3
```

insert( ) 函数，向列表指定位置添加一个元素。

```
list0 = ['www.314ai.cn', '派Lab', 3.1415926]
list0.insert(0,'掷骰子么')
print(list0)
['掷骰子么', 'www.314ai.cn', '派Lab', 3.1415926]
```

3. 删除元素

如图 1-15 所示，可以用三种不同的函数删除列表中的元素。

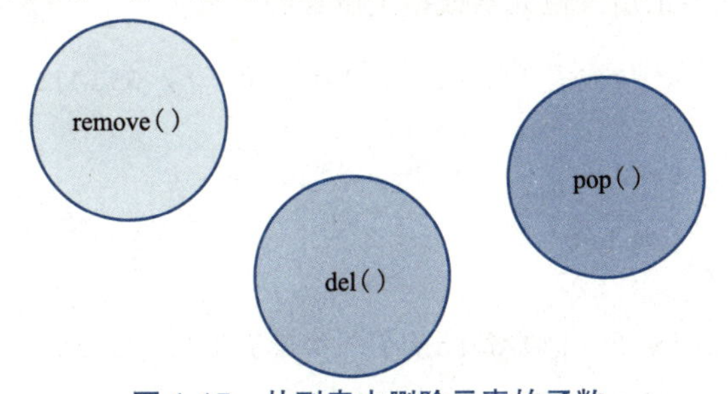

图 1-15 从列表中删除元素的函数

remove( ) 函数，删除指定元素。

```
list0 = ['www.314ai.cn', '派Lab', '掷骰子么', 3.1415926]
# 使用 remove 不需要知道元素的位置，只要确认元素在列表中即可
list0.remove(3.1415926)
print(list0)
['www.314ai.cn', '派Lab', '掷骰子么']
```

del( ) 函数，删除列表或删除列表指定位置的元素。

```
list0 = ['www.314ai.cn', '派 Lab', '掷骰子么', 3.1415926]
# 删除列表位置 2 的元素
del list0[2]
print(list0)
['www.314ai.cn', '派 Lab', 3.1415926]

list0 = ['www.314ai.cn', '派 Lab', '掷骰子么', 3.1415926]
# 删除列表位
del list0
print(list0)
# 会出现 list0 不存在的报错
---------------------------------------------------------------
NameError Traceback (most recent call last)
<ipython-input-13-d5d7debb75d2> in <module>
      3 # 删除列表位
      4 del list0
----> 5 print(list0)
      6 # 会出现 list0 不存在的报错

NameError: name 'list0' is not defined
```

由于列表已经被删除，所以尝试再次访问时会出现报错，系统会提示 'list0' 这个名称没有被定义。

pop( ) 函数，取出列表最后一位元素或指定位置的元素。

```
list0 = ['www.314ai.cn', '派 Lab', '掷骰子么', 3.1415926]
list0.pop()
print(list0)
['www.314ai.cn', '派 Lab', '掷骰子么']

list0 = ['www.314ai.cn', '派 Lab', '掷骰子么', 3.1415926]
list0.pop(2)
print(list0)
['www.314ai.cn', '派 Lab', 3.1415926]
```

4. 访问列表内元素

```
list0 = ['www.314ai.cn', '派 Lab', '掷骰子么', 3.1415926]
list0[0]
'www.314ai.cn'

list0 = ['www.314ai.cn', '派 Lab', '掷骰子么', 3.1415926]
```

```
list0[2] = '我是位置2的新元素'
print(list0)
['www.314ai.cn', '派Lab', '我是位置2的新元素', 3.1415926]

list0 = ['www.314ai.cn', '派Lab', '掷骰子么', 3.1415926]
# 取出位置0和1的元素，并形成一个新列表
# 注意，切片不会改变原来的列表
print(list0[0:2])
print(list0)
['www.314ai.cn', '派Lab']
['www.314ai.cn', '派Lab', '掷骰子么', 3.1415926]

list0 = ['www.314ai.cn', '派Lab', '掷骰子么', 3.1415926]

# 这个操作可以得到一个源列表的副本，对新列表的操作不会影响原有列表
list1 = list0[:]
print(list1)
['www.314ai.cn', '派Lab', '掷骰子么', 3.1415926]
```

知识点2 元组（tuple）

元组与列表具有很高的相似度。

列表可以任意修改（插入、删除）其中的元素。

元组是不可修改的。

1. 创建与访问

```
tuple0 = (1,2,3,4,5,(1,2,3))
tuple0[5]
(1, 2, 3)
tuple0 = (1,2,3,4,5,(1,2,3))
# 对位置0,1,2,3的元素进行切片
tuple0[:4]
(1, 2, 3, 4)

# 复制一个元组
tuple0 = (1,2,3,4,5,(1,2,3))
tuple1 = tuple0[:]
print(tuple1)
(1, 2, 3, 4, 5, (1, 2, 3))
```

元组的关键是逗号分隔的一组集合：

```
6 * (6)
36

6 * (6,)
(6, 6, 6, 6, 6, 6)
```

2. 更新与删除

```
# 更新元组
tuple0 = ('www','.','.','cn')
tuple1 = tuple0[:2] + ('314ai',) + tuple0[-2:]
print(tuple1)
('www', '.', '314ai', '.', 'cn')

# 删除元组
tuple0 = ('w', 'w', 'w', '.', '3', '1', '4', 'a', 'i', '.', 'c', 'n')
del tuple0
# 元组被删除导致报错
print(tuple0)
---------------------------------------------------------------

NameError                            Traceback (most recent call last)
<ipython-input-26-dc1f16829191> in <module>
      4 del tuple0
      5 # 元组被删除导致报错
----> 6 print(tuple0)

NameError: name 'tuple0' is not defined
```

如果要删除元组中的元素，可以用切片的方式创建一个新元组来实现删除的功能。原有元组中的元素不会改变。

知识点 3　字典（dict）

字典是一种可变容器，且可存储任意类型对象，是一种由键值对组成的数据结构。

字典的每个键与对应值 key => value 用冒号“:”分割，每个键值对之间用逗号“,”分割，整个字典包括在花括号 { } 中，格式如下所示：

```
d = {key1 : value1, key2 : value2 }
```

键一般是唯一的，如果重复最后的一个键值对会替换前面的，值不需要唯一。

可以把键想象成字典中的单词，把值想象成词对应的定义，那么一个词可以对应一个或者

多个定义，但是这些定义只能通过这个词来进行查询。

如图 1-16 所示，Python 使用 key: value 这样的结构来表示字典中的元素结构。

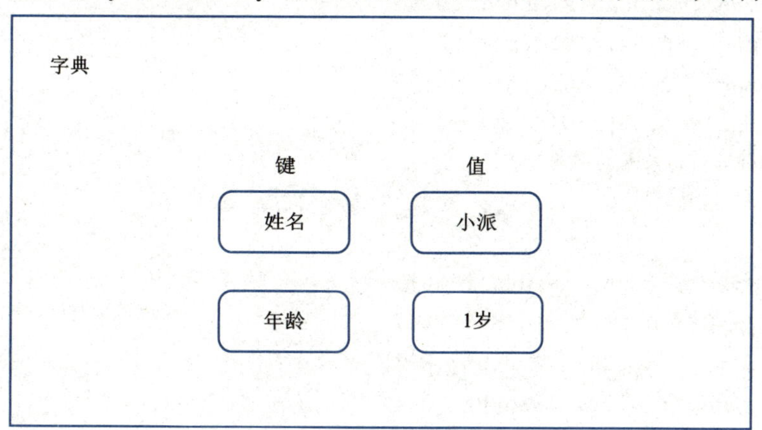

图 1-16 字典元素结构示意图

1. 创建空字典

```
a = {}
type(a)
dict

a = dict()
type(a)
dict
```

2. 插入键值

```
a["one"] = "this is number 1"
a["two"] = "this is number 2"
a
{'one': 'this is number 1', 'two': 'this is number 2'}
```

3. 查看键值

```
a['one']
'this is number 1'
```

4. 更新键值

```
a["one"] = "this is number 1, too"
a
{'one': 'this is number 1, too', 'two': 'this is number 2'}
```

出于 hash 的目的，Python 中要求这些键值对的键必须是不可变的，而值可以是任意的

Python 对象。

```
e1 = {'mag': 0.05, 'width': 20}
e2 = {'mag': 0.04, 'width': 25}
e3 = {'mag': 0.05, 'width': 80}
e4 = {'mag': 0.03, 'width': 30}
# 以字典作为值传入新的字典
events = {500: e1, 760: e2, 3001: e3, 4180: e4}
events
{500: {'mag': 0.05, 'width': 20},
 760: {'mag': 0.04, 'width': 25},
 3001: {'mag': 0.05, 'width': 80},
 4180: {'mag': 0.03, 'width': 30}}
```

5. 使用 dict( ) 函数初始化字典

除了通常的定义方式，还可以通过 dict( ) 函数转化来生成字典：

```
inventory = dict(
    [('foozelator', 123),
     ('frombicator', 18),
     ('spatzleblock', 34),
     ('snitzelhogen', 23)
    ])
inventory
{'foozelator': 123, 'frombicator': 18, 'spatzleblock': 34, 'snitzelhogen': 23}
```

6. 常用方法

（1）get( ) 方法。之前已经见过，用索引可以找到一个键对应的值，但是当字典中没有这个键时，Python 会报错，这时可以使用字典的 get( ) 方法来处理这种情况，其用法如下：

```
'd.get(key, default = None)'
```

返回字典中键 key 对应的值，如果没有这个键，返回 default 指定的值（默认是 None）。

```
a = {}
a["one"] = "this is number 1"
a["two"] = "this is number 2"
print (a.get("three"))
None
```

指定默认值参数：

```
a.get("three", "undefined")
'undefined'
```

（2）pop( ) 方法删除元素。pop( ) 方法可以用来弹出字典中某个键对应的值，同时也可以指定默认参数：

```
'd.pop(key, default = None)'
```

删除并返回字典中键 key 对应的值，如果没有这个键，返回 default 指定的值（默认是 None）。

```
a.pop("two")
a
{'one': 'this is number 1'}
```

（3）keys( ) 方法、values( ) 方法和 items( ) 方法。

keys( ) 方法

```
'd.keys()'
```

返回一个由所有键组成的列表。

values( ) 方法

```
'd.values()'
```

返回一个由所有值组成的列表。

items( ) 方法

```
'd.items()'
```

返回一个由所有键值对元组组成的列表：

例如：

```
barn = {'cows': 1, 'dogs': 5, 'cats': 3}
barn.keys()
dict_keys(['cows', 'dogs', 'cats'])

barn.values()
dict_values([1, 5, 3])

barn.items()
dict_items([('cows', 1), ('dogs', 5), ('cats', 3)])
```

知识点 4　函数

函数是组织好的、可重复使用的、用来实现单一或相关联功能的代码段。

函数能提高应用的模块性和代码的重复利用率。Python 提供了许多内建函数，比如 print( )、input( )；也可以自己创建函数，称为用户自定义函数。

可以定义一个实现自己想要功能的函数，以下是简单的规则：

（1）函数代码块以 def 关键词开头，后接函数标识符名称和圆括号 ()。

（2）任何传入参数和自变量必须放在圆括号中间。圆括号之间可以用于定义参数。

（3）函数的第一行语句可以选择性地使用文档字符串，用于存放函数说明。

（4）函数内容以冒号起始，并且缩进。

（5）return [表达式] 结束函数，选择性地返回一个值给调用方。不带表达式的 return 相当于返回 None。

```
def myFirstFunction():
    print('这是我的第一个函数！')
    print('感谢派 Lab，感谢 www.314ai.cn')
myFirstFunction()
这是我的第一个函数！
感谢派 Lab，感谢 www.314ai.cn
```

1. 单参数

```
def mySecFunction(url):

    print('我在' + url + '上，学习 Python！')
# 此处运行会报错，因为定义函数的时候有设置参数，所以调用的时候也要加上参数
# 因为定义函数的时候添加了一个参数 url，所以调用的时候也要加上一个参数
mySecFunction()
--------------------------------------------------------------------
TypeError   Traceback (most recent call last)
<ipython-input-42-f033dde1640e> in <module>
      5 # 此处运行会报错，因为定义函数的时候有设置参数，所以调用的时候也要加上参数
      6 # 因为定义函数的时候添加了一个参数 url，所以调用的时候也要加上一个参数
----> 7 mySecFunction()

TypeError: mySecFunction() missing 1 required positional argument
: 'url'
mySecFunction('www.314ai.cn')
我在 www.314ai.cn 上，学习 Python！
```

2. 多参数

```
def sumNum(num1,num2,num3):

    sumresult = num1 + num2 + num3
    print(sumresult)

sumNum(10,20,30)
```

```
60
```

3. 返回值（return）

```
def sumNum(num1,num2,num3):

    return (num1 + num2 + num3)
print(sumNum(10,20,30))
60
```

知识点 5　文件

什么是文件？如图 1-17 所示，exe 可执行程序、avi 视频、txt 文本文档等都是文件。

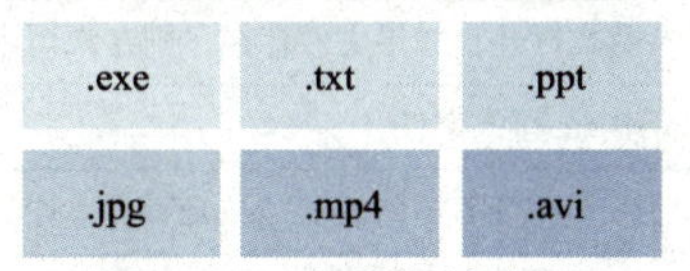

图 1-17　各种文件类型

使用 open( ) 函数可以打开文件。

open( ) 函数中重要的是前两个参数：file 是文件名，mode 是打开方式。

```
    open(file, mode='r', buffering=-1, encoding=None, errors=None, newline=None,
closefd=True, opener=None)
        Open file and return a stream.  Raise OSError upon failure.
```

1. 打开方式

文件可以有多种打开模式，见表 1-1。

表 1-1　文件打开方式

打开模式	执　行　操　作
'r'	以只读方式打开文件（默认）
'w'	以写入的方式打开文件，会覆盖已存在的文件
'x'	如果文件已经存在，使用此模式打开将引发异常
'a'	以写入模式打开，如果文件存在，则在末尾追加写入
'b'	以二进制模式打开文件
't'	以文本模式打开（默认）
'+'	可读写模式（可添加到其他模式中使用）
'u'	通用换行符支持

```
# 打开文件时记得要带上文件扩展名
```

```
f = open('myfile.txt')
f
<_io.TextIOWrapper name='myfile.txt' mode='r' encoding='UTF-8'>
```

2. 对象方法

调用不同的文件对象方法，可以执行不同的文件操作，见表 1-2。

表 1-2　文件对象方法

文件对象方法	执 行 操 作
f.close()	关闭文件
f.read(size=-1)	从文件读取 size 个字符，当未给定 size 或给定负值的时候，读取剩余的所有字符，然后作为字符串返回
f.readline()	以写入模式打开，如果文件存在，则在末尾追加写入
f.write(str)	将字符串 str 写入文件
f.writelines(seq)	向文件写入字符串序列 seq，seq 应该是一个返回字符串的可迭代对象
f.seek(offset,from)	在文件中移动文件指针，从 from（0 代表文件起始位置，1 代表当前位置，2 代表文件末尾）偏移 offset 个字节
f.tell()	返回当前在文件中的位置

```
f = open('myfile.txt')
f.read()
'随机数（浙江）智能科技有限公司简称随机数智能。\n提供面向未来人工智能应用领域的学习平台，整合顶级人工智能科研团队与师资力量，面向使用人工智能技术及应用的广大院校和学习者。\n通过派（π）学院重构人工智能教学场景，满足多层次和个性化学习需求。\n采用全新的知识体系培养卓越的人工智能领域领军人才，助力院校学科与专业发展，赋能学习者职业能力提升与个人持续成长。\n随机数通常被视为一个随机的信息量，是一个人工神经网络的神经元。\n圆周率派（π）则是一个最完美的随机数生成器。\n在飞速发展的人工智能时代，“无限”的可能性远超人类想象，如何站在巨人的肩膀上，探索宇宙的终极定律。\n随机数智能将深度学习的巨大力量作用于现实世界，为抽象的人工智能学习构建精妙的解决方案，让人工智能技术的学习变得简单！'
# 因为文件已经全部读取，返回值空
f.read()
''

# 使用完成后，要关闭文件
f.close()
```

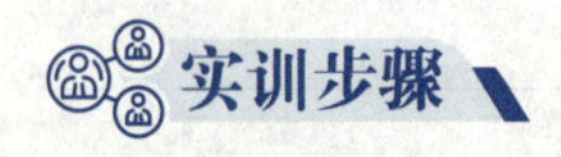

一、流程图

文件查找的关键步骤如图 1-18 所示。

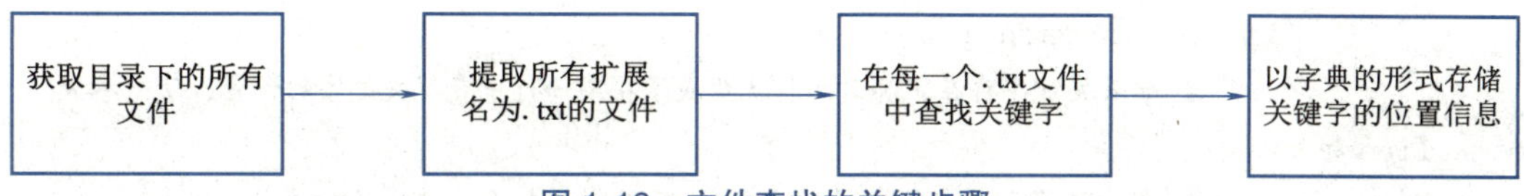

图 1-18　文件查找的关键步骤

二、实训步骤

第一步　引入必要的模块

os 模块提供各种 Python 程序与操作系统进行交互的接口。

```
import os
```

第二步　打印出关键字所在的行和位置

关键字所在的行和位置可以用字典来存储: {(第几行):[位置列表],...(第几行):[位置列表]}

把关键字所在的行数和位置列表存储之后，就可以定义一个函数，将其打印出来。

```
# 该函数用来处理存放关键字位置信息的字典，所以它应带有一个参数:key_dict
def print_pos(key_dict):
    # 通过 keys() 函数获取所有的行数信息(结果是一个列表)
    keys = key_dict.keys()
    # 使用 sorted() 函数对列表排序
    keys = sorted(keys)
    for each_key in keys:
        # 打印出关键字所在行数和其在该行中的位置
        print('关键字出现在第 %s 行，第 %s 个位置。' % (each_key, str(key_
dict[each_key])))
```

第三步　将关键字所在的行数和位置存储到字典中

现在知道了关键字信息存储在字典中的格式是 {(第几行):[位置列表],...(第几行):[位置列表]}。首先，应该查到关键字在文档中的行数。

定义一个 search_in_file( ) 函数，它是在指定文件中查找关键字，所以它应该有两个参数: file_name、key。

```
def search_in_file(file_name, key):
    # 使用 open() 函数打开文件
    f = open(file_name)
    # 初始化行数信息
    count = 0
    # 初始化字典，用于存放关键字 key 所在具体行数以及对应的具体位置列表
    key_dict = dict()
    # 使用 for 循环依次判断每行是否有此关键字
    for each_line in f:
        count += 1
```

```
            if key in each_line:
                # 如果关键字存在，那么问题就变成了在某一行中查找关键字的位置，获得参数
each_line 和 key
                # 所以还需要再定义一个函数，实现在行中查找关键字的位置
                pos = pos_in_line(each_line, key)

                # 存储位置信息
                key_dict[count] = pos
        # 使用完文件后要使用 close() 函数关闭文件
        f.close()
        # 返回一个存放关键字行数信息和位置信息的字典
        return key_dict
```

第四步　实现在行中查找关键字位置的函数

```
    def pos_in_line(line, key):
        # 初始化一个存放位置信息的列表
        pos = []
        # 使用 find() 函数查找关键字在本行中的第 1 个位置
        begin = line.find(key)
        while begin != -1:
            # 将位置信息使用 append 添加到列表中
            # 因为计算机是从 0 开始计算位置，而用户的角度是从 1 开始，所以保存的位置信息需要 +1
            pos.append(begin + 1)
            # 从上一个位置的下一个坐标开始继续查找关键字
            begin = line.find(key, begin+1)
        # 返回存储行中位置信息的列表
        return pos
```

第五步　实现主函数

底层功能函数完成之后，需要有一个主函数将所有功能串联起来。

```
    def search_files(key, detail):
        # 获取全部目录信息
        all_files = os.walk(os.getcwd())
        # 初始化一个列表，用于存放所有包含关键字的文档信息
        txt_files = []
        for i in all_files:
            # i[2] 保存的是路径下的所有文件夹文件
            for each_file in i[2]:
                # 根据后缀判断是否文本文件
```

```
                if os.path.splitext(each_file)[1] == '.txt':
                    # 将文件名称与路径保存在一起并存储到 txt_files 列表中
                    each_file = os.path.join(i[0], each_file)
                    txt_files.append(each_file)
        # 在所有 .txt 文件的列表 txt_files 中查找关键字
        for each_txt_file in txt_files:
            # 调用 search_in_file(each_txt_file, key) 函数生成关键字位置信息字典
            key_dict = search_in_file(each_txt_file, key)
            if key_dict:
print('================================')
                print('在文件"%s"中找到关键字"%s"' % (each_txt_file, key))
                # 当确认打印位置信息时，对位置信息进行打印
                if detail in ['Y', 'y']:
                    print_pos(key_dict)
```

第六步　输入关键字并执行主函数

```
key = input('请将该脚本放于待查找的文件夹内，请输入关键字：')
detail = input('请问是否需要打印关键字"%s"在文件中的具体位置（Y/N）：' % key)
search_files(key, detail)
```

运行结果：

```
请将该脚本放于待查找的文件夹内，请输入关键字：人
请问是否需要打印关键字"人"在文件中的具体位置（Y/N）：y
===========================================================
在文件"/root/project/project_714/myfile.txt"中找到关键字"人"
关键字出现在第 2 行，第 [7, 25] 个位置。
关键字出现在第 3 行，第 [11] 个位置。
关键字出现在第 4 行，第 [15, 23, 51] 个位置。
关键字出现在第 5 行，第 [32] 个位置。
关键字出现在第 7 行，第 [22, 32] 个位置。
关键字出现在第 8 行，第 [28, 45] 个位置。
```

实训案例4　汉诺塔小游戏

实训目标

（1）了解递归算法的原理。

（2）使用递归算法实现汉诺塔小游戏。

扫一扫

案例4汉诺塔

实训背景

“从前有座山，山里有座庙，庙里有个和尚，和尚在讲故事，从前有座山，山里有座庙，庙里有个和尚，和尚在讲故事，从前有座山……”这首耳熟能详的儿歌可以十分形象地描述递归的含义，如果存在一个终止条件，比如说重复儿歌前四句话 n 次，那么上述儿歌就是一个有限递归的例子。我们还可以将递归描述为图 1-19。

吓得我抱起了

抱着抱着抱着我的小鲤鱼的我的我的我

图 1-19　递归示意图

实训要点

知识点　递归的定义

递归就是函数调用自身的行为，直到达到终止条件才结束。如果递归没有结束条件，那么就会无限递归下去。在编程的时候，没有递归结束条件或者递归过深，一般会造成栈溢出。图 1-20~ 图 1-22 所示为使用递归算法的汉诺塔游戏、树状结构、谢尔宾斯基三角形示意图。

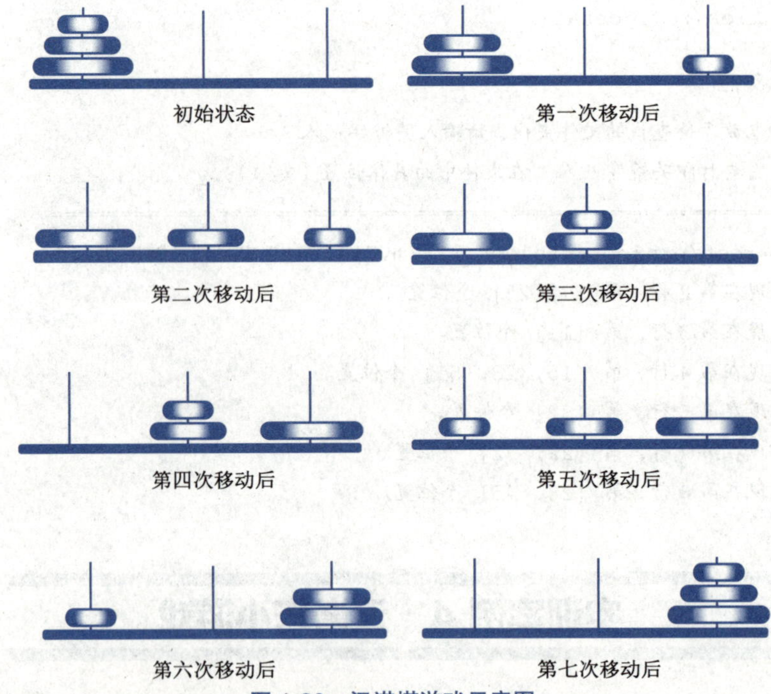

图 1-20　汉诺塔游戏示意图

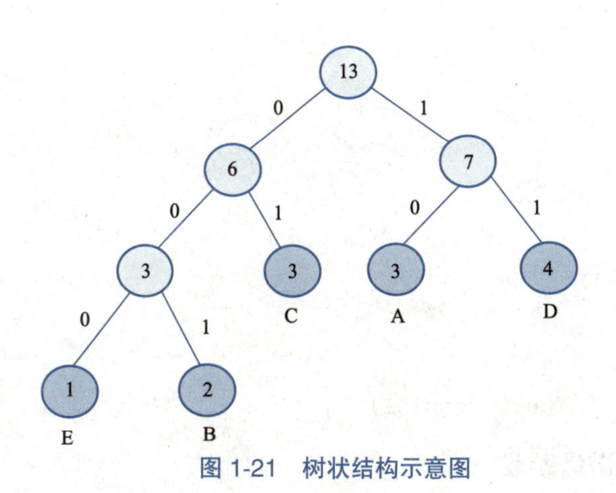

图 1-21　树状结构示意图

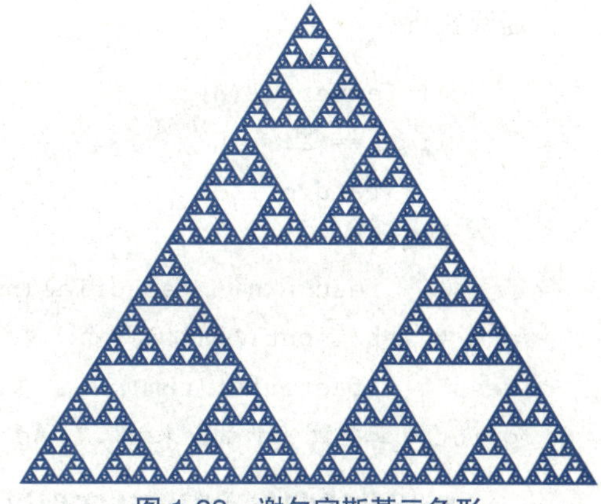

图 1-22　谢尔宾斯基三角形

实训步骤

一、使用递归算法实现正整数阶乘

正整数阶乘指从 1 乘以 2 乘以 3 乘以 4 一直乘到所要求的数。例如，所给的数是 5，则阶乘式是 1×2×3×4×5，得到的积是 120，所以 120 就是 5 的阶乘的值。

非递归实现：

```
num = int(input('请输入1个正整数:'))
# 判断输入值是否合法
while type(num) == int and num > 0:
    # a的作用是什么?
    a = 1
    # result的作用是什么?
    result = 1
    while a != num:
        result = result * (a+1)
        a += 1
    print('正整数 %d 的阶乘结果是 %d' % (num,result))
    # 不加break会发生什么
    break;
def factorial(num):
    result = num
    for i in range(1,num):
        result *= i
    return result
num = int(input('请输入1个正整数:'))
result = factorial(num)
print('正整数 %d 的阶乘结果是 %d' % (num,result))
```

递归实现：

```
    def factorial(n):
      if n == 1:
          return 1
      else:
          return n * factorial(n-1)
num = int(input('请输入1个正整数:'))
result = factorial(num)
print("正整数 %d 的阶乘结果是 %d" % (num, result))
```

二、使用非递归与递归算法实现汉诺塔游戏

先体验游戏，然后再看代码如何完成游戏。

操作说明：左塔1，中塔2，右塔3，退出游戏输入：quit。

例如，输入"1-2"就是将左塔的最上层移动到中塔；将左塔完全移动到右塔则完成游戏。

注意：塔中长的层只能放在短的层下面。

```
# 左中右塔用一个列表存储
left = list()
center = list()
right = list()
"""
初始化函数
"""
def init():
    size = input("(请友善输入整数，未写判断！)请输入层数:")
    # 初始化塔列表，如5层 左边塔放 1-3-5-7-9，中间和右边放5个-1
    for i in range(1,int(size) + 1):
        left.append(i*2-1)
        center.append(-1)
        right.append(-1)
    return int(size)
"""
打印样式函数
"""
def printStyling(i,size,ta):
    if ta[i] != -1:
        # 打印前空格
        for kong in range(int(size - (ta[i]-1)/2)):
```

```
            print(" ", end="")
        # 打印塔元素
        for le in range(ta[i]):
            print("X", end="")
        # 打印后空格
        for kong in range(int(size - (ta[i]-1)/2)):
            print(" ", end="")
    # 左塔这一层为空格
    else:
        # 打印前面空格
        for kong in range(size):
            print(" ", end="")
        # 打印中间的棒棒
        print("|", end="")
        # 打印后面的空格
        for kong in range(size):
            print(" ", end="")
"""
控制台打印结果
"""
def show(size):
    # 修饰
    print("-"*35)
    # 循环层数等于size
    for i in range(size):
        # 打印左边塔
        printStyling(i,size,left)
        # 打印中间塔
        printStyling(i,size,center)
        # 打印右边塔
        printStyling(i,size,right)
        # 每行打印一个换行
        print()
    # 修饰
    print("-" * 35)
"""
判断可不可以移动
takeOff减少,putOn增加,size层数,tSize和pSize剩余空间
"""
```

```
def judge(takeOff,putOn,size,tSize,pSize,count):
    # 如果左塔的剩余空间等于 size，就是空的，就没有元素可移动
    if tSize == size:
        print("操作无效！")
        return 0
    # 如果中塔为空，可以移动
    if pSize == size:
        # 中间的最后一个元素赋上左塔的第一个元素的值
        putOn[pSize - 1] = takeOff[tSize]
        # 左塔的第一个元素赋值 -1
        takeOff[tSize] = -1
        # 左塔的剩余空间 +1
        tSize += 1
        # 中塔的剩余空间 -1
        pSize -= 1
        # 步数 +1
        count += 1
        # 移动成功，返回剩余空间和步数
        return tSize,pSize,count
    # 如果中塔最上方元素比左塔最上方元素大，即可以移动
    elif putOn[pSize] > takeOff[tSize]:
        # 中塔当前最上方元素的再上一个元素 (-1) 赋上左塔最上方元素的值
        putOn[pSize - 1] = takeOff[tSize]
        # 左塔最上方元素赋值 -1
        takeOff[tSize] = -1
        # 左塔剩余空间 +1
        tSize += 1
        # 中塔剩余空间 -1
        pSize -= 1
        # 步数 +1
        count += 1
        # 移动成功，返回剩余空间和步数
        return tSize,pSize,count
    # 否则不可以移动
    else:
        print("操作无效！")
        return 0
"""
主要运行函数
```

```
"""
def main():
    # 初始化游戏
    size = init()
    # 存放最初的盘剩余空间 lSize 左塔 cSize 中塔 rSize 右塔
    lSize = 0
    cSize = size
    rSize = size
    # 存放操作步数
    count = 0
    # 打印游戏介绍
    print("将左塔完整地移到右塔就是胜利！")
    print("左:1 中:2 右:3  退出请输入:quit")
    print('例如输入:"1-2"就是将左塔的最上的元素放到中塔')
    print("%d 层的最佳步数是 %d"%(size,pow(2,size)-1))
    # 游戏进行
    while True:
        print("当前移动了 %d 步 "%(count))
        # 显示当前塔的状态
        show(size)
        # 判断右塔是否没有剩余空间，没有即胜利，并退出游戏
        if rSize == 0:
            if count == pow(2,size)-1:
                print("恭喜你使用最少步数完成汉诺塔！")
            else:
                print("恭喜你只移动了 %d 步完成汉诺塔小游戏！"%(count))
            break
        # 获取玩家操作
        select = input("请操作:")
        # 左塔移中塔
        if select == "1-2":
            result = judge(left,center,size,lSize,cSize,count)
            if result == 0:
                continue
            else:
                lSize,cSize,count = result
        # 左塔移右塔，下面同样
        elif select == "1-3":
            result = judge(left, right, size, lSize, rSize,count)
```

```
            if result == 0:
                continue
            else:
                lSize, rSize,count = result
        elif select == "2-1":
            result = judge(center, left, size, cSize, lSize,count)
            if result == 0:
                continue
            else:
                cSize, lSize,count = result
        elif select == "2-3":
            result = judge(center, right, size, cSize, rSize,count)
            if result == 0:
                continue
            else:
                cSize, rSize,count = result
        elif select == "3-1":
            result = judge(right, left, size, rSize, lSize,count)
            if result == 0:
                continue
            else:
                rSize, lSize,count = result
        elif select == "3-2":
            result = judge(right, center, size, rSize, cSize,count)
            if result == 0:
                continue
            else:
                rSize, cSize ,count= result
        # 输入 quit 退出游戏
        elif select == "quit":
            break
        # 如果输入的是其他不识别的文字，则提示 " 操作有误！ "
        else:
            print(" 操作有误 !")
        continue
main()
```

用递归完成汉诺塔游戏：

```
def hanoi(n, x, y, z):
    # x 代表左塔，y 代表中塔，z 代表右塔
```

```
    if n == 1:
        print(x, ' --> ', z,end='\n\n')
    else:
        hanoi(n-1, x, z, y) # 将前 n-1 个塔的元素从 x 移动到 y 上
        print(x, ' --> ', z,end='\n\n') # 将最底下的最后一个盘子从 x 移动到 z 上
        hanoi(n-1, y, x, z) # 将 y 上的 n-1 个盘子移动到 z 上
n = int(input('请输入汉诺塔的层数:'))
hanoi(n, '左塔', '中塔', '右塔')
```

实训案例 5　科学计算与可视化

实训目标

（1）了解 Python 中支持的科学计算库：numpy、pandas、matplotlib。

（2）使用这些库实现数组或者矩阵的计算、数据的可视化等。

扫一扫

案例5股价数据处理上

实训背景

股票市场是股票发行和流通的场所。在股市经常流传的一句话为“股市有风险，入市需谨慎”。股海是一个险滩，充满风险与挑战，但是风险与收益也总是共存的。在股市中，没有人能够一直是赢家，因为没有人能够准确无误地分析股市行情。但是，可以通过分析以往的股市的数据来分析股票趋势，规避风险。

扫一扫

案例5股价数据处理下

小派通过学习 Python 中的 numpy 库，就可以学会自己分析股票市场行情，现在让我们一起去体验股票分析实战吧！

numPy（Numerical Python）是 Python 语言的一个扩展程序库。支持大量的维度数组与矩阵运算，此外也针对数组运算提供大量的数学函数库。是入门机器学习和深度学习必备的工具之一。

matplotlib 是 Python 语言的一个绘图库，也是很多高级可视化库的基础，它可以跨平台生成各种硬拷贝格式和交互式环境的出版质量级别的图形。

实训要点

知识点 1　numpy 数组和 Python 列表

numpy 数组和 Python 列表在形式上很类似，它们都可以用作容器，具有获取（getting）和设置（setting）元素以及插入和移除元素的功能。接下来，我们看一下列表以及 numpy 数组的相关计算。

列表相关计算：

```
# 列表的元素分别乘以一个数
a=[1,2,3]
[r*3 for r in a]
```

运行结果：

```
[3, 6, 9]
```

numpy 数组相关计算：

```
# numpy 数组的元素乘以一个数
import numpy as np
b=np.array([1,2,3])
3*b
```

运行结果：

```
array([3, 6, 9])
```

和 Python 列表相比，numpy 数组具有以下特点：numpy 数组更紧凑，尤其是在一维以上的维度；向量化操作时比列表快，但在末尾添加元素比列表慢。在末尾添加元素时，列表复杂度为 $O(1)$，numpy 复杂度为 $O(N)$，向列表和数组中添加新元素如图 1-23 所示。

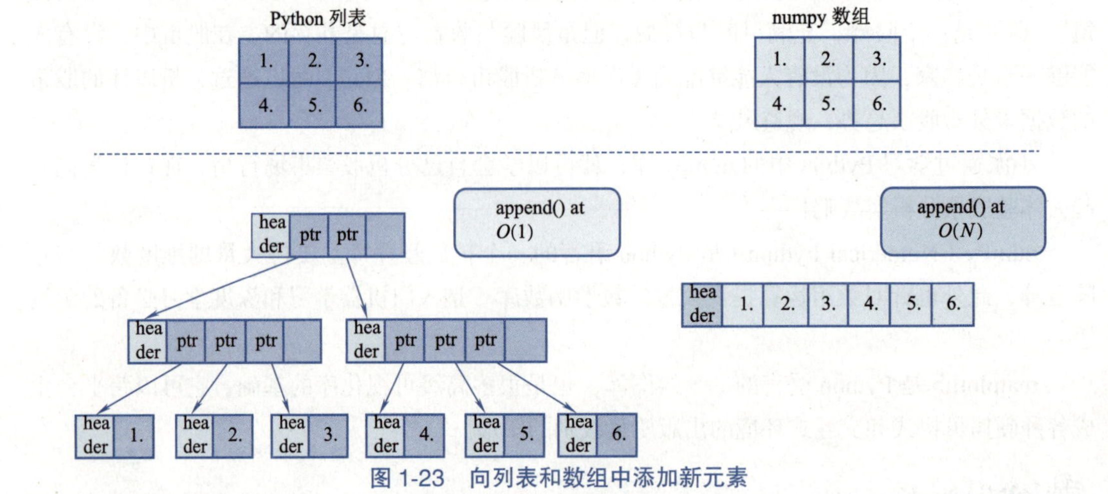

图 1-23　向列表和数组中添加新元素

知识点 2　numpy 基础用法

1. 创建空数组

创建指定形状和类型的未初始化数组。

构造函数为：

```
numpy.empty(shape, dtype = float, order = 'C')
```

其中，参数 shape 表示数组的大小，dtype 表示数组元素的数值类型。

```
import numpy as np
x = np.empty([3,4], dtype =  int)
print(x)
```

运行结果：

```
[[93910550754816    0    0    0]
 [0                 0    0    0]
 [0                 0    0    0]]
```

上述数组元素为随机值，因为未对数组进行初始化。

2. 创建以 0 为元素的数组

构造函数：

```
numpy.zeros(shape, dtype = float, order = 'C')
```

例如：

```
# 创建一个有 5 个 0 元素的数组
import numpy as np
x = np.zeros(5)
print(x)
# 指定数组元素为整型类型
x = np.zeros(5,dtype=int)
print(x)
# 自定义数组元素类型
import numpy as np
x = np.zeros([2,2], dtype =  [('x',  'float'),  ('y',  'int')])
print(x)
```

3. 列表转换为数组

构造函数：

```
numpy.asarray(a, dtype = None, order = None)
```

例如：

```
import numpy as np
x =  [1,2,3]
a = np.asarray(x)
print(a)
# 也可以在转为 numpy 时同时设置数据类型
```

```
x =  [1,2,3]
a = np.asarray(x, dtype =  float)
print(a)
```

注意：将元组转换为 numpy 数组使用同样的方法

4. 从迭代器中获取 ndarray 对象

构造函数：

```
numpy.fromiter(iterable, dtype, count = -1)
```

例如：

```
import numpy as np
list = range(5)
it = iter(list)
# 使用迭代器创建 ndarray
x = np.fromiter(it, dtype =  float)
print(x)
```

知识点 3　numpy 切片和索引

numpy 数组元素可以通过切片和索引操作来访问或者修改。numpy 数组的下标是从 0 开始的，有三种可用的索引方法类型：字段访问、基本切片和高级索引。基本切片是 Python 中基本切片概念到 *n* 维的扩展。通过将 start、stop 和 step 参数提供给内置的 slice 函数来构造一个 Python slice 对象。 此 slice 对象被传递给数组来提取数组的一部分。

1. 给定初始位置、结束位置和步长提取元素

```
import numpy as np
a = np.arange(10)
print(a)
s = slice(2,8,2)
print(a[s])
```

运行结果：

```
[0 1 2 3 4 5 6 7 8 9]
[2 4 6]
```

通过由冒号分隔的切片参数（start:stop:step）直接提供给 ndarray 对象，也可以获得相同的结果。

```
import numpy as np
a = np.arange(10)
```

```
b = a[2:8:2]
print(b)
```

运行结果：

```
[2 4 6]
```

2. 访问数组中的某个元素

```
# 一维数组
import numpy as np
a = np.arange(10)
b = a[5]
print(b)
```

运行结果：

```
5
# 二维数组
import numpy as np
a = np.array([[1,2,3],[3,4,5],[4,5,6]])
b = a[2][0]
print(b)
```

运行结果：

```
4
```

3. 对始于索引的元素进行切片

```
import numpy as np
a = np.arange(10)
print (a[2:])
# 对二维数组始于索引的元素进行切片
a = np.array([[1,2,3],[3,4,5],[4,5,6]])
print  ('现在我们从索引 a[1:] 开始对二维数组切片' )
print (a[:,0:2])
print (a[0:2,:])
```

运行结果：

```
[2 3 4 5 6 7 8 9]
现在我们从索引 a[1:] 开始对二维数组切片
[[3 4 5]
 [4 5 6]]
```

知识点 4　numpy 广播机制

广播是指在数组运算时处理不同形状的数组的能力。对数组的算术运算通常在相应的元素上进行。如果两个阵列具有完全相同的形状，则这些操作被无缝执行。如果两个需要运算的数组的形状不同，就需要用到 numpy 中的广播功能，较小的数组会广播到较大数组的大小，以便使它们的形状可兼容。numpy 广播机制示意图如图 1-24 所示。

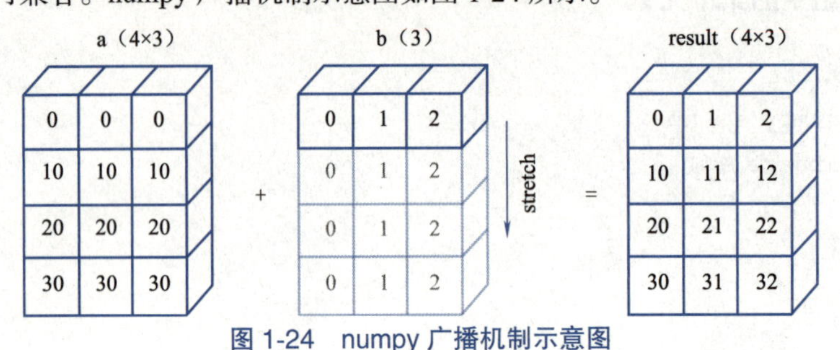

图 1-24　numpy 广播机制示意图

```
import numpy as np
a=np.array([[0.0,0.0,0.0],[10.0,10.0,10.0],
[20.0,20.0,20.0],[30.0,30.0,30.0]])
b = np.array([2.0,2.0,2.0])
print  ('第一个数组:'  )
print (a)
print  ('第二个数组:'  )
print (b)
print ('第一个数组加第二个数组:' )
print (a + b)
```

运行结果：

```
第一个数组:
[[ 0.  0.  0.]
 [10. 10. 10.]
 [20. 20. 20.]
 [30. 30. 30.]]
第二个数组:
[2. 2. 2.]
第一个数组加第二个数组:
[[ 2.  2.  2.]
 [12. 12. 12.]
 [22. 22. 22.]
 [32. 32. 32.]]
```

知识点 5 数据可视化

数据可视化在数据计算过程中十分重要，数据分布以图的形式表现相比于数字更直观。matplotlib 库可以将数据转换为各种图。

在绘图之前，需要一个 Figure 对象，可以将其理解成一张画板，有画板之后才能进行作图。

```
import matplotlib.pyplot as plt
fig = plt.figure()
```

有了 Figure 对象之后，还需要指定轴，没有轴就没有绘图基准，所以需要添加 Axes，可以将其理解为在画板的什么位置作图。以下程序绘制的画板如图 1-25 所示。

```
fig = plt.figure()
ax = fig.add_subplot(111)
ax.set(xlim=[0.5, 4.5], ylim=[-2, 8], title='An Example Axes',
       ylabel='Y-Axis', xlabel='X-Axis')
plt.show()
```

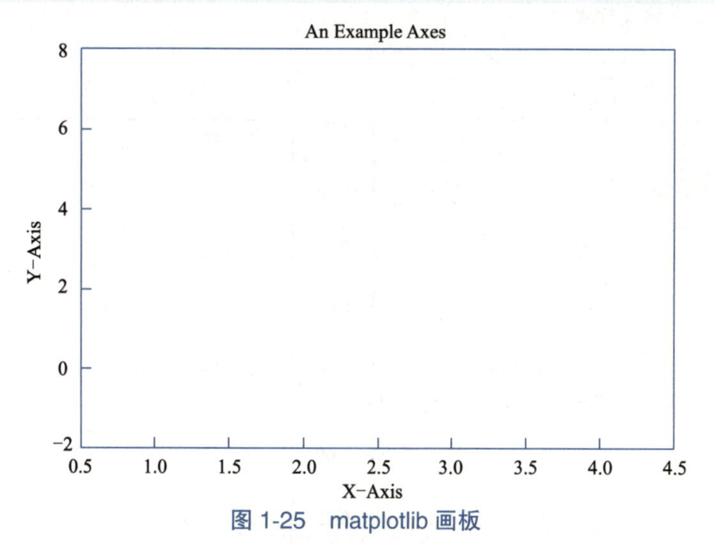

图 1-25 matplotlib 画板

可以把画板划分成多个区域，每个区域都可以作图。其中，fig.add_subplot(2, 2, 1) 等同于 fig.add_subplot(221)，fig.add_subplot(2, 2, 1) 表示先将面板划分成 2 × 2 的区域，然后选择一个位置作图。在画板上划分区域如图 1-26 所示。

```
fig = plt.figure()
# 在第一行第一列的位置上作图
ax1 = fig.add_subplot(221)
# 在第一行第二列的位置上作图
ax2 = fig.add_subplot(222)
# 在第二行第二列的位置上作图
ax3 = fig.add_subplot(224)
```

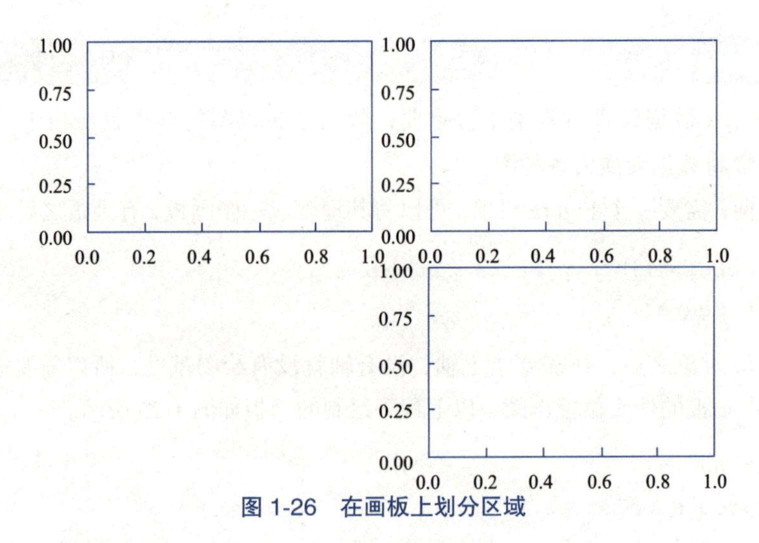

图 1-26　在画板上划分区域

可以通过一行代码来划分画板，结果如图 1-27 所示。

```
fig, axes = plt.subplots(nrows=2, ncols=2)
# 对第一个位置设置标题
axes[0,0].set(title='Upper Left')
```

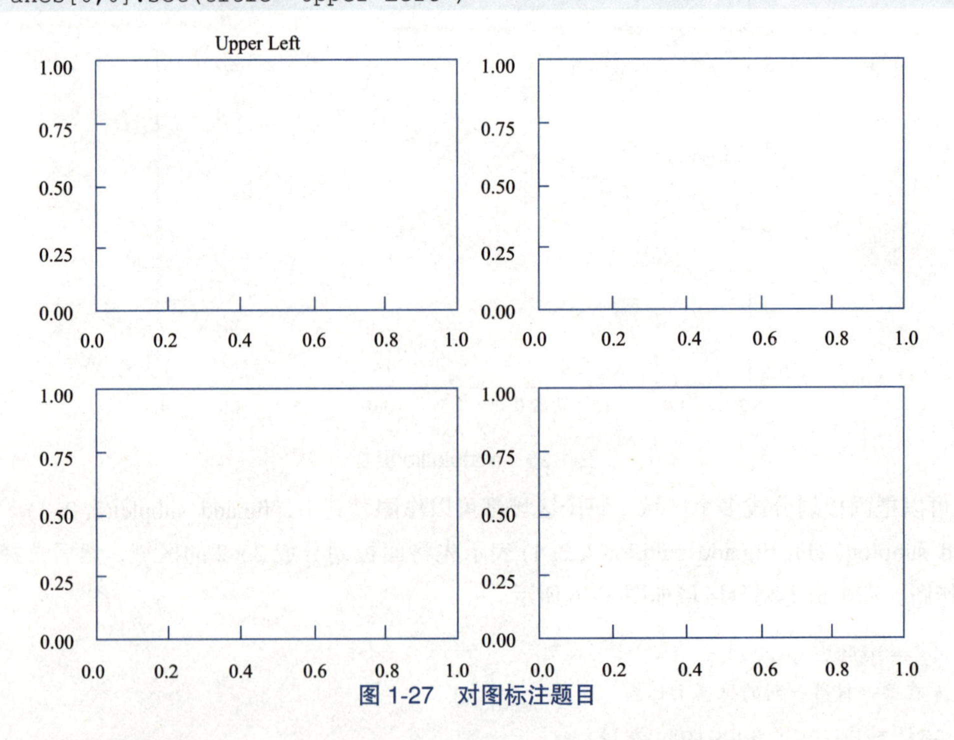

图 1-27　对图标注题目

1. 绘制点状图

在画板上根据点的坐标画出散点图。以下程序绘制的散点图如图 1-28 所示。

```
y_1 = [11,17,16,11,12,11,12,6,6,7]
```

```
y_2 = [26,26,28,19,21,17,16,19,18,16]

x_1 = range(1,11)
x_2 = range(13,23)

plt.figure(figsize=(10,6),dpi=80)
plt.scatter(x_1,y_1,label=" 第一季度 ")
plt.scatter(x_1,y_1,)
plt.scatter(x_2,y_2)
plt.legend([' 第一季度 ', ' 第二季度 '])
plt.xlabel(" 时间 ",fontname='SimHei',fontsize=20)
plt.ylabel(" 温度 ",fontname='SimHei',fontsize=20)
plt.title(" 标题 ",fontname='SimHei',fontsize=20)
# 保存图片
plt.savefig("./image.png")
# 展示
plt.show()
```

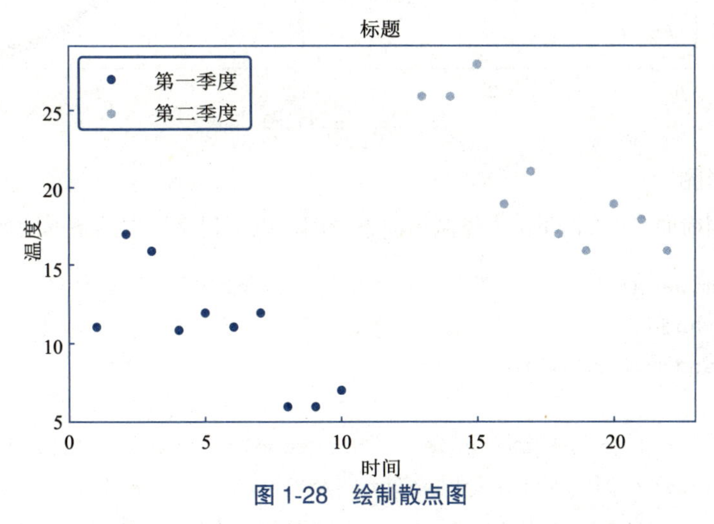

图 1-28 绘制散点图

2. 绘制线图

使用 plot( ) 函数可以画出一系列的点，并且用线将它们连接起来。以下程序绘制的线图如图 1-29 所示。

```
import matplotlib.pyplot as plt
fig, axes = plt.subplots(nrows=2, ncols=2)
axes[0,0].plot([1, 2, 3, 4],[3,5,7,10])
axes[0,1].plot([1, 2, 3, 4],[1, 2, 3, 4])
x = np.linspace(0, np.pi)
```

```
y_sin = np.sin(x)
y_cos = np.cos(x)
axes[1,0].plot(x, y_sin)
axes[1,1].plot(x, y_cos, color='blue', marker='*',
linestyle='dashed')
```

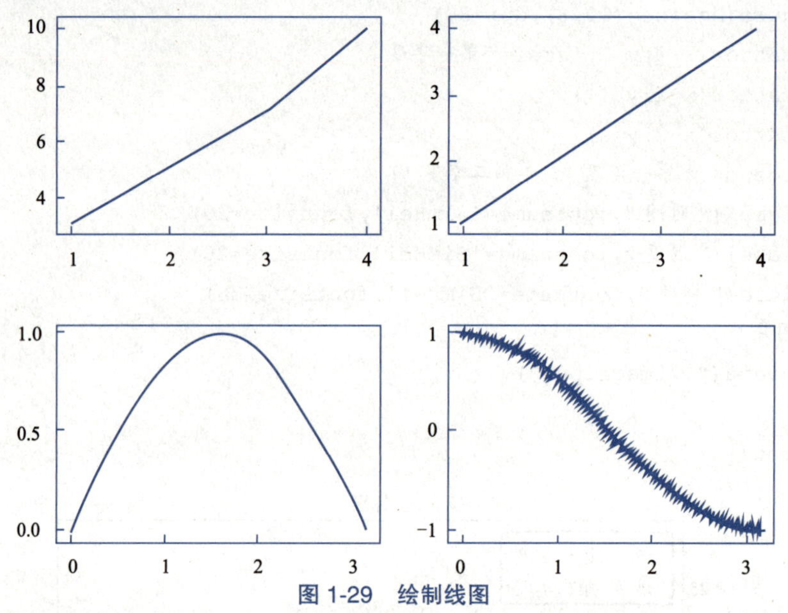

图 1-29　绘制线图

3. 绘制条形图

barh 为绘制横向条形图，bar 为绘制纵向条形图。以下程序绘制的条形图如图 1-30 所示。

```
np.random.seed(1)
x = np.arange(5)
y = np.random.randn(5)

fig, axes = plt.subplots(ncols=2, figsize=plt.figaspect(1./2))
vert_bars=axes[0].bar(x, y, color='yellowgreen', align='center')
horiz_bars = axes[1].barh(x, y, color='pink', align='center')

#在水平或者垂直方向上画线
fig, axes = plt.subplots(ncols=2, figsize=plt.figaspect(1./2))
vert_bars=axes[0].bar(x, y, color='yellowgreen', align='center')
horiz_bars = axes[1].barh(x, y, color='pink', align='center')
axes[0].axhline(0, color='red', linewidth=2)
axes[1].axvline(0, color='red', linewidth=2)
plt.show()
```

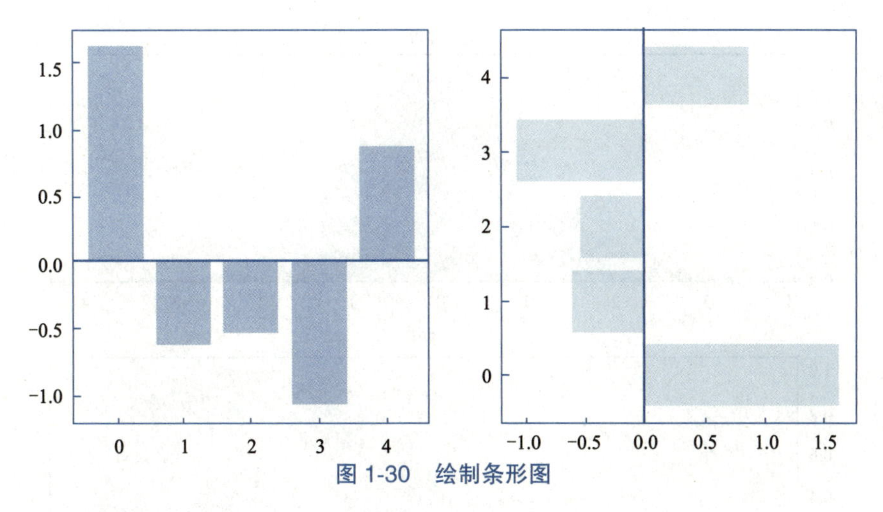

图 1-30　绘制条形图

4. 绘制直方图

直方图（histogram）能展示数值型数据的数据分布情况；也就是先对数据分组，再用面积表示各组频数的多少，矩形的高度表示每一组的频数或频率，宽度则表示各组的组距。由于分组数据具有连续性，直方图的各矩形通常是连续排列。以下程序绘制高斯分布的直方图，结果如图 1-31 所示。

```
    # 高斯分布的概率分布直方图
    mean = 0     # 均值为 0
    sigma = 1    # 标准差为 1，反应数据集中还是分散的值
    x=mean+sigma*np.random.randn(10000)
    fig,(ax0,ax1) = plt.subplots(nrows=2,figsize=(9,6))
    fig,(ax0,ax1) = plt.subplots(nrows=2,figsize=(9,6))
    ax0.hist(x,40,density=True, histtype='bar',facecolor='yellowgreen',alp
ha=0.75)
    ##pdf 概率分布图，一万个数落在某个区间内的数有多少个
    ax0.set_title('pdf')

    fig,(ax0,ax1) = plt.subplots(nrows=2,figsize=(9,6))
    ax0.hist(x,40,density=True,histtype='bar',facecolor='yellowgreen',alp
ha=0.75)
    ##pdf 概率分布图，一万个数落在某个区间内的数有多少个
    ax0.set_title('pdf')
    ax1.hist(x,20,density=True,histtype='bar',facecolor='pink',alpha=0.75,c
umulative=True,rwidth=0.8)
    ax1.set_title("cdf")
```

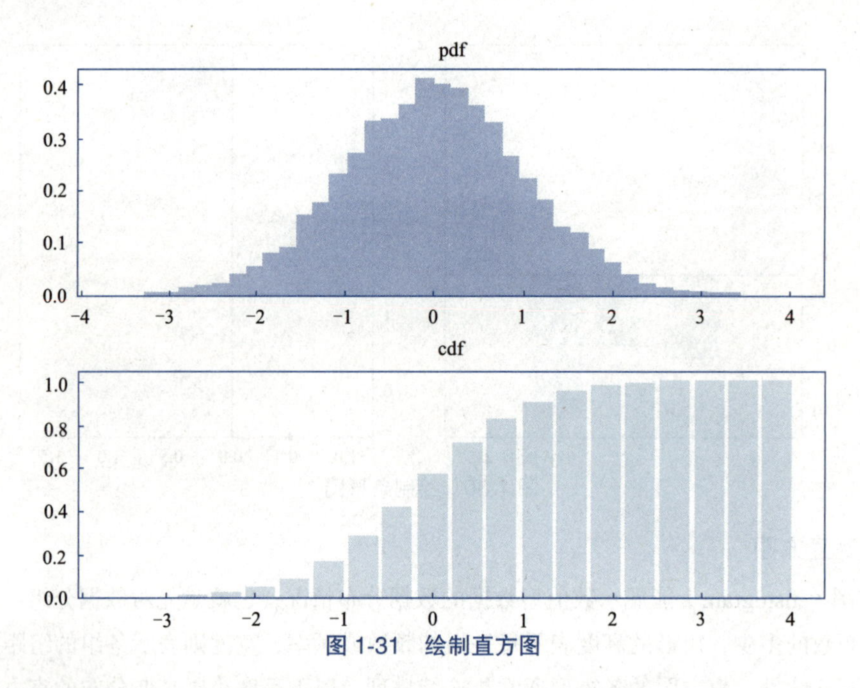

图 1-31　绘制直方图

5. 显示图片

Minst 数据集的部分图展示为图 1-32 所示。

```
import pandas as pd
mnist_test=pd.read_csv('data-sets/numpy_stockprice_train_100',header=None)
X1_test = np.array(mnist_test,dtype=float)
x_test=X1_test[:,1:785]
import matplotlib.pyplot as plt
fig, ax = plt.subplots(
    nrows=2,
    ncols=5,
    sharex=True,
    sharey=True, )# 创建一个的画布（fig），一共有 2*5 个子图

ax = ax.flatten()
for i in range(10):
    img = x_test[i].reshape(28, 28)# 将一维数组转换为二维数组
    ax[i].imshow(img, cmap='Greys',interpolation='nearest' )# 依次在画布显示
ax[0].set_xticks([])
ax[0].set_yticks([])
plt.tight_layout()
plt.show()
```

图 1-32 显示图片

实训步骤

“./data-sets/numpy_stockprice_train_100.csv”文件中存放了股票的信息，包含了股票的股票代码、开盘日期、开盘价、最高价、最低价、收盘价、成交量。接下来先对股票的信息进行可视化，再从以下几个角度分析股票行情。

（1）计算成交量加权平均价格。

（2）计算股价近期最高价的最大值和最低价的最小值。

（3）计算收盘价的中位数。

（4）计算对数收益率，股票收益率、年波动率及月波动率。

（5）获取该时间范围内交易日周一、周二、周三、周四、周五分别对应的平均收盘价。

第一步 导入包

```
import numpy as np
import matplotlib.pyplot as plt
import pandas as pd
```

第二步 可视化股票的开盘价随时间变化图

以下程序绘制股票的开盘价随时间变化图，结果如图 1-33 所示。

```
dataframe=pd.read_csv(
    'data-sets/stockprice_train_731.csv',
    header=0, parse_dates=[0],
    index_col=0, usecols=[0, 1], squeeze=True)
plt.figure(figsize=(10, 6))
dataframe.plot()
plt.ylabel('price')
plt.xlabel('data')
plt.title("Open Price",fontname='SimHei',fontsize=20)
plt.show()
```

图 1-33　开盘价随时间变化图

第三步　可视化这段时间的最高价与最低价随时间变化的分布情况

这段时间的最高价与最低价随时间变化的分布情况如图 1-34 所示。

```
dataframe1=pd.read_csv(
'data-sets/stockprice_train_731.csv',
                             header=0, parse_dates=[0],
                             index_col=0, usecols=[0, 2, 3], squeeze=True)


x_axis=dataframe1.index
dataset = dataframe1.values
highprice=dataset[:,0]
lowprice=dataset[:,1]
plt.figure(figsize=(12, 6))
plt.plot(x_axis,highprice,color='red', label=' 最高价 ')
plt.plot(x_axis,lowprice,color='blue', label=' 最低价 ')
plt.title('  high and low Stock Price',fontname='SimHei',fontsize=20)
plt.xlabel('Time')
plt.ylabel(' Stock Price')
#plt.yticks(np.arange(0, 0, 100000))
plt.legend()
plt.show()
```

第四步　获取前 50 天该股票的成交量的分布情况

前 50 天该股票的成交量的分布情况如图 1-35 所示。

```
dataframe2=pd.read_csv(
```

```
'data-sets/stockprice_train_731.csv',
                            header=0, parse_dates=[0],
                            index_col=0, usecols=[0, 5], squeeze=True)
x_axis=dataframe2.index[0:50]
dataset = dataframe2.values[0:50]
plt.figure(figsize=(10, 6))
plt.bar(x_axis, dataset, color='yellowgreen', align='center')
plt.title(' Stock Volume',fontname='SimHei',fontsize=20)
plt.xlabel('Date')
plt.ylabel(' Stock Volume')
plt.show()
```

图 1-34　最高价与最低价随时间变化的分布情况

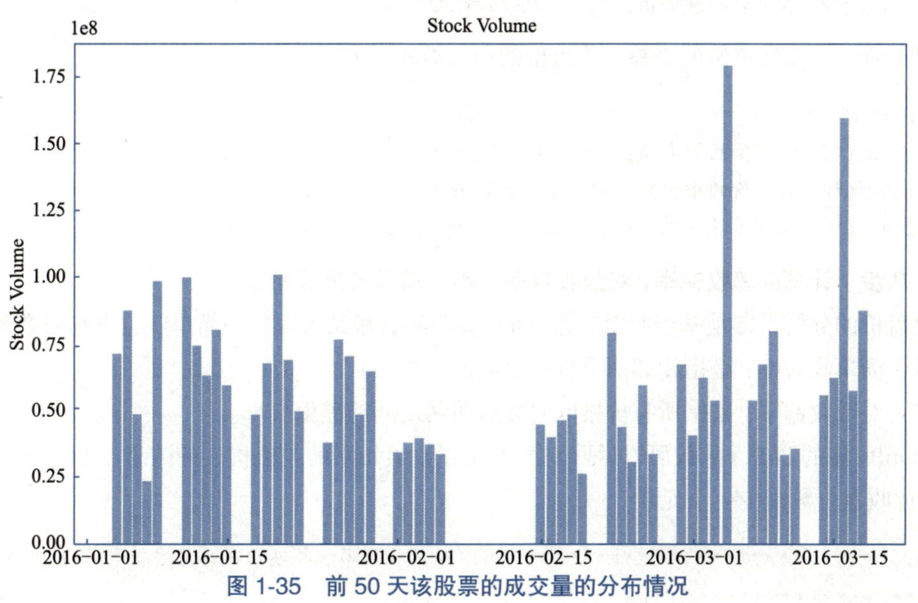

图 1-35　前 50 天该股票的成交量的分布情况

第五步　计算成交量加权平均价格

```
print("*******************1.计算成交量加权平均价格*****************************")
#设置参数
params1 = dict(
    fname="./data-sets/stockprice_train_731.csv",
    delimiter=",",
    skiprows=1,
    usecols=(4, 5),
    unpack=True)
# 收盘价，成交量，**params1 解包字典
endPrice, countNum = np.loadtxt(**params1)
#计算成交量的加权平均价格
VWAP = np.average(endPrice, weights=countNum)
print("1. 计算成交量加权平均价格:", VWAP)
```

第六步　计算这份股价数据中最高价的最大值和最低价的最小值

```
print("*****************2.计算最大值和最小值*****************************")
params2 = dict(
    fname="./data-sets/stockprice_train_731.csv",
    delimiter=",",
    skiprows=1,
    usecols=(2, 3),
    unpack=True)
highPrice, lowPrice = np.loadtxt(**params2)
print("2.最高价的最大值: ", highPrice.max())
print("2.最低价的最小值: ", lowPrice.min())
```

第七步　计算最高价的极差、收盘价的中位数和方差

```
print("*******************3.最大值和最小值的差值***************************")
print("3.最高价的最大值:",np.ptp(highPrice))
print("3.收盘价的中位数为:",np.median(countNum))
print("3.收盘价的方差为:",np.var(endPrice))
```

第八步　计算简单收益率，对数收益率、年波动率及月波动率

收盘价的分析常常是基于股票收益率的，股票收益率又可以分为简单收益率和对数收益率。

（1）简单收益率：是指相邻两个价格之间的变化率。

（2）对数收益率：是指所有价格取对数后两两之间的差值。

NumPy 中的 diff( ) 函数可以返回一个由相邻数组元素的差值构成的数组。diff( ) 函数返回的数组比收盘价数组少一个元素。

```
print("************************6. 对数收益率、年波动率、月波动率************
***********************")
```

```
# 简单收益率：两两之差
simpleReturn = np.diff(endPrice)
print(simpleReturn)
# 对数收益率 : 所有价格取对数后两两之间的差值
logReturn=np.diff(np.log(endPrice))
print(logReturn)
```

在投资学中，波动率是对价格变动的一种度量，历史波动率可以根据历史价格数据计算得出。计算历史波动率时，需要用到对数收益率。

年波动率等于对数收益率的标准差除以其均值，再乘以交易日的平方根。通常交易日取252天。月波动率等于对数收益率的标准差除以其均值，再乘以交易月的平方根。通常交易月取12月。

```
annual_vol = logReturn.std()/logReturn.mean()*np.sqrt(252)
print("6. 年波动率 :",  annual_vol)
#  月波动率等于对数收益率的标准差除以其均值，再乘以交易月的平方根。通常交易月取 12 月。
month_vol = logReturn.std()/logReturn.mean()*np.sqrt(12)
print("6. 月波动率 :", month_vol)
```

第九步　获取该时间范围内交易日周一至周五分别对应的平均收盘价

```
print("************************7.周一到周五的平均收盘价************************")
from datetime import datetime
def get_week(date):
    """ 根据传入的日期 28-01-2011 获取星期数 , 0- 星期一 """
    # 默认传入的不是字符串, 是 bytes 类型 ;
    date = date.decode('utf-8')
    return datetime.strptime(date, "%Y-%m-%d").weekday()
params3 = dict(
 fname="./data-sets/stockprice_train_731.csv",
 delimiter=",",
 usecols=(0,4),
 skiprows=1,
 converters={0: get_week},
 unpack=True)
week, endPrice = np.loadtxt(**params3)
allAvg = []
for weekday in range(5):
    average = endPrice[week == weekday].mean()
    allAvg.append(average)
print("7. 星期 %s 的平均收盘价:%s" % (weekday + 1, average))
```

学习笔记

单元二 机器学习篇

让机器能决策

人工智能发展历程中的第一次浪潮将机器学习带到了人们的面前，涌现了很多的机器学习算法。有人认为，机器学习是人工智能领域中最能够体现智能并且是发展最快的分支之一。

本篇将通过5个实训案例，让读者认识机器学习算法的基本原理，理解各个机器学习的原理和工作流程，掌握机器学习算法对真实数据的应用。

2.1 机器学习

机器学习是计算机通过算法去分析数据中存在的规律，不断提升对新数据预测性能的过程。换一种说法，机器学习研究计算机如何模拟或实现人类的学习行为。

训练好一个合适的机器学习模型之后，人们所需要做的就是把新的近似问题抛给机器学习，模型就会自动进行计算，得到问题的答案，发现其中的规律。接下来，通过一个案例向读者阐述机器学习模仿人类学习行为，得到问题答案的思路。

如图2-1所示，如何判断店主的橘子到底甜不甜呢？

一般我们怎么挑出甜的橘子？

◇母橘子甜；

◇皮橘红的甜；

◇皮薄的甜。

怎么让计算机挑出甜的橘子？

（1）初步想法，写规则进行条件判断 。

如果影响橘子甜的因素有5个、10个甚至更多特征，规则会变得复杂 。

如果测试发现规则有误需要修改，那么修改起来也会很困难。

（2）改进方法：

①取代人工制定的规则；

②让计算机自动学习橘子的特征或规律，去挑出甜橘子。

图2-1 橘子示例图

（3）具体做法：

①随机选择一些橘子作为样本，记录这些橘子的大小、颜色、雌雄、表面光滑或粗糙、质地柔软或坚硬等信息作为橘子样本的属性（特征）表；然后亲自尝一尝并记录这些橘子甜不甜，即标签。这样就有了机器学习所需要的数据。

②有了数据之后，将数据输入到机器学习的算法，迭代地训练出一个根据橘子的一系列特征自动地辨别橘子甜还是不甜的模型。

③再挑选橘子时，可以直接把橘子的这些特征输入到模型，模型就可以判断橘子甜不甜了。

2.2 机器学习应用

机器学习应用场景很多，图2-2列举了机器学习的典型应用场景，包括垃圾邮件检测、机器人、自动驾驶、语音识别、人脸识别、票房预测等。

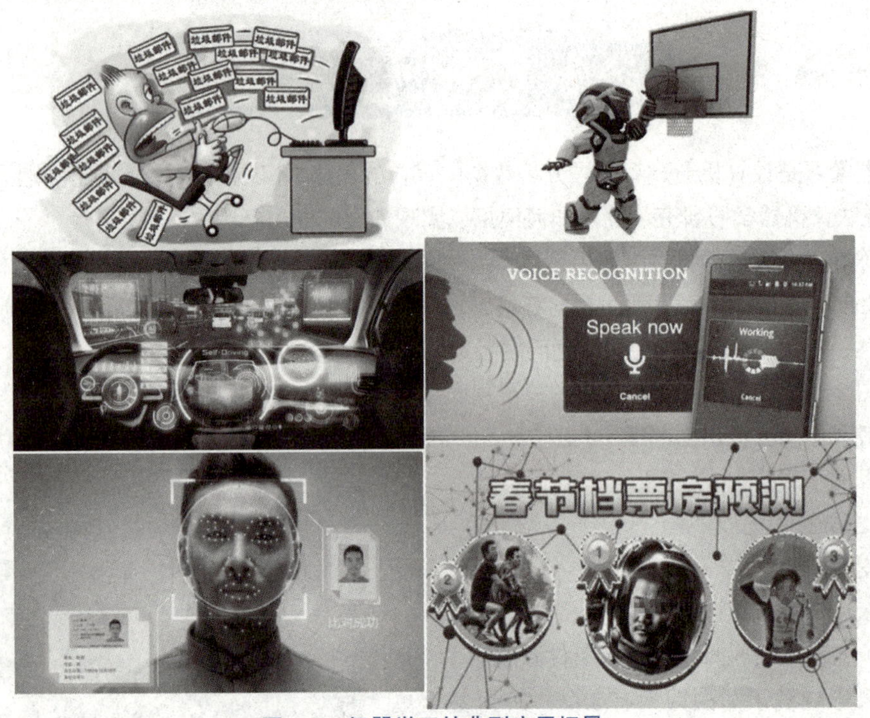

图 2-2　机器学习的典型应用场景

2.3 机器学习方法

机器学习的算法很多。有些算法是一类算法，而有些算法又是从其他算法中延伸出来的。接下来从学习方式和学习任务两方面进行介绍。

2.3.1 学习方式

机器学习可按学习方式划分为监督式学习，非监督式学习，半监督式学习和增强学习，见表 2-1。

表 2-1　机器学习按学习方式划分

学习方式	英　文	描　述
监督式学习	supervised learning	训练数据有标注，如线性回归、分类
非监督式学习	unsupervised learning	训练数据无标注，如聚类、生成对抗网络
半监督式学习	semi-supervised learning	介于监督式和非监督式之间
增强学习	reinforcement learning	智能体与环境交互，通过试错获得最佳策略

1. 监督式学习

监督式学习也称有监督学习，是指通过有标记的训练样本去学习得到一个最优模型，再对未知数据进行预测或者分类。有标记的训练数据是指每个训练样本都包括输入（样本属性）和对应输出（标签或期望值）。

2. 非监督式学习

非监督式学习也称无监督学习，是指从未标记的训练样本学习，归纳训练样本存在的潜在规律从而得出结论。

例如：

我们在英语课堂上学习新单词的时候，当单词发音正确或者不正确的时候，老师会给出相应的正确与否的反馈，让我们知道每个音节应该怎么读才是对的。一遍一遍重复练习、纠正，掌握单词每个音节，直到发音正确。这就是有监督学习。

我们在家自学英语单词时，没有人告诉我们应该怎么读，只能自己看音节听发音，自己找其中的规律。这就是无监督学习。

3. 半监督学习

半监督学习就是有监督和无监督学习相结合，训练数据包含有标记样本和无标记样本。

4. 增强学习

增强学习是指从自身的以往经验中去不断学习来获取知识，从而不需要大量已标记的确定标签，只需要一个评价行为好坏的奖惩机制进行反馈。增强学习通过这样的反馈自己进行“学习”。

2.3.2 学习任务

机器学习可按学习任务划分为分类、回归和聚类，见表 2-2。

表 2-2　机器学习按学习任务划分

学习任务	英　文	描　述
分类	classification	分类是预测一个离散型标签，属于有监督学习
回归	regression	回归是预测一个连续型数值，属于有监督学习
聚类	clustering	属于无监督学习

（1）分类是指通过有标记样本训练出一个分类函数或分类模型（也常称为分类器），该模型能把训练样本以外的新样本映射到给定类别中的某一个类中。

（2）回归是指通过拟合有标记的样本（通常是数值型连续的随机变量）的分布得到一条直线或者超平面，从而对新样本进行预测。

（3）聚类是指在预先不知道样本集所有样本的类别的情况下，通过一定方法使得相似的样本划分为一个簇，不同簇的质心尽可能地远。

机器学习的学习方式和学习任务之间的关系如图 2-3 所示。

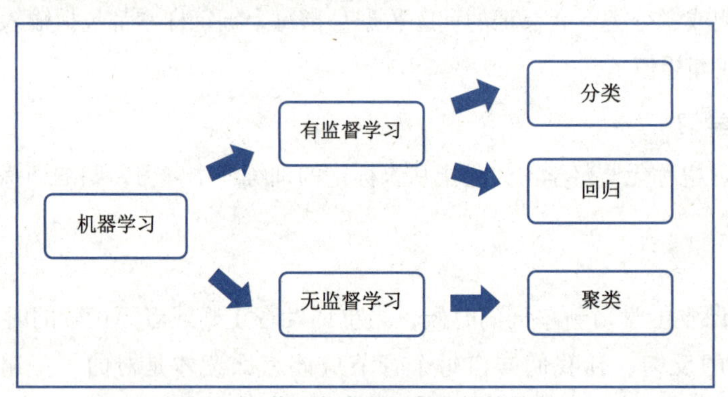

图 2-3　学习方式和任务之间的关系

所有的回归算法和分类算法都属于有监督算法；所有的聚类算法都属于无监督算法。

2.4 机器学习算法

2.4.1　回归

线性回归的任务是找到一个从特征空间 X 到输出空间 Y 的最优的线性映射函数，即在二维空间用一条线较为精确地描述数据之间的关系。

如图 2-4 所示，找到一条直线使其尽可能符合数据的分布，从而有一个新的样本点时，可利用学习到的这条直线进行预测。

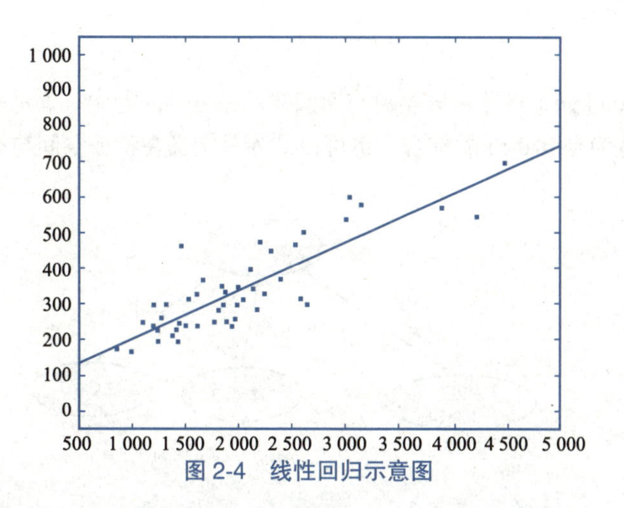

图 2-4　线性回归示意图

2.4.2　分类

分类是一种对离散型随机变量建模或预测的监督学习方法。

分类学习的目的是从给定的人工标注的分类训练样本数据集中学习出一个分类函数或者分类模型，当新的数据传入训练好的模型时，可以根据这个函数或者分类模型进行预测，将新数据项映射到给定类别中的某一个类中。

简单地说，分类就是按照某种标准给对象贴标签，再根据标签来给新数据归类。

相关术语：

◇特征：样本属性。

◇标签：样本类别。

◇映射：特征和标签之间的关系，即机器学习中学习的本质。

◇分类模型：一个从输入变量（特征）到离散的输出变量（标签）之间的映射函数；当有特征而无标签的未知数据输入时，通过映射函数预测未知数据的标签。

1. 逻辑回归

逻辑回归虽然名字中有“回归”二字，实则是一种解决分类问题的算法。逻辑回归在线性回归中加入了 Sigmoid 函数，通过 Sigmoid 输出类别概率。

如图 2-5 所示，逻辑回归不仅可以解决二分类问题，还可以解决多分类问题。

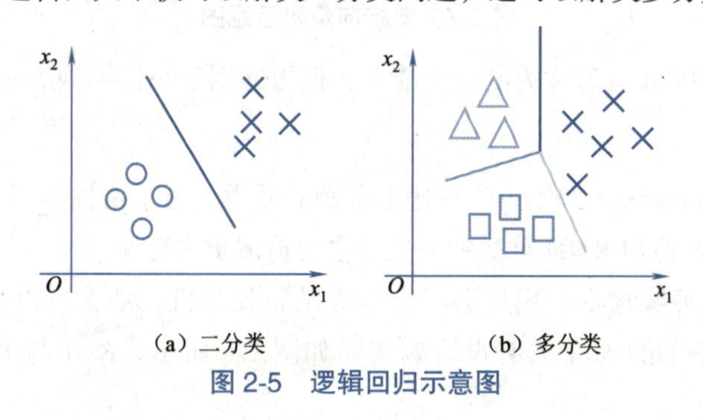

图 2-5　逻辑回归示意图

2. 决策树分类

决策树（decision tree）可分为分类树与回归树。在分类问题中，表示基于特征对实例进行分类的过程，可以认为是 if-then 的集合，也可以认为是定义在特征空间与类空间上的条件概率分布，如图 2-6 所示。

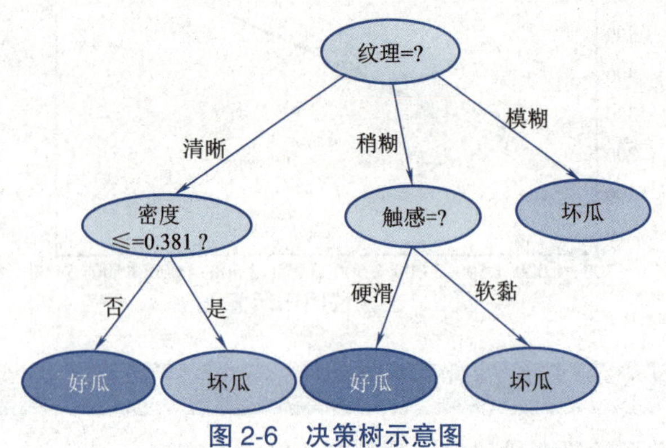

图 2-6　决策树示意图

3. 支持向量机

支持向量机（support vector machines，SVM）可通过升维来解决在低维中线性不可分的问题，旨在找到一个超平面（hyperplane）作为线性决策边界（decision boundary），最大化分类边界，将特征空间中的数据更好地分隔开。支持向量机示意图如图 2-7 所示，在二维平面上，决策边界是一条直线；在三维空间中，决策边界为一个平面。只要找到超平面，就可以很方便地划分数据，而不用纠结数据的维数。

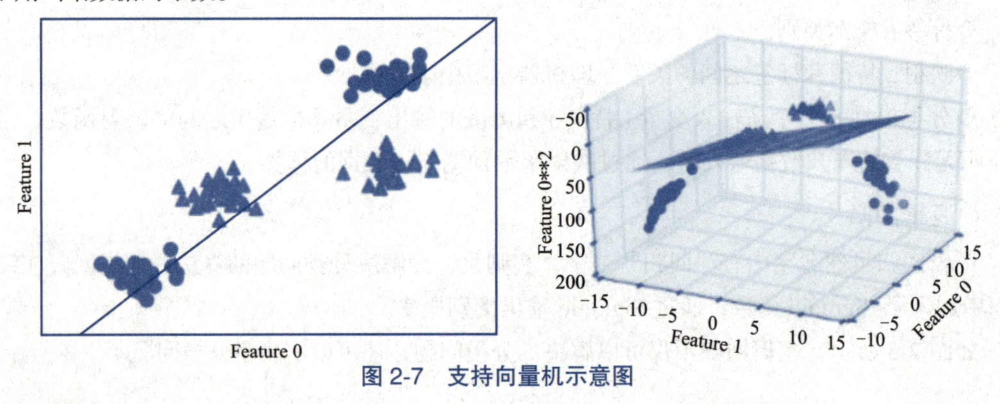

图 2-7　支持向量机示意图

在实际应用中，SVM 有着优秀的泛化能力，但更适用于小样本训练。

4. K 近邻

K 近邻（K-near neighbor，KNN）是基于实例的分类，属于惰性学习。没有明显的训练学习过程，选择不同的 K 值对 KNN 算法的分类结果会造成重大影响。

在现实中，预测某购物平台用户会不会购买某新款手机，那么可以参考他周围距离最近（用户之间关系最紧密）的 K 个人有没有购买。如图 2-8 所示，K=1 与 K=3 预测的类别是不同的。

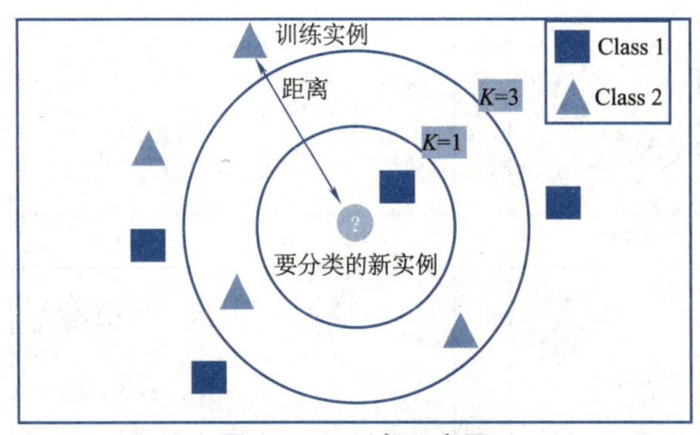

图 2-8　K 近邻示意图

5. 朴素贝叶斯

朴素贝叶斯分类是一种十分简单的分类算法。

其思想基础是：对于给出的待分类项，求解在此项出现的条件下各个类别出现的概率，哪个最大，就认为此待分类项属于哪个类别。例如，当人们挑选西瓜时，通常通过敲打西瓜发出的声音来判断是熟的还是未熟的，如果敲打的声音是清透的，则判断该瓜为好瓜。在没有其他可用信息下，人们会选择条件概率最大的类别，这就是朴素贝叶斯的思想基础。

2.4.3　聚类

聚类算法要自己想办法把一批样本分开，分成多个类，保证每一个类中的样本之间是相似的，而不同类的样本之间是不同的。类型被称为“簇”(cluster)。

聚类能够作为一个独立的工具获得数据的分布状况，观察每一簇数据的特征，集中对特定的聚簇集合作进一步分析。

聚类和分类的对比如图 2-9 所示。

◇聚类是无监督学习任务，不知道真实的样本标记，只把相似度高的样本聚合在一起。

◇分类是无监督学习任务，利用已知的样本标记训练学习器预测未知样本的类别。

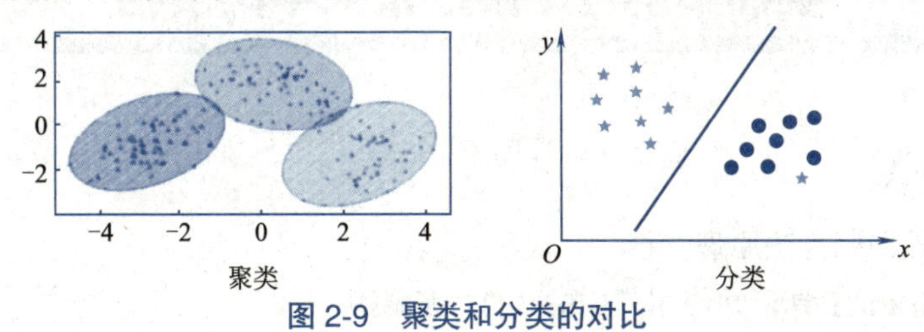

图 2-9　聚类和分类的对比

1. kmeans 聚类

kmeans 是一种非监督式学习的聚类方法。图 2-10 展示了对 n 个样本点进行 kmeans 聚类分成两类的结果。

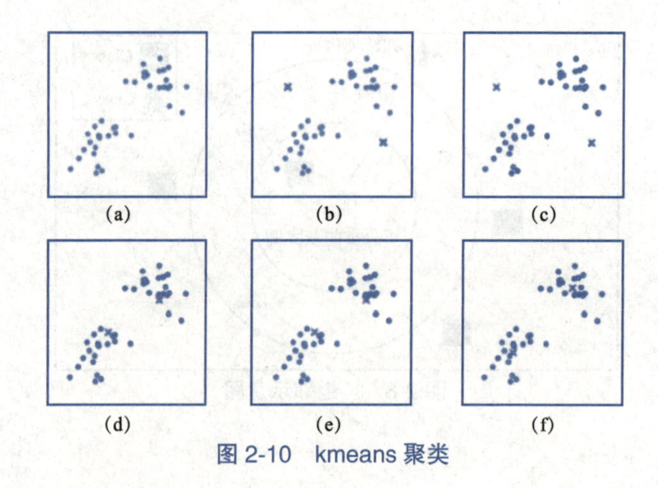

图 2-10　kmeans 聚类

2.DBSCAN 聚类

DBSCAN 是一种比较有代表性的基于密度聚类的方法。DBSCAN 能够将足够高密度的区域划分成簇，并能在具有噪声的空间数据库中发现任意形状的簇。如图 2-11 所示，可以按照不同的簇心距离划分不同的簇。

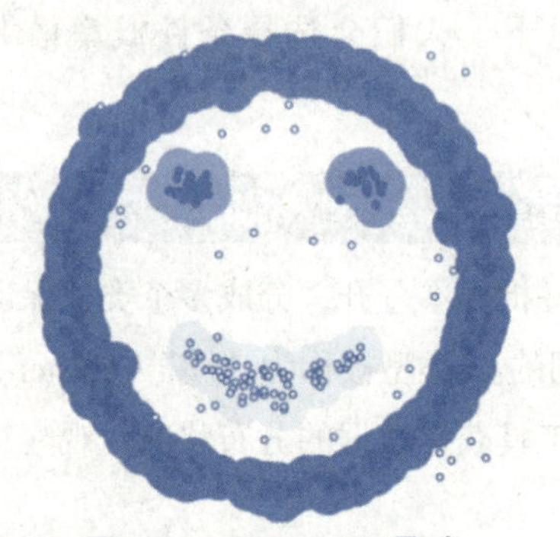

图 2-11　DBSCAN 聚类

实训案例 1　预知未来牛肉价格

扫一扫

案例1牛肉价格预测

实训目标

（1）学习线性回归算法原理。

（2）了解 sklearn 工具，并使用其中的线性回归模块。

（3）了解使用线性回归预测牛肉价格。

实训背景

小派自从工作之后就学会了自己做饭，因此每天去逛菜市场。一段时间后，他发现作为他饮食必需品的牛肉价格居高不下。于是小派收集了历年来的牛肉平均价格，并绘制了图 2-12 所示的牛肉价格趋势图。他想根据这些数据，预测未来牛肉价格走向。

图 2-12　牛肉价格趋势图

实训要点

知识点 1　线性回归

线性回归（Linear Regression）非常简单，它形式简单、思想简单，却蕴含着机器学习中的一些重要思想，许多功能强大的非线性模型是基于线性模型，并引入层级结构或者高维映射而得到的。

具体地，给定数据集 $D=\{(x^1, y^1), (x^2, y^2), \cdots, (x^m, y^m)\}$，其中 $x^i=x^i_1, x^i_2, \cdots, x^i_n$，$x^i_n$ 为因变量，y^i 为因变量，共有 m 个样本，每个样本包含 n 个特征，线性回归要做的就是要学得一个模型，在输入一个未知自变量时，尽可能准确地预测因变量的值。

下面看一个贴近生活的例子。

小派因为工作原因需要经常打车，时间久了，他把每次打车行程公里数和打车费用记录下来，绘制出了图 2-13。

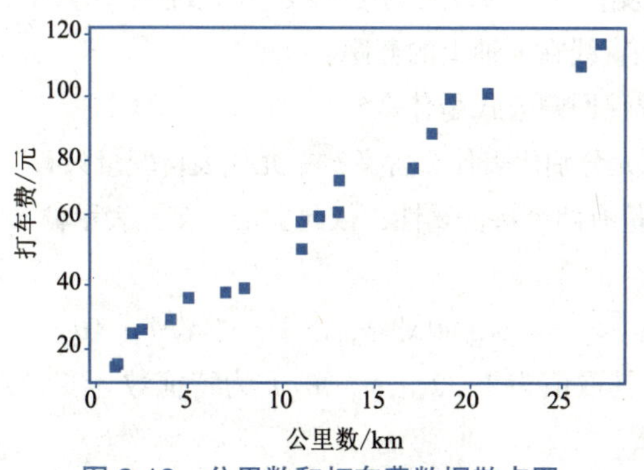

图 2-13　公里数和打车费数据散点图

图中的点就可以看作一个数据集，$D=\{(x^1, y^1), (x^2, y^2), \cdots, (x^m, y^m)\}$，把每个数据点称为一个样本，其中 x^i 只含有一个特征，表示公里数，i 表示是第 i 个训练样本，共 m 个样本，y^i 是数值，表示打车费。观察图 2-13 很容易发现，行程公里数 x^i 和打车费 y^i 之间存在着一定的线性关系。也就是说，可以大致画出表示 x^i 与 y^i 之间关系的一条直线。在该直线中，公里数 x^i 为自变量，打车费 y^i 为因变量。而线性回归的目的就是利用自变量 x^i 与因变量 y^i，来学习出一条能够描述两者之间关系的线，如图 2-14 所示。

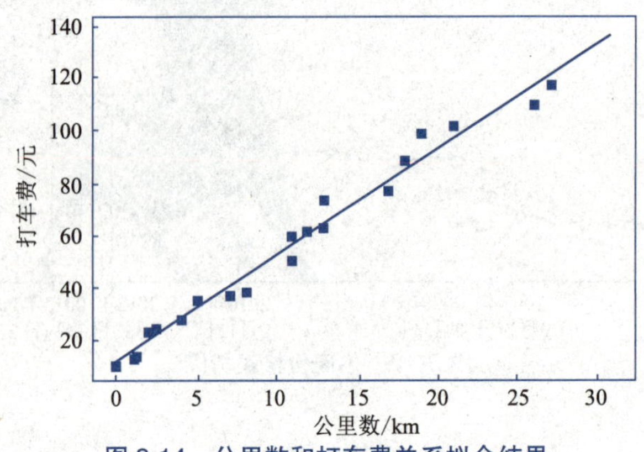

图 2-14　公里数和打车费关系拟合结果

图 2-14 所示的直线拟合的是公里数和打车费之间的关系，属于一元线性回归；多元线性回归会拟合出一个平面或者超平面。

知识点 2　线性回归模型

下面将线性回归的问题进行抽象化，转换成能求解的数学问题。在公里数和打车费关系的例子中，可以看出自变量 x^i 与 y^i 因变量大致成线性关系，因此可以对因变量做如下假设（hypothesis）：

$$y^i_{\_hat}=\theta_1 x^i_1+\theta_0$$

式中的 $y^i_{\_hat}$ 代表什么意思呢？

回想一下画出的公里数和打车费的直线，这条直线并没有完全拟合所有数据点，对每一个输入 x 对应直线上的 y' 与真实观测值 y 存在一定的误差，预测值并不完全等于观测值，式中 $y^i_{\_hat}$ 即为假设函数的预测值。该假设是为一元线性函数模型，其中含有两个参数 θ_1 和 θ_0。其中 θ_1 可看作斜率，θ_0 则是直线在 y 轴上的截距。

那么，二元、多元线性回归公式是什么？

回归模型中一元、二元分别代表什么含义？一元代表自变量只有一个特征，即上式中的 x 是一维的，二元则表示自变量有两个特征属性，依此类推，多元表示输入变量 x 有 n 个特征属性。

拟合公式如下：

$$y^i_{\_hat}=\theta_n x^i_n+\theta_{n-1} x^i_{n-1}+\cdots+\theta_2 x^i_2+\theta_1 x^i_1+\theta_0$$

其中，i 为样本数；其取值为 1，2，…，m；n 为特征数。变量系数就是模型要根据已知数据学习的参数。

实训步骤

现在有一组数据，是关于历年牛肉价格的数据，数据集包括以下数据项：年份、季度、农村还是城市，以及对应的价格。根据这些已知数据，使用 sklearn 工具训练一个线性回归模型，

使模型能够预测未来某一年某个季度、无论城市还是农村的牛肉价格。

第一步　导入包

导入需要的 python 包：sklearn、numpy。

```
from sklearn import linear_model
# 调用 sklearn 中的 linear_model 模块进行线性回归
from sklearn.preprocessing import StandardScaler
# 调用 sklearn 中的标准化函数对数据进行标准化处理
import numpy as np
```

第二步　读取数据

```
# 加载读取数据集函数
def loadDataSet(filename):
    # 加载文件，将特征 feature 存在 X 中，结果 y 存在 Y 中
    f = open(filename)
    x = []
    y = []
    for i, d in enumerate(f):
        if i == 0:
            continue
        d = d.strip()
        if not d:
            continue
        d = list(map(float, d.split(',')))
        x.append(d[:-1])
        y.append(d[-1])
    return np.array(x),np.array(y) # 读取数据
X, Y = loadDataSet('data-sets/beefdata.csv')
```

第三步　数据标准化

```
scale = StandardScaler().fit(X)
X = scale.transform(X)
```

第四步　调用 sklearn 中线性回归模型 linear_model

```
lr = linear_model.LinearRegression()
lr.fit(X,Y)
# 截距
display(lr.intercept_)
# 线性模型的系数
display(lr.coef_)
```

运行结果：

```
15.225284552845471
array([14.72200341, -0.23538957,  0.63655622])
```

第五步　模型预测牛肉价格

```
bf_year=2022
bf_jidu=1
bf_county=1if bf_county==1:
    bf_cty='农村'else:
    bf_cty='城市'
newMat = np.array([[bf_year, bf_jidu,bf_county]])
#输入数据转为 numpy 矩阵
newMat_ = scale.transform(newMat)
#输入数据标准化处理
bf_price=round(lr.predict(newMat_)[0],2)
#输出价格保留两位小数print("预测{}年,第{}季度,{}的牛肉价格为:{}元一斤".format(bf_
year,bf_jidu,bf_cty,bf_price))
```

运行结果：

```
预测2022年,第1季度,农村的牛肉价格为:35.65元一斤
```

实训案例 2　我来帮你挑草莓

实训目标

扫一扫

案例2挑草莓

（1）学习 KNN 算法原理。

（2）了解使用 KNN 解决挑草莓问题。

实训背景

每当草莓季到来的时候，小派就约着三五好友去附近的草莓园摘草莓。但是，小派在多次摘草莓的过程中发现，想要摘到甜的草莓也是有窍门的。比如，外皮和根部都是红色的草莓，会相对甜一些；而只有上部分是红色、底部则是白色或青色的草莓，口感会差一些。草莓图片如图 2-15 所示。

图 2-15　草莓

实际上，草莓甜不甜，不仅要考虑上述因素，还要考虑草莓产地、个头大小、日照长度等

综合因素。如果想直接根据这些复杂因素去判定一个草莓甜不甜显然做不到。如果能获取到相关数据，就可以让机器来学习这些复杂因素与草莓甜度之前的关系，从而对于任意多种可能的草莓，机器都可以依据对以往草莓数据的学习，判断该草莓甜不甜。

实训要点

知识点 1　KNN

KNN 即 K 近邻，也就是 K 个最近的邻居。

K 近邻的思想是：对于任意一个新的样本点，可以找到几个和它离得最近的样本，也就是邻居，看这些邻居的标签是什么，如果邻居中大多数样本都属于某一类，就认为它也是这一类。

知识点 2　KNN 原理

假设有一堆样本点，类别已知，如图 2-16（a），实心圆为一类，空心圆为另一类。现在有个新样本点，也就是图中的“×”，需要判断它属于哪一类。

KNN 的目标就是选出距离目标点“×”距离最近的 K 个点，看这 K 个点中的大多数属于哪一类。

如图 2-16（b）所示，K 选择 3 时，“×”最近的三个点中，有两个是实心，一个是空心，则根据多数表决法判定“×”的类别也是实心。

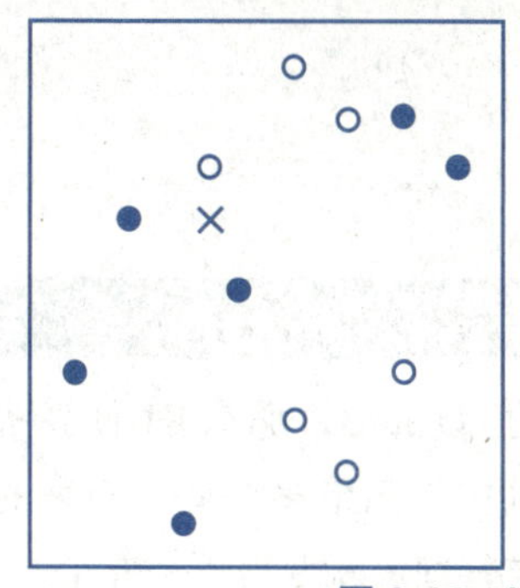

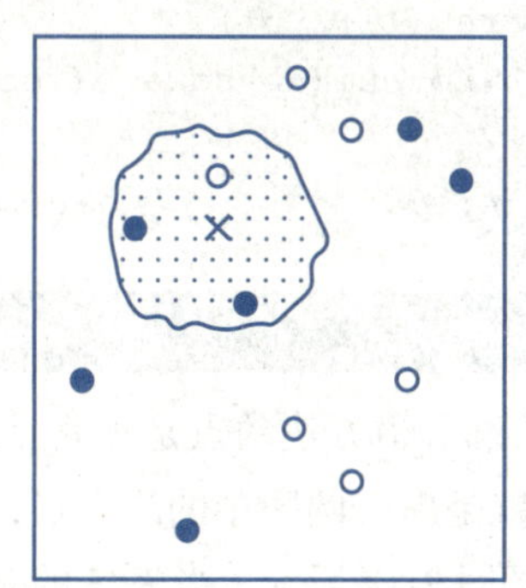

图 2-16　KNN 分类举例

算法流程：

输入：训练集 $T=\{(x_1, y_1), (x_2, y_2), \cdots, (x_m, y_m)\}$，其中，$x^{(i)}=\{x_1^{(i)}, x_2^{(i)}, x_3^{(i)}, \cdots, x_n^{(i)}\}$ 为第 i 个训练样本，$i=1, 2, \cdots, m$；$y_i \in \{c_1, c_2, c_R\}$ 为 x_i 对应的类别标签。

输出：待预测实例 x_j 所属的类别 y_j。

第一步：根据选定的 K 值，选择一种合适的距离度量方式，遍历训练集中所有样本点，找到实例 x_j 的 K 个最近邻点 x_q，$q=1, 2, 3, \cdots, K$。

第二步：根据多数表决法决定实例 x_j 所属类别 y_j。

知识点 3　距离度量

要度量空间中点距离有多种度量方式，比如常见的欧式距离、曼哈顿距离计算等。两个向

量之间，用不同的距离计算公式得出的结果是不一样的。给定样本，$x^{(i)}=\{x_1^{(i)}, x_2^{(i)}, x_3^{(i)}, \cdots, x_n^{(i)}\}$，$x^{(j)}=\{x_1^{(j)}, x_2^{(j)}, x_3^{(j)}, \cdots, x_n^{(j)}\}$，其中 i，$j=\{1, 2, 3, \cdots, m\}$，表示样本数；n 表示样本的特征数。

欧式距离计算公式：

$$\mathrm{dist}_{\mathrm{ed}}(x^i, x^{(j)}) = \sqrt{\sum_{u=1}^{n}(x_u^{(i)} - x_u^{(j)})^2}$$

曼哈顿距离计算公式：

$$\mathrm{dist}_{\mathrm{mh}}(x^i, x^{(j)}) = \sum_{u=1}^{n}|x_u^{(i)} - x_u^{(j)}|$$

KNN 算法就是将预测点与所有点距离进行计算，然后保存并排序，选出前面 K 个样本的类别，根据多数表决法判定预测点的类别。

例如，计算两个向量的欧氏距离，程序如下：

```
# 代码示例
import numpy as np
vector1 = np.array([1,2,3])
vector2 = np.array([4,5,6])
op=np.sqrt(np.sum(np.square(vector1-vector2)))
print(op)
# 根据代码示例计算向量 [3,2,1]、[1,2,3] 之间的欧式距离
import numpy as np
vec1 = np.array([3,2,1])
vec2 = np.array([1,2,3])
dist=np.sqrt(np.sum(np.square(vec1-vec2)))
print(dist)
2.8284271247461903
```

知识点 4　确定 K 的取值

例如，图 2-17（a）中方块的点是预测点，假设 K=3，那么 KNN 算法就会找到与它距离最近的三个点，也就是虚线圆圈中的三个点，其中三角形多一些，新来的方块就归类到三角形了。但是，但是如图 2-18 所示，当 K=5 的时候，判定就变得不一样了。

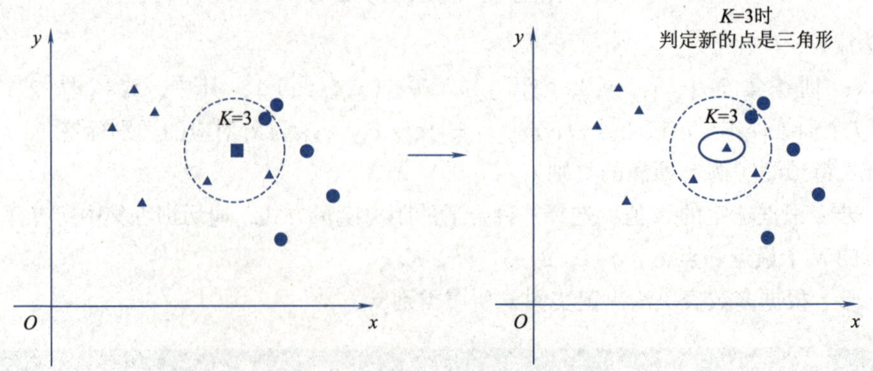

图 2-17　KNN 分类举例（K=3）

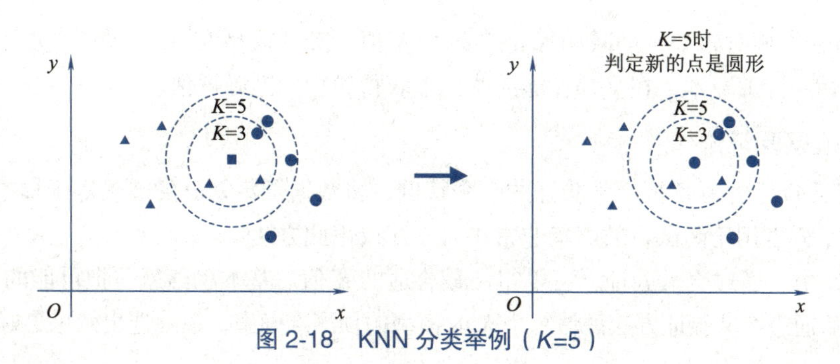

图 2-18　KNN 分类举例（*K*=5）

这次变成圆形多一些，所以新来的方块被归类成圆形。从这个例子中，可以看出 *K* 的取值是很重要的。

1. 交叉验证

那么该如何确定 *K* 取多少值呢？

在应用中，*K* 值一般取一个较小的数值，通常采用交叉验证法来选取最优的 *K* 值。

交叉验证是一种模型的验证技术，用于评估一个模型在独立数据集上的概括能力。主要用于在使用机器学习模型进行预测时，衡量一个模型在实际使用数据集上的效果。具体来说，就是将整个数据集划分为若干部分，一部分用来训练模型、一部分用来测试最终模型的优劣，一部分验证模型结构和超参数。

交叉验证的作用：

（1）有效评估模型的质量。

（2）有效选择在数据集上表现最好的模型。

（3）有效避免欠拟合和过拟合。

①欠拟合（underfitting）是指模型不能很好地拟合训练集的主要特征，在训练集及测试集上的效果都很差。

②过拟合（overfitting）是指模型过度拟合了训练集的特征，模型在训练集上有非常好的表现，但在测试集上的表现很差。

2. *K* 折交叉验证（K–Flod）

当没有足够多的数据用于训练模型时，还要划分数据的一部分进行验证会导致得到的模型欠拟合。因此，需要一种方法来提供样本集训练模型并且留一部分数据集用于验证模型，*K* 折交叉验证因此被提出，此处的 *K* 要和 KNN 的参数 *K* 区分开来。

具体来说，先将数据集打乱，然后将打乱后的数据集均匀分成 *K* 份，轮流选择其中的一份作验证，剩下的 *K*–1 份作为训练集，计算模型的误差平方和。迭代进行 *K* 次后将 *K* 次的误差平方和做平均作为选择最优模型的依据。

K 折交叉验证在进行 *K* 次交叉验证之后，使用 *K* 次平均成绩来作为整个模型的得分。每个数据在验证集中出现一次，并且在训练中出现 *K*–1 次。这将显著减少欠拟合，因为使用了数据集中的大多数数据进行训练，同时也降低了过拟合的可能，因为也使用了大多数数据进行模型的验证。

如果训练数据集相对较小，则增大 *K* 值。增大 *K* 值，在每次迭代过程中将会有更多的数据用于模型训练，能够得到最小偏差，同时算法时间延长。且训练块间高度相似，导致评价结果方差较高。

如果训练集相对较大，则减小 K 值。减小 K 值，降低模型在不同的数据块上进行重复拟合的性能评估的计算成本，在平均性能的基础上获得模型的准确评估。

3. 留一交叉验证法

留一交叉验证法是 K 折交叉验证的一个特例，将数据子集划分的数量等于样本数（$K=n$），每次只有一个样本用于测试，数据集非常小时，建议用此方法。

在 KNN 中，通过交叉验证，可以得出最合适的 K 值。基本思路就是把可能的 K 逐个去尝试一遍，然后通过交叉验证方法评估每个 K 时模型的预测准确率，最终选出效果最好的 K 值。

实训步骤

现有一批草莓相关的数据，共有 21 793 条，每一条包含七列内容，第 0~5 列数据表示了特征的类别，包含产地、日照长度、温差、降水量、个体大小、颜色六个参数；最后一列表示分类，对应草莓的甜与不甜。

按照下面的实训步骤，使用 KNN 算法实现草莓甜不甜的预测。

第一步：导入所需要的 Python 库

```
import warnings
import numpy as np
import pandas as pd
import seaborn as sns
import matplotlib.pyplot as plt
import plotly.offline as py
from plotly.offline import init_notebook_mode,iplot
import plotly.graph_objs as go
import plotly.offline as offline
import cufflinks as cf
from sklearn.neighbors import KNeighborsClassifier
from sklearn.model_selection  import cross_val_score
py.init_notebook_mode(connected=True)
init_notebook_mode(connected=True)
offline.init_notebook_mode()
cf.go_offline()
warnings.filterwarnings('ignore')
color = sns.color_palette()
%matplotlib inline
```

第二步：数据读取与预处理

数据的信息如图 2-19~ 图 2-28 所示。

程序如下：

```
data = pd.read_csv('./data-sets/StrawBerryAnalysis.csv')
data.shape
```

运行结果：

```
(21793, 8)
```

程序如下：

```
# 数据基本信息
data.info()
```

运行结果：

```
<class 'pandas.core.frame.DataFrame'>
RangeIndex: 21793 entries, 0 to 21792
Data columns (total 8 columns):
 #   Column                              Non-Null Count  Dtype
---  ------                              --------------  -----
 0   id                                  21793 non-null  int64
 1   Production area                     21793 non-null  int64
 2   Sunshine length                     21793 non-null  int64
 3   Day and night temperature difference 21793 non-null  int64
 4   Rainfall                            21793 non-null  int64
 5   Individual size                     21793 non-null  int64
 6   colour                              21793 non-null  int64
 7   Class                               21793 non-null  int64
dtypes: int64(8)
memory usage: 1.3 MB
```

程序如下：

```
# 数据前 10 行
data.head(10)
```

运行结果如图 2-19 所示。

	id	Production area	Sunshine length	Day and night temperature difference	Rainfall	Individual size	colour	Class
0	1	643	12	15	144	57	1	0
1	2	2048	12	11	96	80	0	0
2	3	922	8	13	141	31	1	0
3	4	74	11	14	156	75	1	0
4	5	1998	6	12	140	71	0	0
5	6	1025	14	10	108	26	0	0
6	7	1112	16	12	151	26	1	0
7	8	433	18	13	138	23	0	0
8	9	935	14	10	129	86	0	0
9	10	1018	11	15	89	36	1	0

图 2-19　数据前 10 行

程序如下：

```
# 查看数据基本统计参数
data.describe().T
```

运行结果如图 2-20 所示。

	count	mean	std	min	25%	50%	75%	max
id	21793.0	10897.000000	6291.241544	1.0	5449.0	10897.0	16345.0	21793.0
Production area	21793.0	1078.084110	589.962212	51.0	567.0	1077.0	1592.0	2098.0
Sunshine length	21793.0	12.052953	3.727951	6.0	9.0	12.0	15.0	18.0
Day and night temperature difference	21793.0	11.484192	2.289713	8.0	9.0	11.0	13.0	15.0
Rainfall	21793.0	100.995182	41.162324	30.0	65.0	101.0	137.0	172.0
Individual size	21793.0	62.886707	23.006205	23.0	43.0	63.0	83.0	102.0
colour	21793.0	0.497820	0.500007	0.0	0.0	0.0	1.0	1.0
Class	21793.0	0.003992	0.063058	0.0	0.0	0.0	0.0	1.0

图 2-20　数据基本统计参数

程序如下：

```
# 查看数据是否有缺失值
total = data.isnull().sum().sort_values(ascending=False)
percent=(data.isnull().sum()/data.isnull().count()*100).sort_values(ascending=
False)
missDataDf=pd.concat([total,percent],axis=1,keys=["Null Total","Null Percent"])
missDataDf.head(10)
```

运行结果如图 2-21 所示。

	Null Total	Null Percent
Class	0	0.0
colour	0	0.0
Individual size	0	0.0
Rainfall	0	0.0
Day and night temperature difference	0	0.0
Sunshine length	0	0.0
Production area	0	0.0
id	0	0.0

图 2-21　查看数据集是否有缺失值

程序如下：

```
# 查看产地分布
```

```
g = sns.distplot(data["Production area"])
plt.title("location")
plt.xlabel("area")
plt.ylabel("amount")
plt.show()
```

运行结果如图 2-22 所示。

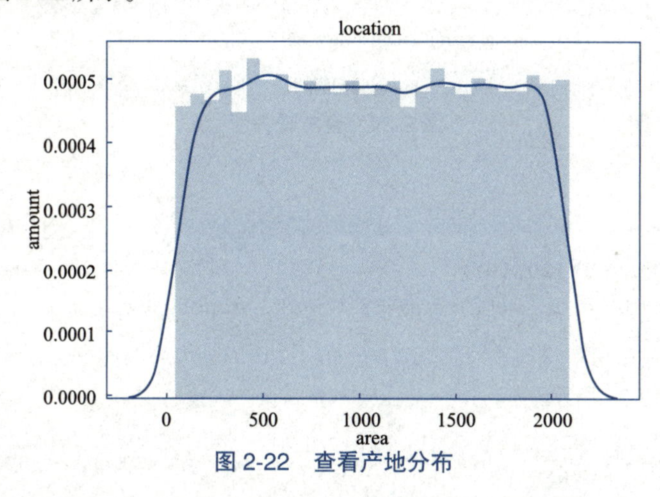

图 2-22　查看产地分布

分布较为散乱，无规律，所以将时间特征去除，表头 id 也可去除。

程序如下：

```
data = data.drop("id", axis=1)
data = data.drop("Production area", axis=1)
data.head(5)
```

运行结果如图 2-23 所示。

	Sunshine length	Day and night temperature difference	Rainfall	Individual size	colour	Class
0	12	15	144	57	1	0
1	12	11	96	80	0	0
2	8	13	141	31	1	0
3	11	14	156	75	1	0
4	6	12	140	71	0	0

图 2-23　将时间特征和表头去除后的表格

程序如下：

```
# 查看去除时间后的数据是否有缺失值
total = data.isnull().sum().sort_values(ascending=False)
percent=(data.isnull().sum()/data.isnull().count() * 100).sort_values(ascending=False)
missDataDf=pd.concat([total,percent],axis=1,
keys=["Null Total","Null Percent"])
missDataDf.head(10)
```

运行结果如图 2-24 所示。

	Null Total	Null Percent
Class	0	0.0
colour	0	0.0
Individual size	0	0.0
Rainfall	0	0.0
Day and night temperature difference	0	0.0
Sunshine length	0	0.0

图 2-24　查看缺失值

程序如下：

```
# 查看数据相关性
plt.figure(figsize=(20,10))
sns.heatmap(data.corr(), cmap="YlGnBu", annot=True)
plt.show()
```

运行结果如图 2-25 所示。

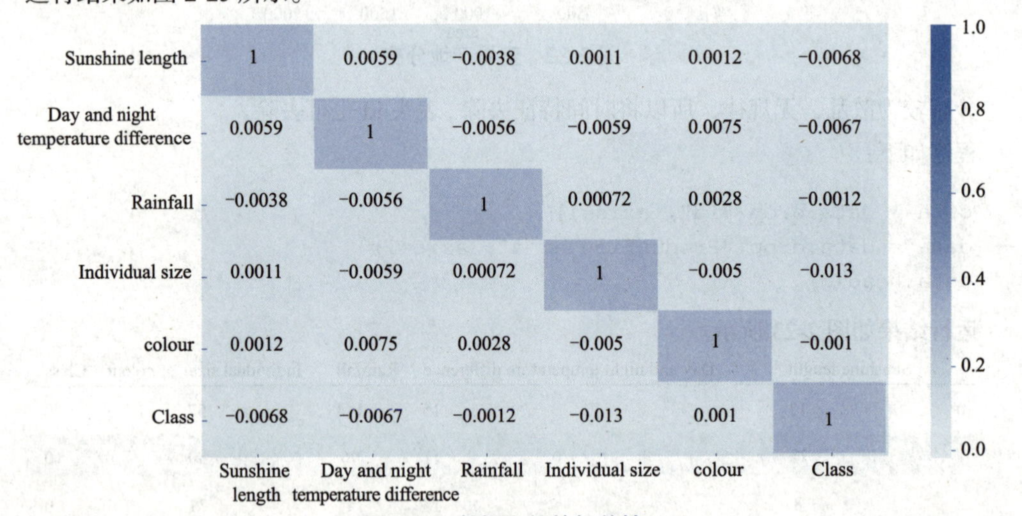

图 2-25　数据之间的相关性

程序如下：

```
# 查看标签数据数量分布
plt.figure(figsize=(10,10))
sns.countplot(x="Class", data=data, color="red")
plt.show()

plt.figure(figsize=(12,8))
plt.subplot(121)
plt.title('Distribution of Fraudulent', fontweight
```

```
='bold',fontsize=14)
count_of_classes=data.value_counts(data['Class'],
sort=True).sort_index()
ax = count_of_classes.plot(kind = 'bar')
plt.xlabel("Class")
plt.ylabel("Frequency")
plt.xticks([0,1],["sweet","acid"])

total = float(len(data))
for p in ax.patches:
    height = p.get_height()
    ax.text(p.get_x()+p.get_width()/2.,
            height + 3,
            '{:1.2f}%'.format(height*100/total),
            ha="center")
plt.subplot(122)
labels = 'sweet', 'acid'
data["Class"].value_counts().plot.pie(autopct="%1.2f%%",
labels=labels, startangle=90)
plt.show()
```

运行结果如图 2-26 所示。

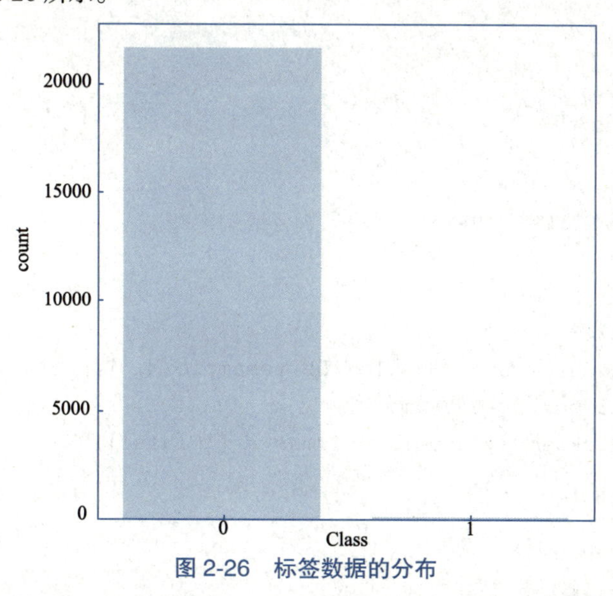

图 2-26　标签数据的分布

可以看出，数据集中样本极为不均衡，所以采用朴素随机下采样的方式进行数据平衡处理。程序如下：

```
import imblearn
from imblearn.under_sampling import RandomUnderSampler
```

```
from imblearn.over_sampling import RandomOverSampler
underSampler = RandomUnderSampler(sampling_strategy = 0.5)
# 均衡率为 50%
from sklearn.model_selection import train_test_split
X = data.iloc[:, :-1]
Y = data.iloc[:, -1]

X.head(5)
```

运行结果如图 2-27 所示。

	Sunshine length	Day and night temperature difference	Rainfall	Individual size	colour
0	12	15	144	57	1
1	12	11	96	80	0
2	8	13	141	31	1
3	11	14	156	75	1
4	6	12	140	71	0

图 2-27　均衡后的数据

```
Y.head()
```

运行结果：

```
0    0
1    0
2    0
3    0
4    0
Name: Class, dtype: int64
```

程序如下：

```
# 对特征进行下采样
X_under, y_under = underSampler.fit_resample(X, Y)
from pandas import DataFrame
test = pd.DataFrame(y_under, columns = ['Class'])
test.shape
```

运行结果：

```
(261, 1)
```

程序如下：

```
# 数据均衡化前后对比
fig, axs = plt.subplots(ncols=2, figsize=(12,8))
sns.countplot(x="Class", data=data, ax=axs[0])
```

```
sns.countplot(x="Class", data=test, ax=axs[1])

a1=fig.axes[0]
a1.set_title("Before")
a2=fig.axes[1]
a2.set_title("After")
plt.show()
```

运行结果如图 2-28 所示。

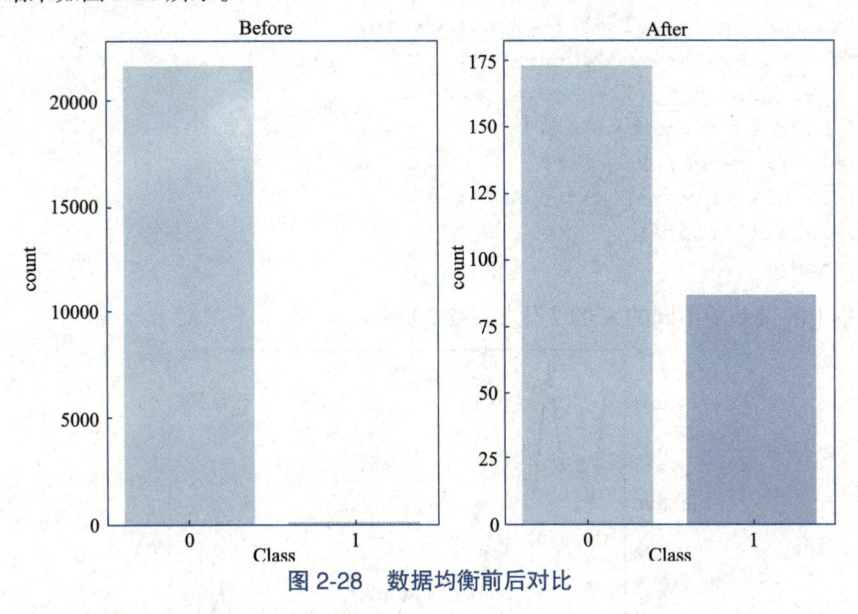

图 2-28　数据均衡前后对比

第三步：数据集划分和数据标准化处理

程序如下：

```
# 将数据集划分为训练集及测试集
X_train, X_test, y_train, y_test = train_test_split(X_under,
                    test, random_state=1125, test_size= 0.2)
from sklearn.preprocessing import StandardScaler
# 将数据进行标准化处理
STD = StandardScaler()
X_train = STD.fit_transform(X_train)
X_test = STD.fit_transform(X_test)
print(X_train.shape)
print(X_test.shape)
```

运行结果：

```
(208, 5)
(53, 5)
```

第四步：构建 KNN 模型

程序如下：

```
#这里使用了五折交叉验证来找到最优的K值；评估标准为准确率
k_range = range(1, 31)
k_error = []
for k in k_range:
    knn = KNeighborsClassifier(n_neighbors=k)
    #cv参数决定数据集划分比例，这里是按照5:1划分训练集和测试集
    scores=cross_val_score(knn,X_train,
y_train,cv=6,scoring='accuracy')
    k_error.append(1 - scores.mean())
#画图，x轴为k值，y值为误差值
plt.plot(k_range, k_error)
plt.xlabel('Value of K for KNN')
plt.ylabel('Error')
plt.show()
```

测试集上的误差随不同的 K 的变化如图 2-29 所示。

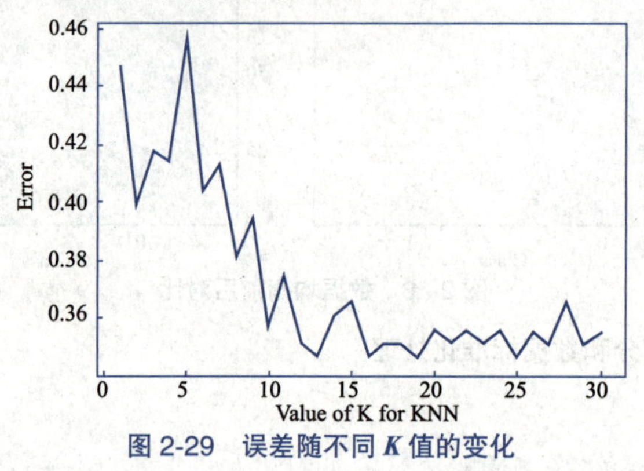

图 2-29 误差随不同 K 值的变化

程序如下：

```
#设置K=5，重新构建KNN模型
estimator = KNeighborsClassifier(n_neighbors=5)
estimator.fit(X_train, y_train)
```

运行结果：

```
KNeighborsClassifier()
```

第五步：使用 KNN 模型预测

程序如下：

```
y_pre = estimator.predict(X_test)
print("预测值是：\n", y_pre)
#print("预测值和真实值对比：\n",  y_test)
```

```
ret = estimator.score(X_test, y_test)
print(" 准确率是 :\n", ret)
```

运行结果：

```
预测值是：[0 1 0 0 1 0 0 0 0 0 0 0 1 0 1 1 0 0 1 0 0 0 1 0 0 1 0 0 0 0 0
0 0 0 0 0 1 1 0 0 0 0 1 1 0 0 1 0 1 0 1 1 1 1]
准确率是： 0.6981132075471698
```

下面选取测试数据中的第一条数据，因为做了测试训练数据的划分，此处数据可选择范围为0~52，选择任意一数据预测其标签为酸或甜，并将结果打印出来。

程序如下：

```
# 单个样本预测
x = [X_test[0]]
y = estimator.predict_proba(x)
label = ["sweet","acid"]
print(" 其类别为 {}".format(label[np.argmax(y)]))
```

运行结果：

```
其类别为 sweet
```

实训案例 3　远离疾病早预防

实训目标

（1）了解机器学习分类算法。

（2）了解逻辑回归原理。

（3）通过机器学习算法预知肿瘤是良性还是恶性。

实训背景

随着科技进步，人工智能技术广泛应用在医疗领域。小派是某医院科研小组成员，为了提升肿瘤诊断效率，近期开展了一个项目，使用历史病例作为训练数据（病人检测出的细胞学上的各项指标），送给机器学习，训练一个自动化模型，让机器初步诊断肿瘤是良性还是恶性。

实训要点

知识点1　逻辑回归

逻辑回归（logistic regression）是一种有监督分类算法。

逻辑回归是用回归的办法来做分类，可以解决二分类和多分类问题。

逻辑回归和线性回归对比见表 2-3。

表 2-3　逻辑回归和线性回归对比

区　别	类　型	变　量	假　设	应　　用
逻辑回归	分类	连续	服从伯努利分布	判断西瓜是否为好瓜
线性回归	回归	离散	服从高斯分布	预测一个西瓜的重量

（1）线性回归处理的问题是连续型输入变量与输出变量的预测问题，而逻辑回归是有限个离散型输出变量的预测问题。

（2）逻辑回归以线性回归为理论支持，引入了 sigmoid 函数（值域在 (0,1) 之间，可对应概率值），从而处理分类问题。或者说，在线性回归中得到一个预测值，再将该值映射到 Sigmoid 函数中，这样就完成了由值到概率的转换，也就是分类。

（3）伯努利分布：一种离散分布，比如生一次孩子，生男孩子概率为 p，生女孩子概率为 $1-p$，这个就是伯努利分布。

（4）高斯分布：如果一个指标并非受到某一因素的决定作用，而是受到综合因素的影响，那么这个指标分布呈高斯（正态）分布，比如人的身高、智商、员工绩效等。

知识点 2　二分类

对于二分类问题，我们希望给定一个输入，输出为 $y \in \{0,1\}$，这样就能将输入样本点映射到两个不用的类别中。

具体地，计算每个样本点属于类别“1”或者属于类别“0”的概率，哪个概率大，则判定属于哪一类，那么可以把分类问题转化为如何计算每个样本点属于“1”或者“0”的概率。因此引入 sigmoid 函数。

1. sigmoid 函数

sigmoid 函数公式：$g(z)=\dfrac{1}{1+\mathrm{e}^{-z}}$

其函数图像如图 2-30 所示。

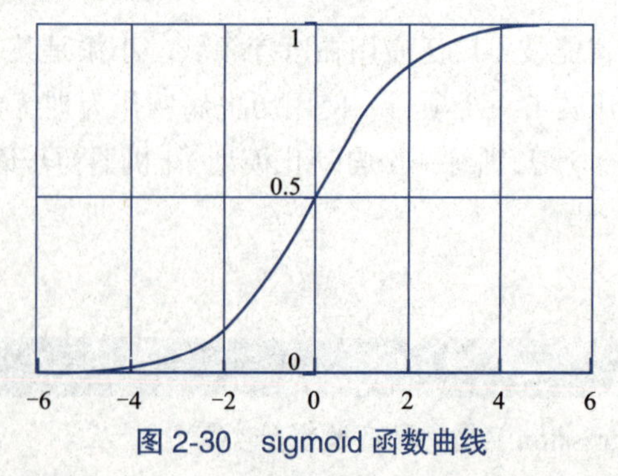

图 2-30　sigmoid 函数曲线

由函数图像可以看出，sigmoid 函数可以很好地将 $(-\infty, +\infty)$ 内的数映射到 (0,1) 上。于是可以将 $g(z)>=0.5$ 时归为“1”类，将 $g(z)<0.5$ 时归为“0”类。即$y=\begin{cases}1, g(z)\geqslant 0.5\\0, g(z)<0.5\end{cases}$，其中，$y$ 表示分类结果。sigmoid 函数值表示的则是将样本分类为“1”类的概率。

前文提到，逻辑回归是对线性回归的结果进行了 sigmoid 映射，对应的 sigmoid 函数中 $g(z)$ 的变量 z 可以表示为 $z=\boldsymbol{W}^{\mathrm{T}}\boldsymbol{X}$，其中 $\boldsymbol{W}^{\mathrm{T}}$ 是线性回归中的参数矩阵的转置，$\boldsymbol{X}$ 是输入的特征矩阵。

牛刀小试： 用 Python 实现对任意输入数据进行 sigmoid 变换。

提示： numpy 中 exp 函数是以自然常数 e 为底的指数函数。

```
# 根据提示，计算输入数据分别是 3、数组 [2, 5, 6] 的 sigmoid 值。
import numpy as np
def sigmoid(x):
    s = 1 / (1 + np.exp(-x))
    return s
print(sigmoid(3))
print(sigmoid(np.array([2, 5, 6])))
```

运行结果：

```
0.9525741268224334
[0.88079708 0.99330715 0.99752738]
```

2. 求解逻辑回归

至此，逻辑回归的基本思路已经清楚了，下面就需要求解一组 W，使得 $g(z)=\frac{1}{1+e^{-z}}$全部预测正确的概率最大。那么，需要定义一个代价函数（目标函数），然后使用梯度下降法最优化目标函数，求解 $\boldsymbol{W}$，这样问题就解决了。

代价函数的定义如下：

$$J(W)=-\frac{1}{n}\sum_{i=1}^{n}(y_i\ln P(x_i)+(1-y_i)\ln(-P(x_i)))$$

在逻辑回归中，最小化代价函数也就是所说的最大化对数似然函数。

牛刀小试： 假设训练到当前步数的一元逻辑回归模型参数是 theta，训练数据 X 和 y，实现对数损失函数。

提示： 上述对数损失公式的 $P(x)$ 就是 sigmoid 输出。

numpy 中的 log 函数是用于计算输入数据的自然对数，即以 e 为底的对数。

```
import numpy as np
def cost(theta, X, y):
    theta = np.matrix(theta)
```

```
    X = np.matrix(X)
    y = np.matrix(y)
    left = np.multiply(-y, np.log(sigmoid(X * theta.T)))
    right = np.multiply((1 - y), np.log(1 - sigmoid(X * theta.T)))
    return np.sum(left - right) / (len(X))
```

使用梯度下降迭代更新模型参数 W，公式如下：$W_{new}=W_{old}+\alpha\times\partial J(W)$，其中 α 是步长或学习率。

知识点 3　梯度下降

梯度下降法是一种基于搜索的最优化方法，不是一个机器学习算法，它用来最优化一个损失函数。线性回归算法模型的本质就是最小化一个损失函数，求出损失函数的参数的数学解。

假设这样一个场景：小派同学今天去爬山，到达山的某处他接到导师电话需要立刻回去。此时他从山的某处开始下山（见图 2-31），想要尽快到达山底。

图 2-31　下山场景

在下山之前他需要确认两件事：

（1）下山的方向。

（2）下山的距离。

因为下山的路有很多，他必须利用一些信息，找到从该处开始最陡峭的方向下山，这样可以保证他尽快到达山底。此外，这座山最陡峭的方向并不是一成不变的，每当走过一段规定的距离，他必须停下来，重新利用现有信息找到新的最陡峭的方向。通过反复进行该过程，最终抵达山底。

下面将例子里的关键信息与梯度下降法中的关键信息对应起来：

（1）山代表了需要优化的函数表达式。

（2）山的最低点就是该函数的最优值，也就是所求解的目标。

（3）每次下山的距离代表后面要解释的学习率。

（4）寻找方向利用的信息即为样本数据。

（5）最陡峭的下山方向则与函数表达式梯度的方向有关。

之所以要寻找最陡峭的方向，是为了满足最快到达山底的限制条件。

1. 导数

一元函数的情况下，导数就是函数的变化率，如图 2-32 所示，在一元函数中 A 点的导数是 A 点切线斜率。

2. 方向导数

多元函数中以二元函数为例，$f(x,y)$ 在 A 点的切线，可见有无数条不同方向的切线。

方向导数就是一个函数沿指定方向的导数或变化率，如图 2-33 所示。

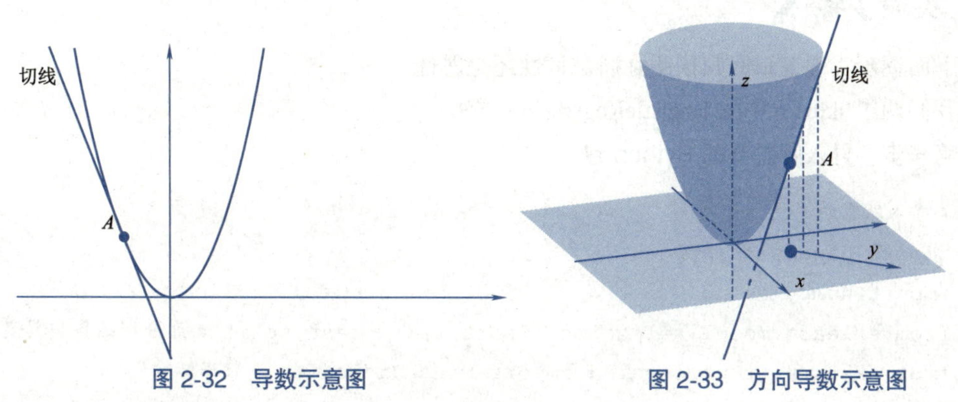

图 2-32　导数示意图　　图 2-33　方向导数示意图

3. 梯度

方向导数是函数在各个方向的斜率，而梯度是斜率最大的那个方向，就是函数值增加最快的方向。

计算方式：一个函数对于其自变量分别求偏导数，这些偏导数所组成的向量就是函数的梯度。

梯度是一个向量。

4. 梯度下降原理

回想一下，我们训练模型的目标是使损失函数的值最小化，那么想要最快地到达最小值，就需要朝着梯度的反方向（函数值下降最快的方向）去更新参数。

（1）给定待优化连续可微函数 $J(\theta)$、学习率 α 以及一组初始值 $\theta_0=(\theta_{01}, \theta_{02}, \cdots, \theta_{0h})$

（2）计算待优化函数在该点的梯度：$\nabla J(\theta)$。

（3）更新迭代公式：$\theta_{0+1}=\theta_0-\alpha\nabla J(\theta)$。

（4）重复步骤（2）、（3），计算梯度向量的模来判断算法是否收敛：$\|\nabla J(\theta)\|\leqslant\varepsilon$。

（5）若收敛，算法停止，否则根据迭代公式继续迭代。

5. 学习率

学习率也称迭代的步长，在选择每次下降的距离时，如果过大，则有可能偏离最陡峭的方向，甚至跨过最低点而不自知，一直无法到达山底，如图 2-34（a）所示；如果下降距离过小，则需要频繁寻找最陡峭的方向，会非常耗时，如图 2-34（b）所示。因此，需要找到最佳的学习率，在不偏离方向的同时耗时最短。

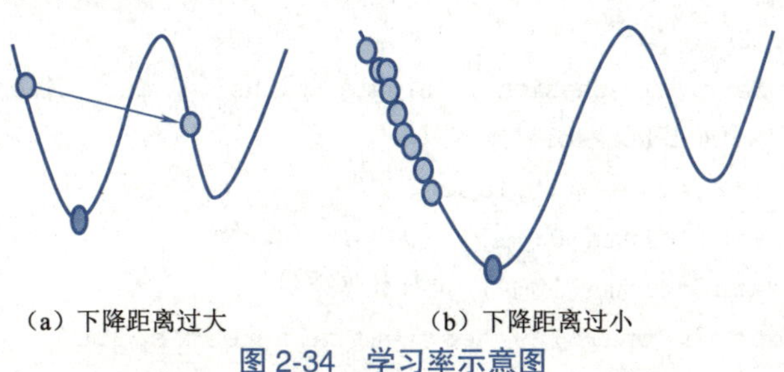

（a）下降距离过大　　（b）下降距离过小

图 2-34　学习率示意图

实训步骤

下面逐步实现逻辑回归预测肿瘤是良性还是恶性。

我们调用 sklearn 中的 LogisticRegression 方法。

第一步　导入所需要的 Python 包

```
# 导入所需的 Python 包
import pandas as pd
import numpy as np
from sklearn.model_selection import train_test_split #划分训练集和测试集
from sklearn.preprocessing import StandardScaler #数据标准化
from sklearn.linear_model import LogisticRegression #逻辑回归算法
from sklearn.metrics import classification_report #分类效果评估
```

第二步　读取数据

```
# 读取数据
column = ['Sample code number', 'Clump Thickness', 'Uniformity of Cell Size',
'Uniformity of Cell Shape',
        'Marginal Adhesion', 'Single Epithelial Cell Size', 'Bare Nuclei',
'Bland Chromatin', 'Normal Nucleoli',
        'Mitoses', 'Class']
data = pd.read_csv( "http://archive.ics.uci.edu/ml/machine-learning
-databases/breast-cancer-wisconsin/breast-cancer-wisconsin.data",
        names=column)
```

第三步　删除缺失值

```
# 进行缺失值处理
data = data.replace(to_replace="?", value=np.nan)
data = data.dropna()
```

第四步　将数据集分成训练集和测试集

```
# 构造列标签名
column = ['Sample code number', 'Clump Thickness', 'Uniformity of Cell Size',
'Uniformity of Cell Shape',
        'Marginal Adhesion', 'Single Epithelial Cell Size', 'Bare Nuclei',
'Bland Chromatin', 'Normal Nucleoli',
        'Mitoses', 'Class']
data_allx = data[column[0:-1]]
data_ally = data[column[10]]# 进行数据分割
x_train, x_test, y_train, y_test = train_test_split(
data_allx, data_ally, test_size=0.25)
```

第五步　对输入数据进行标准化处理

```
# 进行标准化处理
std = StandardScaler()
x_train = std.fit_transform(x_train)
x_test = std.transform(x_test)
```

第六步　调用逻辑回归方法

主要参数：

（1）max_iter：算法收敛最大迭代次数，int 类型，默认为 10。

（2）c：正则化系数 λ 的倒数，float 类型，默认为 1.0，数值越小表示正则化越强。

（3）solver：优化算法选择参数，只有五个可选参数，即 newton-cg、lbfgs、liblinear、sag 和 saga。默认为 liblinear，适用于小数据集。

```
# 调用 sklearn 逻辑回归预测
lg = LogisticRegression(max_iter=50)
lg.fit(x_train, y_train)
```

第七步　在测试集上测试，并输出准确率

```
y_predict = lg.predict(x_test)
print('模型参数 w1~w11:\n',lg.coef_)
print('模型参数 w0:\n',lg.intercept_)
print("准确率：\n", lg.score(x_test, y_test))
```

运行结果：

```
模型参数 w1~w11:
 [[ 0.07662606  1.24574267 -0.05790143  0.80632897  0.85391594  0.1659067
   1.20895463  1.28875299  0.94102575  0.79338081]]
模型参数 w0:
 [-1.09223265]
准确率：
 0.9707602339181286
```

实训案例 4　这位顾客可不可能点可乐

实训目标

（1）认识决策树。

（2）理解熵、条件熵等概念。

（3）了解决策树算法的基本流程。

（4）动手用决策树解决分类问题。

实训背景

扫一扫

案例4点可乐

假如小派是某快餐店员工，为了提升业绩和效率，他需要总结和分析每天顾客的消费行为习惯，判断哪些顾客更喜欢点可乐，在什么时间、什么情况下可能会点可乐。于是他记录了一些顾客的消费情况，包括年龄、性别、是否点了汉堡、用餐时间，以及有没有点可乐。

那么，根据这些数据，对于一个新顾客，如何判断他/她是否可能点可乐？

实训要点

知识点1　决策树

◇决策树的目标：从给定带标签训练集中归纳出一组分类规则，使得对新的实例进行正确分类。

◇决策树分类的过程是一个树状结构，其中每个内部节点表示一个属性（特征）上的判断，每个分支代表是否具有该特征的判断，最后每个叶节点分别代表一种分类结果。

如上例子，决策树的内部节点“性别”“是否点了汉堡”代表特征，叶子节点代表分类结果。

决策树的构造过程一般分为三个部分，分别是特征选择、决策树生成和决策树剪枝。

知识点2　特征选择

我们知道，决策树的每一个节点代表一个特征，那么在构建过程中，需要在众多的特征中选择一个特征作为当前节点分裂的标准。

如何选择合适特征有不同的量化评估方法，如ID3算法中使用信息增益作为选择标准。

准则：使用被选特征进行划分数据集后，要使得各子数据集的纯度比划分之前的数据集纯度高。

1. 熵

熵（entropy）一词最初来源于热力学。1948年，克劳德·爱尔伍德·香农（Claude Elwood Shannon）将热力学中的熵引入信息论，所以也被称为香农熵（Shannon entropy）、信息熵（information entropy）。

一条信息的信息量大小和它的不确定性有直接的关系。如果需要弄清楚一件不确定的事，就需要了解大量的信息，相反，则不需要太多的信息就能把它弄清楚。因此从这个角度来说，信息量的度量就等于不确定性的多少。比如，有人说广州下雪了。对于这件事，我们十分不确定。因为广州几十年来下雪的次数寥寥无几。为了弄清楚，就要去看天气预报、新闻，询问在广州的朋友等，这就需要大量的信息，信息熵很高。再如，太阳从东边升起，这是个万年不变的事实，所携带的信息量远小于前者，信息熵也很低。

在信息论或概率论中，用熵来度量随机变量的不确定性，也就是，熵越大，则随机变量的不确定性越大。

假设随机变量X的可能取值为$X=\{x_1, x_2, x_3, \cdots, x_n\}$，其概率分布为$P(X=x_i)=p_i, i=1, 2, \cdots,$

n。则随机变量 X 的熵定义为 $H(X)$：$H(X)=-\sum_{i=1}^{n}p_i\log p_i$，其中 p_i 是随机变量 X 的概率分布，log 是以 2 或者 e 为底的对数。

当随机变量的取值为两个时，熵随概率的变化曲线如图 2-35 所示。

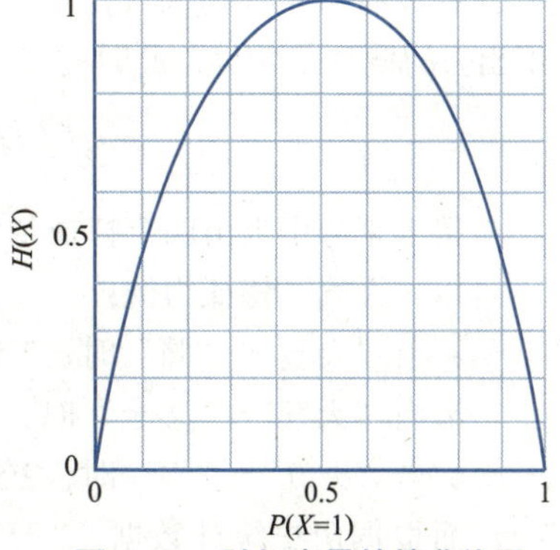

图 2-35　随机变量的熵曲线图

可见当 p=0 或 p=1 时，$H(p)$=0, 随机变量完全没有不确定性，当 p=0.5 时，$H(p)$=1，此时随机变量的不确定性最大。

2. 条件熵

条件熵 $H(Y|X)$ 表示在已知随机变量 X 的条件下，随机变量 Y 的不确定性。$H(Y|X)$ 条件熵，定义为 X 给定条件下 Y 的条件概率分布的熵对 X 的数学期望，即

$$H(Y|X)\sum_{i=1}^{n}p_iH(Y|X=x_i)$$

对应到决策树中，可以理解为选定了某个特征之后的熵。

3. 信息增益

信息增益表示由于得知特征 A 的信息后数据集 D 的分类不确定性减少的程度。定义如下：

$$\text{Gain}(D, A)=H(D)-H(D|A)$$

即集合 D 的熵 $H(D)$ 与特征 A 给定条件下 D 的条件熵 $H(D|A)$ 之差。决策树选择特征时，选择使信息增益最大的特征来划分数据集。说明使用该特征后划分得到的子集纯度变高了，即不确定性变小了。

表 2-4 是根据天气状况决定是否出去的数据集 D。

表 2-4　天气状况与出去与否数据集

天　气	温　度	湿　度	有　风	出去
晴	热	高	否	否
晴	热	高	是	否
多云	热	高	否	是
雨	温和	高	否	是
雨	冷	正常	否	是
雨	冷	正常	是	否
多云	冷	正常	是	是
晴	温和	高	否	否
晴	冷	正常	否	是
雨	温和	正常	否	是
晴	温和	正常	是	是
多云	温和	高	是	是
多云	热	正常	否	是
雨	温和	高	是	否

在没有给定任何天气信息时，根据历史数据，我们只知道新的一天出去玩的概率是9/14，不出去的概率是5/14，此时的熵为

$$H(D)=-\frac{9}{14}\log_2\frac{9}{14}-\frac{5}{14}\log_2\frac{5}{14}=0.940$$

接下来分别求出四个特征条件下的信息熵：

以“天气”特征为例：

a. 当“天气”=“晴”时，2/5的概率出去，3/5的概率不出去，熵=0.971。

b. 当“天气”=“多云”时，4/4的概率出去，熵=0。

c. 当“天气”=“雨”时，2/5的概率不出去，3/5的概率出去，熵=0.971。

而根据历史统计数据，“天气”取值为“晴”、“多云”、“雨”的概率分别是5/14、4/14、5/14，所以当已知变量“天气”的值时，条件熵为

$$H(D|\text{天气})=\frac{5}{14}\times 0.971+\frac{4}{14}\times 0+\frac{5}{14}\times 0.971=0.693$$

这样，熵就从0.940下降到了0.693。“天气”这个特征的信息增益为Gain（D，天气）=0.940−0.693=0.247。

同样可以计算出Gain（D，温度）=0.029，Gain（D，湿度）=0.152，Gain（D，有风）=0.048。Gain（D，天气）最大（即“天气”使整体的信息熵下降的最快），所以决策树的根节点就会选择“天气”作为分叉节点。对新节点依然采用同样的方法进行分裂，所以决策树算法是一个递归算法。

4. 信息增益比

用信息增益作为划分训练集特征的标准时，有一个潜在问题：会倾向于选择取值较多的特征。所以，提出了信息增益比来修正这一问题。

特征A对训练集的信息增益比定义为：特征A的信息增益Gain（D，A）与特征A取值的熵的比值。

知识点3　决策树生成

1. ID3决策树算法

ID3算法的核心就是在决策树各个节点上使用信息增益的准则选择特征，递归地构建决策树。

输入：训练数据集D，特征集A，停止递归的阈值ε。

输出：决策树T。

算法流程：

Step1：若D中所有实例属于同一类，则T为单节点树，并将类作为该节点的类标记，返回T。

Step2：若$A=\varnothing$，则T为单节点树，并将D中实例数最大的类作为该节点的类标记，返回T。

Step3：否则，计算A中每个特征对D的信息增益，选择信息增益最大的特征。

Step4：如果M_k的信息增益小于阈值ε，则T为单节点树，并将D中实例数最大的类C_k作为该节点的类标记，返回T。

Step5：否则，对M_k的每一种可能值，依$M_k=m_i$将D分割为若干非空子集D_i，将D_i中实

例数最大的类作为标记，构建子节点，由节点及其子树构成树 T，返回 T。

ID3 算法的缺点如下：

（1）使用信息增益来选择特征，容易偏向于选择取值较多的特征。

（2）不能处理连续值特征。

（3）容易过拟合，由于决策树分叉过细，最后生成的决策树模型对训练数据拟合特别好，而对新数据的预测效果很差。

2. C4.5 决策树算法

C4.5 决策树针对 ID3 算法存在的问题，做出了相应解决。

（1）使用信息增益比来做特征选择。

（2）将连续特征离散化。

（3）对决策树进行剪枝，引入正则化系数来缓解过拟合问题。

除了这几点改进之外，C4.5 决策树与 ID3 基本相同。

知识点 4　决策树剪枝

如果给定一个训练样例的集合，那么通常有很多决策树可以满足这些样例，优先选择较小的树，树的大小用树中的节点数量和决策节点的复杂性来度量。

决策树剪枝可以找到最小的树。通常，如果到达一个节点的训练实例树小于训练集的一定比例（如 5%），则该节点将不再分裂。在决策树完全构造出来之前停止构造，称为树的先剪枝。

决策树的另一种剪枝方法是后剪枝。决策树构造完成，训练误差为零，然后找出导致过拟合的子树并剪枝。

实训步骤

下面逐步生成决策树，并用决策树进行预测。

第一步　创建数据集

```
# 顾客消费数据
dataSet = [['小孩', '男', '没点汉堡', '早上', '不点可乐'],
           ['小孩', '男', '没点汉堡', '中午', '不点可乐'],
           ['小孩', '女','没点汉堡', '中午', '点可乐'],
           ['小孩', '女', '点了汉堡', '早上', '点可乐'],
           ['小孩', '男', '没点汉堡', '早上', '不点可乐'],
           ['年轻人', '男', '没点汉堡', '早上', '不点可乐'],
           ['年轻人', '男', '没点汉堡', '中午', '不点可乐'],
           ['年轻人', '女', '点了汉堡', '中午', '点可乐'],
           ['年轻人', '男', '点了汉堡', '中午', '点可乐'],
           ['年轻人', '男', '点了汉堡', '晚上', '点可乐'],
           ['老人', '男', '点了汉堡', '晚上', '点可乐'],
           ['老人', '男', '点了汉堡', '中午', '点可乐'],
           ['老人', '女', '没点汉堡', '中午', '点可乐'],
```

```
                ['老人', '女', '没点汉堡', '晚上', '点可乐'],
                ['老人', '男', '没点汉堡', '早上', '不点可乐'],
                ['小孩', '男', '没点汉堡', '早上', '不点可乐'],#
                ['小孩', '男', '没点汉堡', '中午', '不点可乐'],
                ['小孩', '女','没点汉堡', '中午', '点可乐'],
                ['小孩', '女', '点了汉堡', '早上', '点可乐'],
                ['小孩', '男', '没点汉堡', '早上', '不点可乐'],
                ['年轻人', '男', '没点汉堡', '早上', '不点可乐'],
                ['年轻人', '男', '没点汉堡', '中午', '不点可乐'],
                ['年轻人', '女', '点了汉堡', '早上', '点可乐'],
                ['年轻人', '男', '点了汉堡', '中午', '点可乐'],
                ['年轻人', '男', '点了汉堡', '晚上', '点可乐'],
                ['老人', '男', '点了汉堡', '晚上', '点可乐'],
                ['老人', '男', '点了汉堡', '中午', '点可乐'],
                ['老人', '女', '没点汉堡', '中午', '点可乐'],
                ['老人', '女', '没点汉堡', '晚上', '点可乐'],
                ['老人', '男', '没点汉堡', '早上', '不点可乐']]#数据项名称，
即特征名
    labels = ['年龄段', '性别', '点汉堡了吗', '时间']
```

第二步　创建决策树

```
    featLabels = []
    myTree = hm.createTree(dataSet, labels, featLabels)
    print(myTree)#当前结果以字典形式存储
    {'点汉堡了吗': {'点了汉堡': '点可乐', '没点汉堡': {'性别': {'男': '不点可
乐', '女': '点可乐'}}}}
```

第三步　将决策树以图形显示出来

通过 matplotlib 工具将字典形式的决策树画出来，如图 2-36 所示。

```
    hm.createPlot(myTree)#通过 matplotlib 工具将字典形式的决策树画出来
```

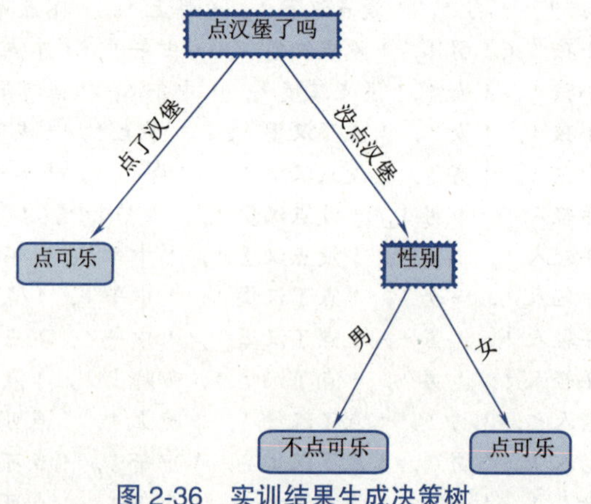

图 2-36　实训结果生成决策树

第四步　用决策树进行预测

决策树预测的结果如图 2-37 所示。

```
import ipywidgets as wg
def testTree(age,gender,hamburg,time):
    result = hm.classify(myTree, featLabels,[hamburg,gender])
print('\n 预测：  '+result)
# 下面两行代码仅便于测试演示使用。
widget_list = wg.interactive(testTree,age=wg.Dropdown(options= ['小孩','年轻人','老人'],description='年龄段:'),gender= wg.Dropdown(options=['女','男'],description='性别:'),hamburg= wg.Dropdown(options=['点了汉堡','没点汉堡'],description='点汉堡了吗:'),time=wg.Dropdown(options=['早上','中午','晚上'],description='用餐时间:'))
display(wg.Box(children=[widget_list],layout=wg.Layout(display='flex',flex_flow='column',border='2px solid orange',align_items= 'center',width='100%',height='100%')))
```

年龄段: 小孩

性别: 女

点汉堡了吗: 点了汉堡

用餐时间: 早上

预测：点可乐

图 2-37　决策树预测

实训案例 5　近朱者赤近墨者黑 

实训目标

（1）了解聚类概念。

（2）了解 kmeans、dbscan 聚类算法。

（3）使用 kmeans 实现聚类。

扫一扫

案例5聚类应用

实训背景

一个黑暗的小屋里，只知道一个黑箱子中有一堆水果，看不到水果的类别，那怎么能知道有几种水果，哪几个水果是同一种呢?

①我们可以伸手去摸，了解水果的大小、形状。

②通过对每一个水果的大小、形状，归纳出一些规律，即可把同一类水果挑出来。

实训要点

聚类算法是一种无监督学习方法，实现起来简单，效果也不错，工程上应用比较广泛。

聚类算法试图将数据集中的样本划分为若干个通常是不相交的子集，每个子集称为一个"簇"（cluster)，通过这样的划分，每个簇可能对应于一些潜在的概念或类别，而这些概念对于聚类算法而言是事先未知的。kmeans 是常用的一种聚类算法。

聚类算法的应用也比较广泛，如图 2-38 所示。

图 2-38　聚类算法应用

知识点 1　kmeans 聚类

kmeans 聚类属于机器学习中的无监督算法。k 代表类别个数。

kmeans 算法的思想很简单，就是把没有类别信息的数据集划分成指定数量的簇，每个簇中包含的样本具有相似的特点。目标是划分出的 k 个簇，簇内的点尽量紧密的连在一起，而簇间的距离尽量大。

知识点 2　kmeans 流程

①初始化 K 个聚类中心。

如图 2-39 所示，随机初始化两个质心。

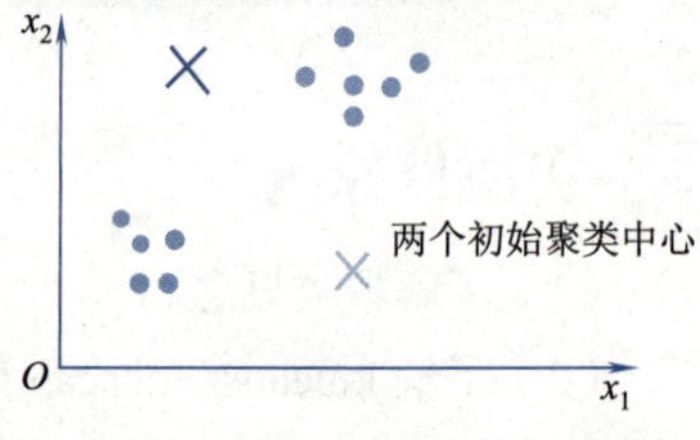

图 2–39　kmeans 聚类初始化

②循环所有样本，计算其到质心的距离，然后选取距离最近的质心类别作为自己的类别，如图 2-40 所示。

可以将其理解为"近朱者赤近墨者黑"，对于样本点来说，哪个质心离它近，它就归类为该质心所属的类别。

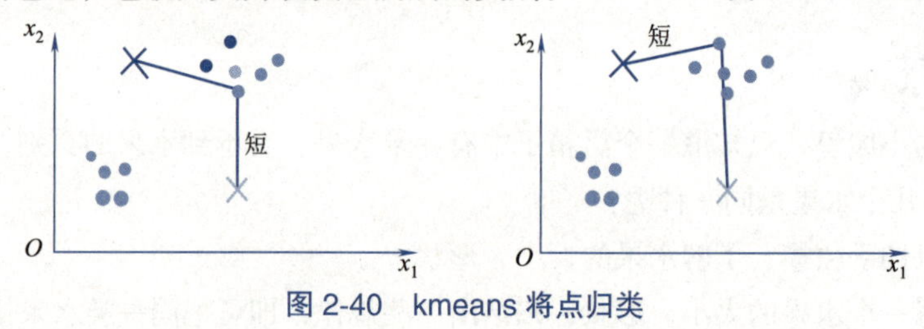

图 2-40　kmeans 将点归类

③更新聚类中心，从这两个簇中重新选质心，选择方式很简单，计算每一个簇中样本点的

平均值，如图 2-41 所示。

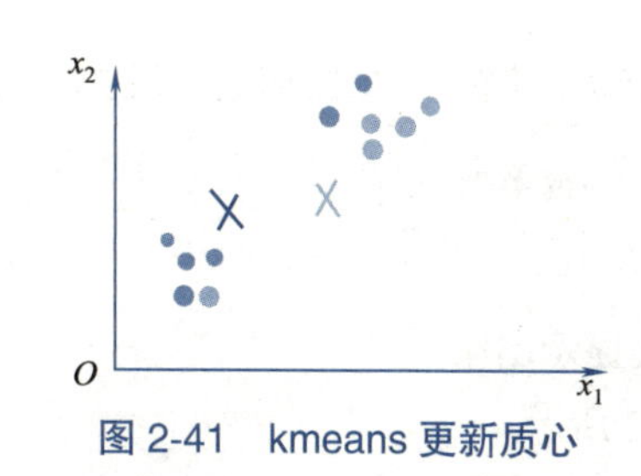

图 2-41 kmeans 更新质心

④重复步骤②和步骤③，直到所有簇中心不再发生变化。

知识点 3 算法实现

输入：训练集 $D=x^1, x^2, \cdots, x^m$，没有标签，聚类簇个数 k，最大迭代次数 maxIter。

输出：k 个簇。

1：从 D 中随机选择 k 个样本作为初始“簇中心”向量：$\mu^1, \mu^2, \cdots, \mu^k$

2：repeat

3：令 $C_i=\varnothing(1 \leqslant i \leqslant k)$

4：for j=1,2,⋯,m do

5：计算样本 x^j 与各“簇中心”向量 $\mu^i(1 \leqslant i \leqslant k)$ 的欧式距离 d_{ji}

6：根据距离最近的“簇中心”向量确定 x^j 的簇标记：$\lambda_j=\text{argmin}_{i\in 1,2,\ldots,k} d_{ji}$

7：将样本 x^j 划入相应的簇：$C_{\lambda j}=C_{\lambda j} \cup x^j$

8：end for

9：for i=1,2,...,k do

10：计算新“簇中心”向量：$(\mu^{(i)})' = \dfrac{1}{|C_i|}\sum_{x \in C_i} x$

11：if $(\mu^i)' \mathrel{!}= \mu^i$ then

12：将当前“簇中心”向量 μ^i 更新为 $(\mu^i)'$

13：else

14：保持当前均值向量不变

15：end if

16：end for

17：else

18：until 当前“簇中心”向量均未更新

输出：簇划分 $C=C_1, C_2, \cdots, C_\lambda$。

实训步骤

一、实训 1

第一步 加载数据集

```
datMat = mat(loadDateSet('./kmeans/testSet.txt'))
```

第二步 调用 kmeans 算法

kMeans( ) 函数可传递两个参数，第一个是数据集，第二个是聚类中心数 k。

```
调用 kMeans() 函数，传递相应的参数
myCentroids, clusterAssing = kMeans(datMat, 4)
```

第三步 将二维数据点画图显示出来

三维数据点的显示如图 2-42 所示。

```
    marker = ['s', 'o', '^', '<'] # 散点图点的形状
    color = ['b','m','c','g']  # 颜色
    X = np.array(datMat)  # 数据点
    CentX = np.array(myCentroids)  # 质心点 4 个
    Cents = np.array(clusterAssing[:,0])  # 每个数据点对应的簇
for i,Centroid in enumerate(Cents): # 遍历每个数据对应的簇，返回数据的索引即其对应的簇
    plt.scat/ter(X[i][0], X[i][1], marker=marker[int(Centroid[0])],
    c=color[int(Centroid[0])])  # 按簇画数据点
    plt.scatter(CentX[:,0],CentX[:,1],marker='*',c = 'r')  # 画 4 个质心
    plt.show()
```

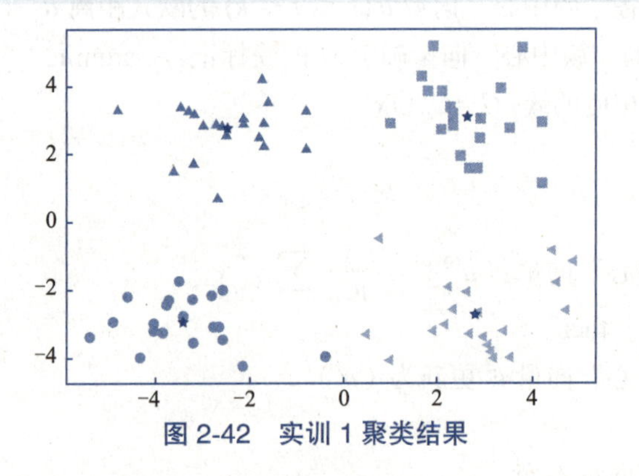

图 2-42 实训 1 聚类结果

二、实训 2

使用 kmeans 对鸢尾花进行聚类。

◇数据集：机器学习经典数据集鸢尾花 iris，包含三种类型的花：山鸢尾、变色鸢尾、维吉尼亚鸢尾，鸢尾花数据集如图 2-43 所示。

图 2-43 三种鸢尾花

◇问题：假设默认预先不知道每个样本属于哪一种花，通过无监督方式将样本集划分成多个类别。

◇特征：花萼长度、花萼宽度、花瓣长度、花瓣宽度。

第一步 导入需要的工具包

```
# 参照代码示例导入所需要的工具包
from sklearn import datasets # 导入鸢尾花数据集
from sklearn.cluster import KMeans # 导入 kmeans 方法
import matplotlib.pyplot as plt # 画图
import numpy as np
```

第二步 画图将原始数据显示出来

原始数据分布如图 2-44 所示。

```
iris = datasets.load_iris()
X = iris.data[:, :4] # 表示我们取特征空间中的 4 个维度
# 绘制数据分布图
plt.scatter(X[:, 0], X[:, 1], c="g", marker='o', label=' 鸢尾花 ')
plt.xlabel(' 花萼长度 ')
plt.ylabel(' 花萼宽度 ')
plt.legend(loc=2)
plt.show()
```

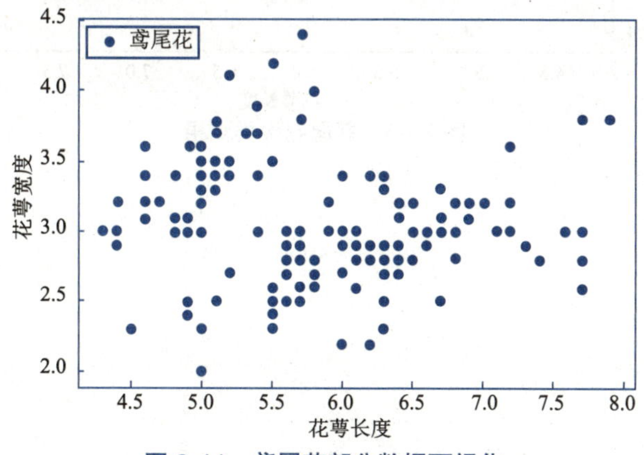

图 2-44 鸢尾花部分数据可视化

第三步 调用 kmeans

```
# 调用 sklearn 中的 kmeans 方法
estimator = KMeans(n_clusters=3) # 构造聚类器
estimator.fit(X) # 聚类
label_pred = estimator.labels_ # 获取聚类标签
```

第四步 画图将聚类结果显示出来

鸢尾花数据集聚类的结果如图 2-45 所示。

```
# 横纵坐标表示数据的前两维特征，花萼长度、花萼宽度
x0 = X[label_pred == 0]
x1 = X[label_pred == 1]
x2 = X[label_pred == 2]
plt.scatter(x0[:, 0], x0[:, 1], c="red", marker='o', label=' 山鸢尾 ')
plt.scatter(x1[:, 0], x1[:, 1], c="green", marker='*', label=' 变色鸢尾 ')
plt.scatter(x2[:, 0], x2[:, 1], c="blue", marker='+', label=' 维吉尼亚鸢尾 ')
plt.xlabel(' 花萼长度 ')
plt.ylabel(' 花萼宽度 ')
plt.legend(loc=2)
plt.show()
```

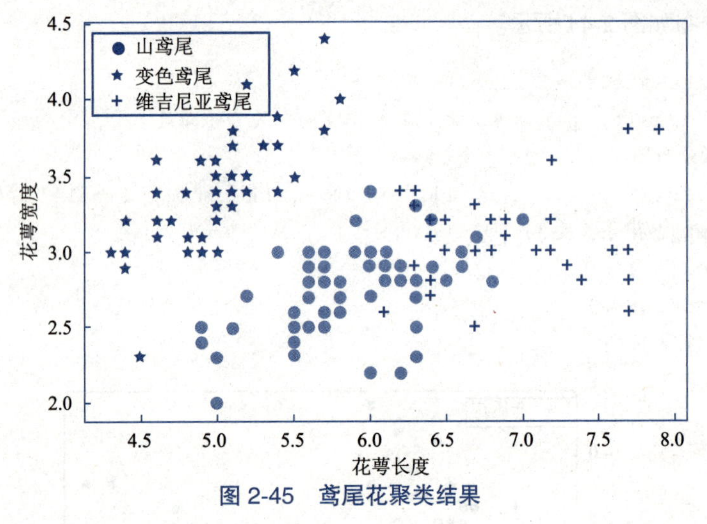

图 2-45　鸢尾花聚类结果

单元三　深度学习篇

让机器会思考

大数据、云计算及深度学习技术的发展，为人工智能的崛起奠定了基础。如今，深度学习技术的应用已经遍及大街小巷，成为社会讨论的焦点。

本篇将通过5个实训案例，让读者认识深度学习算法的基本原理，理解各神经网络模型的核心思想，掌握深度学习算法在现实场景中的运用。

3.1 浅层学习和深度学习

浅层学习是机器学习的第一次浪潮。

20世纪80年代末期，用于人工神经网络的反向传播算法（也称back propagation算法或者BP算法）的发明，给机器学习带来了希望，掀起了基于统计模型的机器学习热潮。这个热潮一直持续到今天。人们发现，利用BP算法可以让一个人工神经网络模型从大量训练样本中学习统计规律，从而对未知事件做预测。这种基于统计的机器学习方法比起过去基于人工规则的系统，在很多方面显出优越性。这个时候的人工神经网络，虽也被称为多层感知机（multi-layer perceptron），但实际是一种只含有一层隐层节点的浅层模型。

20世纪90年代，各种各样的浅层机器学习模型相继被提出，如支持向量机（SVM）、最大熵方法（如logistic regression，LR）等。这些模型的结构基本上可以看成带有一层隐层节点（如SVM、Boosting），或没有隐层节点（如LR）。这些模型无论是在理论分析还是应用中都获得了巨大的成功。相比之下，理论分析的难度大，训练方法又需要很多经验和技巧，这个时期浅层人工神经网络反而相对沉寂。

深度学习是机器学习的第二次浪潮，它和浅层学习相比，更重视数据和算法，如图3-1所示。

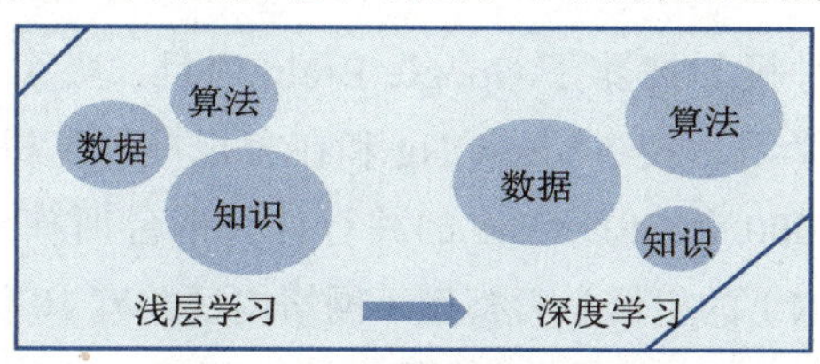

图3-1　浅层学习到深度学习

2006年，加拿大多伦多大学教授Geoffrey Hinton和他的学生在《科学》上发表了一篇文章，开启了深度学习在学术界和工业界的浪潮。这篇文章有两个主要观点：

（1）多隐层的人工神经网络具有优异的特征学习能力，学习得到的特征对数据有更本质的刻画，从而有利于可视化或分类。

（2）深度神经网络在训练上的难度，可以通过“逐层初始化”（layer-wise pre-training）来有效克服，在这篇文章中，逐层初始化是通过无监督学习实现的。

艾伦·麦席森·图灵（见图 3-2）被后人称为计算机和人工智能的鼻祖，他在 1950 年的论文里提出“图灵试验”的设想（见图 3-3）：如果一台机器能够与人类展开对话（通过电传设备）而不能被识别出其机器身份，那么称这台机器具有“智能”。这一简化使得图灵能够令人信服地说明“思考的机器”是可能的。这无疑给计算机，尤其是人工智能，预设了一个很高的期望值。

图 3-2　艾伦·麦席森·图灵

图 3-3　图灵试验

但是半个多世纪过去了，人工智能的进展，远远没有达到图灵试验的标准。这不禁让人们认为人工智能不可能实现。

不过自 2006 年以来，机器学习领域取得了突破性的进展。图灵试验不是那么可望而不可即了。技术手段不仅依赖于云计算对大数据的并行处理能力，而且依赖于算法，这个算法就是深度学习。借助于深度学习算法，人类终于找到了如何处理“抽象概念”这个亘古难题的方法。

2012 年 6 月，《纽约时报》披露了 Google Brain 项目，吸引了公众的广泛关注。这个项目由斯坦福大学的机器学习教授 Andrew Ng 和在大规模计算机系统方面的世界顶尖专家 JeffDean 共同主导，用 16 000 个 CPU Core 的并行计算平台训练一种称为“深度神经网络”（deep neural networks，DNN）的机器学习模型（网络内部共有 10 亿个节点，其自然是不能跟人类的神经网络相提并论的。人脑中有 150 多亿个神经元，互相连接的节点也就是突触数更是如银河沙数。曾经有人估算过，如果将一个人的大脑中所有神经细胞的轴突和树突依次连接起

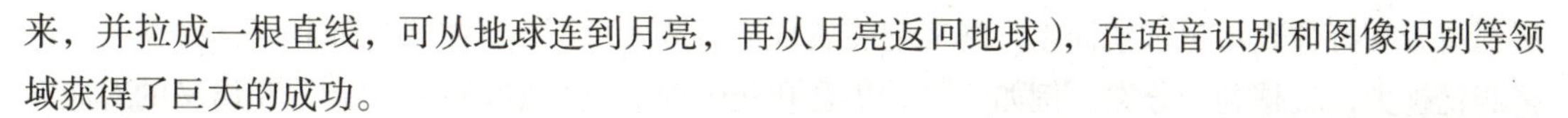

来，并拉成一根直线，可从地球连到月亮，再从月亮返回地球），在语音识别和图像识别等领域获得了巨大的成功。

项目负责人之一 Andrew 称：“我们没有像通常做的那样自己框定边界，而是直接把海量数据投放到算法中，让数据自己说话，系统会自动从数据中学习。”另外一名负责人 Jeff 说：“我们在训练的时候从来不会告诉机器说：‘这是一只猫。’系统其实是自己领悟了‘猫’的概念。”

3.2 人脑视觉机理

1981 年的诺贝尔医学奖，颁发给了 David Hubel（出生于加拿大的美国神经生物学家）、TorstenWiesel 以及 Roger Sperry。前两位的主要贡献是发现了视觉系统的信息处理，证明可视皮层是分级的。

1958 年，David Hubel 和 Torsten Wiesel 在 John Hopkins University 研究瞳孔区域与大脑皮层神经元的对应关系。他们在猫的后脑头骨上，开了一个 3 mm 的小洞，向洞里插入电极，测量神经元的活跃程度。

然后，他们在小猫的眼前展现各种形状、各种亮度的物体。并且，在展现每一件物体时改变物体放置的位置和角度。他们期望通过这个办法，让小猫瞳孔感受不同类型、不同强弱的刺激。

这个试验目的是去证明一个猜测：位于后脑皮层的不同视觉神经元，与瞳孔所受刺激之间，存在某种对应关系，一旦瞳孔受到某一种刺激，后脑皮层的某一部分神经元就会活跃。经历了很多天反复的试验，同时牺牲了若干只可怜的小猫，David Hubel 和 Torsten Wiesel 发现了一种被称为“方向选择性细胞（orientation selective cell）”的神经元细胞。当瞳孔发现了眼前的物体的边缘，而且这个边缘指向某个方向时，这种神经元细胞就会活跃。

这个发现激发了人们对于神经系统的进一步思考。神经—中枢—大脑的工作过程，或许是一个不断迭代、不断抽象的过程。从原始信号，做低级抽象，逐渐向高级抽象迭代。人类的逻辑思维，经常使用高度抽象的概念。

例如，从原始信号摄入开始（瞳孔摄入像素），接着做初步处理（大脑皮层某些细胞发现边缘和方向），然后抽象（大脑判定，眼前的物体的形状是圆形的），然后进一步抽象（大脑进一步判定该物体是只气球）。

这个生理学的发现，促成了人工智能在 40 年后的突破性发展。

总的来说，人的视觉系统的信息处理是分级的。如图 3-4 所示，图中 Categorical judgments,decision 表示类别判定，决策分类；Motor command 表示运动控制；Simple visual form edges,corners 表示简单视觉信息判别，如边缘、角度；Intermediate visual forms,feature groups,etc 表示中间视觉（物体明暗），特征分组；High level object descriptions,faces,objects 表示高级描述性特征，如面部、物体等。从低级的 V1 区提取边缘特征，再到 V2 区的形状或者目标的部分等，再到更高层，直至整个目标、目标的行为等。也就是说，高层的特征是低层特征的组合，从低层到高层的特征表示越来越抽象，越来越能表现语义或者意图。而抽象层面越高，存在的可能猜测就越少，就越利于分类。例如，单词集合和句子的对应是多对一的，句子和语义的对应又是多对一的，语义和意图的对应还是多对一的，这是个层级体系。

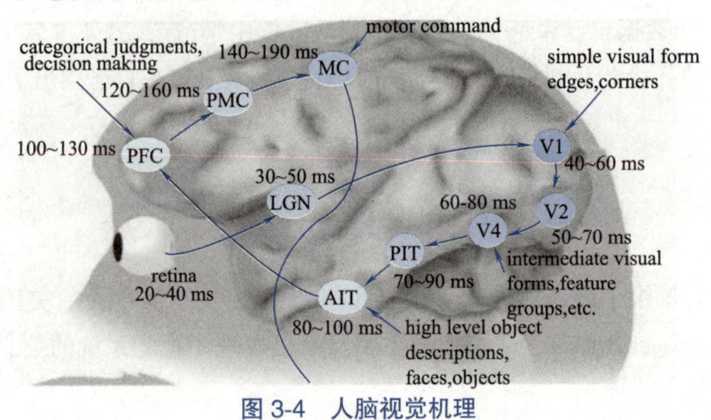

图 3-4　人脑视觉机理

注意关键词“分层”。而 deep learning 中的 deep 中就表示存在多少层，也就是多深。

3.3 深度学习与神经网络

深度学习是机器学习研究中的一个新的领域，其动机在于建立、模拟人脑进行分析学习的神经网络，它模仿人脑的机制来解释数据，例如图像、声音和文本。

扫一扫

深度学习与神经网络

深度学习的概念源于人工神经网络的研究。含多隐层的多层感知器就是一种深度学习结构。深度学习通过组合低层特征形成更加抽象的高层表示属性类别或特征，以发现数据的分布式特征表示。

深度学习本身是机器学习的一个分支，简单可以理解为神经网络的发展。人工智能与机器学习、深度学习的关系如图 3-5 所示。大约二三十年前，神经网络曾经是机器学习领域特别火热的一个方向，但是后来确慢慢淡出了，原因包括以下几个方面：

人工智能

能够感知、推理、行动和适应的程序

机器学习

能够随着数据量的增加不断改进性能的算法

深度学习

机器学习的一个子集：利用多层神经网络从大量数据中进行学习

图 3-5　人工智能与机器学习深度学习的关系

（1）比较容易过拟合。

（2）训练速度比较慢，在层次比较少（小于等于 3）的情况下效果并不比其他方法更优。所以中间有大约 20 多年的时间，神经网络很少被关注到。

深度学习与传统的神经网络之间有相同的地方也有很多不同，如图 3-6 所示。神经网络可以简单地分为单层、双层，以及多层网络。神经网络在之前有非常多的问题，层数无法深入过多，有太多的参数需要调节，样本数据量过小等问题。深度学习采用了神经网络相似的分层结构，系统由包括输入层、隐藏层（多层）、输出层组成的多层网络，只有相邻层节点之间有连接，同一层以及跨层节点之间相互无连接。这种分层结构是比较接近人类大脑的结构的。

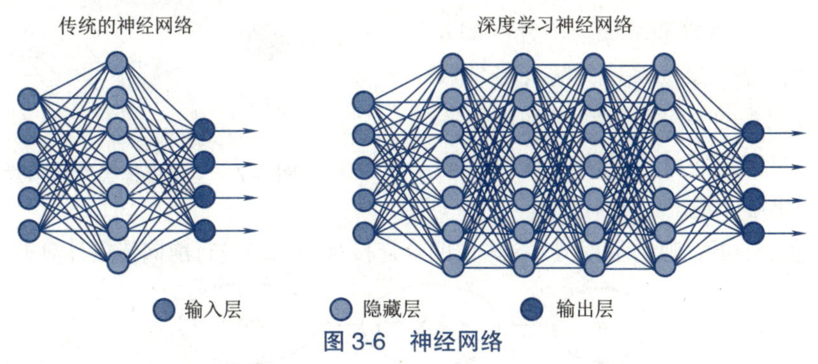

图 3-6 神经网络

实训案例 1 全连接神经网络——猜数字益智游戏

实训目标

（1）了解深度学习入门模型——全连接神经网络的概念和内部结构。

（2）理解前向传播和反向传播算法的过程和意义。

（3）学会使用全连接神经网络来实现多分类问题——手写数字识别。

实训背景

随着幼儿启蒙教育行业的发展，市场上涌现了许多益智类小游戏。小派同学在一家游戏公司担任游戏设计师，他就受到市场上益智游戏的启发，决定设计一款针对低龄儿童的手写数字识别的小游戏，在屏幕上手写任意一个数字，机器可以自动识别出是数字几。于是小派同学收集了手写数字数据集，利用全连接神经网络进行训练，完成了猜数字益智小游戏的开发。

实训要点

知识点 1 全连接神经网络

全连接神经网络模型应该是我们了解深度学习时接触的第一个模型了，后面遇到的卷积神经网络（CNN）、循环神经网络（RNN）及其变体长短期记忆（LSTM）等都是在全连接神经网络的基础上发展而来的。可以说，学习全连接神经网络是开始深度学习算法之旅的第一站。可以通过图 3-7 来了解该模型的原理。

图 3-7 就构成了一个简单的三层的神经网络，网络中的圆的单元称为神经元，最左边是网络的输入层，输入层不涉及计算，只是为网络提供输入，$\boldsymbol{X}$=[x_1，x_2，…，x_n]，$\boldsymbol{X}$ 是一个 n 维向量，x_1，x_2，…，x_n 是这个向量中的各个元素，也可以理解成一个样本的 n 个特征值；中间是一层隐藏层，输入层与隐藏层之间的线代表的是权重参数 $\boldsymbol{W}$ 和偏差参数 $\boldsymbol{b}$，是用来与 $\boldsymbol{X}$ 进行计算的。最右边的是整个网络的输出层，输出为 $\boldsymbol{Y}$=[y_1，y_2，…，y_n]。

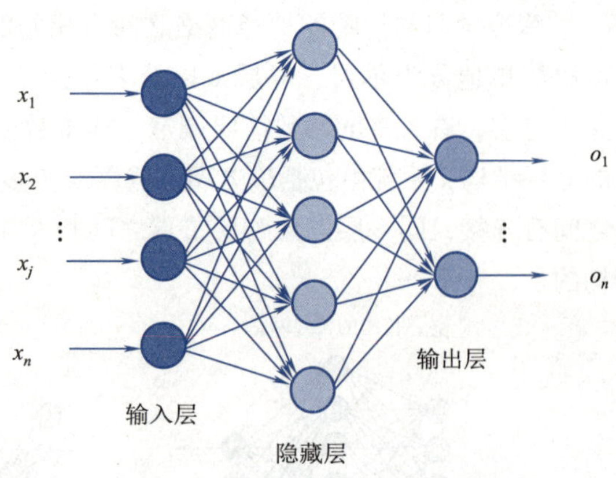

图 3-7　全连接神经网络示意图

下面通过一个更直观的示意图 3-8 来说明全连接神经网络进行前向传播计算的步骤。

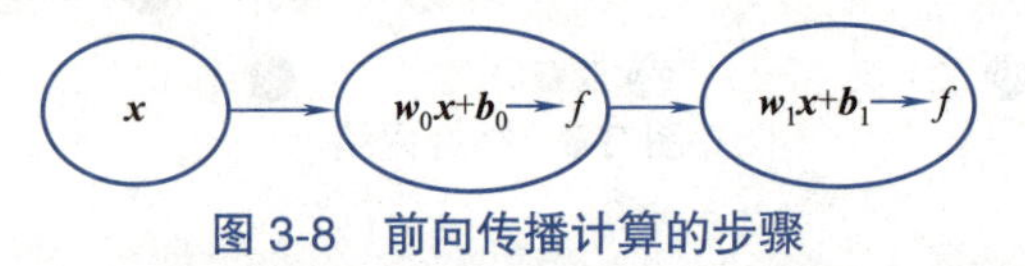

图 3-8　前向传播计算的步骤

知识点 2　前向传播

图 3-8 中具体的计算过程如式（3-1）和式（3-2）所示：

$$\boldsymbol{Z}=\boldsymbol{wx}+\boldsymbol{b} \tag{3-1}$$

$$f=\frac{1}{1+\mathrm{e}^{-z}} \tag{3-2}$$

全连接神经网络的计算过程是从输入层向输出层依次计算，即前一层的输出作为下一层的输入，经过圆圈内的组合计算，输出给下一层，直到最后一层输出结果，前向传播的过程就完成了。

学习到式（3-2）时，大家可能会有一些疑问，这个函数的作用是什么？这个函数在深度学习的模型中称为激活函数。激活函数的作用是向网络中添加非线性因素。如果网络中都使用线性函数，整个网络的计算就是一个个线性计算的堆叠；若在这个线性函数的外层加上一个非线性激活函数，网络的输出就不是输入的线性组合的结果，而是以非线性组合成任意复杂函数的输出。图 3-9 所示为没有非线性函数和加上非线性函数最终模拟出的函数示意图。可以看出，添加了激活函数的模型能够解决复杂的非线性问题。

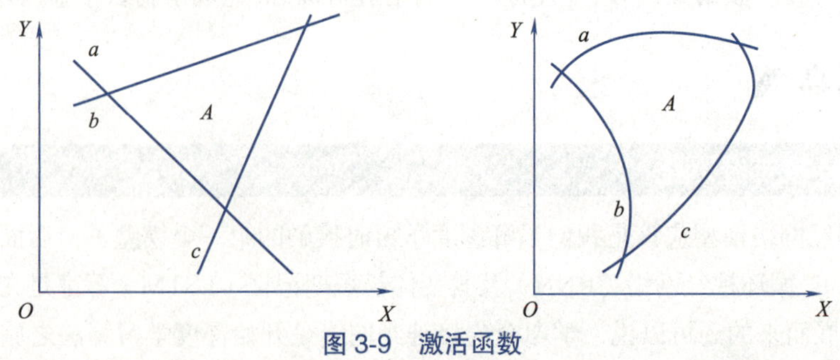

图 3-9　激活函数

知识点3　反向传播

在进行完一次前向传播之后，网络的输出层会输出一个预测值，此处表示为Y_pred，神经网络接下来要做的事情就是进行反向传播。对于有监督学习的神经网络，它的输入X有着与之对应的真实值Y，整个网络的训练过程就是使预测值Y_pred尽可能地接近真实值Y，因此，如何缩小Y_pred与Y之间的损失，就是反向传播的内容。

实训步骤

下面逐步使用全连接神经网络实现数字图片识别。用包含800张手写数字的图像作为训练集，200张图像作为测试集，每一个图片数据都是28×28的手写数字，训练集和测试集图片均以.csv格式存储，每一张图片代表0~9中的一个数字。该数据集样例如图3-10所示。

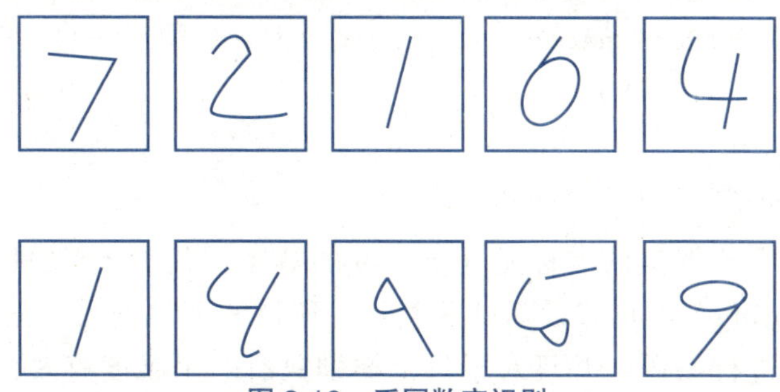

图3-10　手写数字识别

第一步　导入需要的工具包

```
import tensorflow as tf
import pandas as pd #数据分析工具包pandas
import numpy as np
from sklearn import preprocessing
import tensorflow.compat.v1 as tf
tf.disable_v2_behavior()
```

第二步　获取数据集

```
#利用pandas库打开.csv文件
mnist_test=pd.read_csv('data-sets/mnist_test_200.csv',header=None)
mnist_train=pd.read_csv('data-sets/mnist_train_800.csv',header=None)
print(mnist_test.shape)
```

运行结果：

```
(200, 785)
```

如果把每一张图片中的像素转换为向量，则得到长度为28×28=784的向量。因此，可以把MNIST数据训练集看作[800,784]的张量，第一个维度表示图片的索引，第二个维度表示每张图片中的像素点。接下来要执行的操作如下：

（1）将 .csv 类型的数据转换为 numpy 数组。

（2）分离像素值和标签。

（3）图像数据归一化（0-1）区间。

```
# 将 csv 文件转换为 numpy 数组，方便后续的数据展示
x1_train=np.array(mnist_train,dtype=float)
x1_test = np.array(mnist_test,dtype=float)
# 拆分像素值和标签
x_train=x1_train[:,1:785]# 每一行数据的第一列是该数据的标签，表示该这张图片的数据是从下标为 1 的列开始的
y_train=x1_train[:,0]# 将每张图片的标签划分到 y_train 数组中
x_train = preprocessing.scale(x_train)# 对数据进行归一化处理
x_test=x1_test[:,1:785]
y_test =x1_test[:,0]
x_test = preprocessing.scale(x_test)
```

此外，手写数字数据集的类标是介于 0~9 的数字，共 10 个类别。通常要用独热编码（One_Hot Encoding）的形式表示这些类标。所谓的独热编码，直观地讲就是用 N 个维度来对 N 个类别进行编码，并且对于每个类别只有一个维度有效，记作数字 1；其他维度均记作数字 0。例如，类标 1 表示为 ([0,1,0,0,0,0,0,0,0,0])；同理，类标 2 表示为 ([0,0,1,0,0,0,0,0,0,0])。最后，通过 softmax( ) 函数输出的是每张图片分别属于 10 个类别的概率，选取概率最大的类别作为测试图片的类别。将训练集和测试集的标签转换为独热编码形式的代码如下所示：

```
NUM_CLASSES = 10 # 10 分类
labels=y_train.astype(np.int32)
batch_size = tf.size(labels)
labels = tf.expand_dims(labels, 1) # 增加一个维度
indices = tf.expand_dims(tf.range(0, batch_size,1), 1) #生成索引
concated = tf.concat([indices, labels] , 1) # 作为拼接
onehot_train_labels = tf.sparse_to_dense(concated, tf.stack(
[batch_size, NUM_CLASSES]), 1.0, 0.0) # 生成 one-hot 编码的标签
sess = tf.Session()
onehot_train_labels=sess.run(onehot_train_labels)
NUM_CLASSES = 10 # 10 分类
labels=y_test.astype(np.int32)
batch_size = tf.size(labels) # get size of labels : 4
labels = tf.expand_dims(labels, 1) # 增加一个维度
indices = tf.expand_dims(tf.range(0, batch_size,1), 1) #生成索引
```

```
    concated = tf.concat([indices, labels] , 1) # 作为拼接
    onehot_test_labels=tf.sparse_to_dense(concated,tf.stack([batch_size, NUM_
CLASSES]), 1.0, 0.0) # 生成 one-hot 编码的标签
    sess = tf.Session()
    onehot_test_labels=sess.run(onehot_test_labels)
```

训练集数据：x_train，为长度为 784 的一维向量；

训练集标签：onehot_train_labels，为长度为 10 的一维向量；

测试集数据：x_test；

测试集标签：onehot_test_labels。

接下来将训练集划分为多个批次，划分批次的函数如下所示：

```
    def shuffer_images_and_labels(images, labels):
            shuffle_indices=np.random.permutation(
    np.arange(len(images)))
        shuffled_images = images[shuffle_indices]
        shuffled_labels = labels[shuffle_indices]
        return shuffled_images, shuffled_labels
    def  get_label(label):
        return np.argmax(label)
    def batch_iter(images,labels,batch_size,
    epoch_num,shuffle=True):
        data_size =len(images)
        num_batches_per_epoch = int(data_size / batch_size )
        # 样本数 /batch 块大小，多出来的"尾数"，不要了
        for epoch in range(epoch_num):
            # Shuffle the data at each epoch
            if shuffle:
        shuffle_indices=np.random.permutation(np.arange(data_size))
        #np.arange 函数返回一个有终点和起点的固定步长的排列
                # 对 800 个数进行随机排序，得到一个序列
                shuffled_data_feature = images[shuffle_indices]
                shuffled_data_label    = labels[shuffle_indices]
            else:
                shuffled_data_feature = images
                shuffled_data_label = labels
            for batch_num in range(num_batches_per_epoch):
                # batch_num 取值 0 到 num_batches_per_epoch-1
                start_index = batch_num * batch_size
                end_index = min((batch_num + 1) * batch_size, data_size)
```

```
            yield(shuffled_data_feature[start_index:end_index] , shuffled_
data_label[start_index:end_index])
```

选择合适的超参数：

```
    # 选择交叉熵损失作为损失函数
    loss_function = tf.reduce_mean(
        tf.nn.softmax_cross_entropy_with_logits(logits=out,labels=y))
    epochs=10
    batch_size=10
    total_batch=int(800/10)
    display_step=1
    learning_rate=0.001
    optimizer=tf.train.AdamOptimizer(learning_rate).minimize(loss_function)
    # 判断两个值是否相等，
    correct_prediction=tf.equal(tf.argmax(pred,1),tf.argmax(y,1))accuracy=tf.
reduce_mean(tf.cast(correct_prediction,tf.float32))
    accuracy=tf.reduce_mean(tf.cast(correct_prediction,tf.float32))
```

第三步　构造全连接神经网络

将网络中的隐藏层设置为两个，第一个隐藏层神经元的个数为256，第二个神经元的个数为64，输出层神经元个数为10。为了表示方便，构造一个层函数，其他层就以利用这个函数进行创建。

```
    def fcnn_layers(inputs,# 该层的输入
            input_dim,# 该层输入的神经元数
            out_dim,# 该层输出的神经元数
            activation=None):
    w=tf.Variable(tf.truncated_normal(
    [input_dim,out_dim],stddev=0.1))
        b=tf.Variable(tf.zeros([out_dim]))
        xwb=tf.matmul(inputs,w)+b
        if activation is None:
            outputs=xwb
        else:
            outputs=activation(xwb)
        return outputs
    # 划分占位符
    x=tf.placeholder(tf.float32,[None,784],name='x')
    y=tf.placeholder(tf.float32,[None,10],name='y')
    # 创建各层
    hlayer1=fcnn_layers(inputs=x,
                  input_dim=784,
```

```
            out_dim=256,
            activation=tf.nn.relu)
hlayer2=fcnn_layers(inputs=hlayer1,
            input_dim=256,
            out_dim=64,
            activation=tf.nn.relu)
out=fcnn_layers(inputs=hlayer2,
            input_dim=64,
            out_dim=10,
            activation=tf.nn.relu)
pred=tf.nn.softmax(out)
```

第四步　训练模型并输出在测试集上的准确率

训练好的模型在测试集上的准确率如图 3-11 所示。

```
from time import time
starttime=time()
sess=tf.Session()
init = tf.global_variables_initializer()
sess.run(init)

for epoch in range(epochs):
    for a,b  in batch_iter(x_train,
onehot_train_labels,batch_size,1,shuffle=True):
        xs,ys=a,b
        sess.run(optimizer,feed_dict={x:xs,y:ys})
    loss,acc = sess.run([loss_function,accuracy],
                        feed_dict = {x:x_test,y:onehot_test_labels})
    if(epoch+1) % display_step==0:
        print("train epoch:",'%02d' %(epoch+1),"
Loss=","{:.9f}".format(loss),\
            "accuracy=","{:.4f}".format(acc))
duration=time()-starttime
print("train finished takes:","{:.2f}".format(duration),"s")
```

```
train epoch: 01 Loss= 0.939562976 acuracy= 0.6800
train epoch: 02 Loss= 0.706221163 acuracy= 0.7450
train epoch: 03 Loss= 0.669755161 acuracy= 0.7650
train epoch: 04 Loss= 0.622497261 acuracy= 0.7800
train epoch: 05 Loss= 0.616393685 acuracy= 0.7650
train epoch: 06 Loss= 0.612639546 acuracy= 0.7650
train epoch: 07 Loss= 0.614607334 acuracy= 0.7650
train epoch: 08 Loss= 0.606192946 acuracy= 0.7700
train epoch: 09 Loss= 0.610776544 acuracy= 0.7650
train epoch: 10 Loss= 0.606759608 acuracy= 0.7750
train finished takes:1.18 s
```

图 3-11　在测试集上的准确率

实训案例 2　卷积神经网络——你是我的眼

实训目标

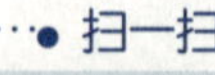

案例2猫狗识别

（1）了解深度学习主流模型——卷积神经网络 CNN 的概念和结构。

（2）理解卷积操作与池化操作的过程和意义。

（3）利用深度学习框架 Tensorflow 搭建卷积神经网络并完成猫狗图片分类。

实训背景

小派喜欢宠物，计算机相册里存储了很多小猫小狗的照片，显得十分杂乱。“要是计算机能自动识别这些小猫小狗，帮我自动分类整理就好了。”小派心想。于是，小派学习了卷积神经网络，开始了让计算机进行猫狗识别的体验之旅。

实训要点

假设输入的是 50 × 50 像素的图片（图片已经很小了），有 2 500 个像素点，而生活中基本都是 RGB 彩色图像，有三个通道，那么加起来就有 2 500 × 3=7 500（个）像素点。

如果用普通的全连接，深度比较深时，那需要确认的参数就太多了，对于计算机的计算能力和训练模型来说都是比较困难的。

因此，普通神经网络的缺点之一就是需要确认的参数太多。

那卷积神经网络 CNN 是怎么解决这个问题的呢？

知识点 1　卷积的过程

第一步：局部监测

如图 3-12 所示，假设要看一张图片中有没有猫耳朵，并不需要看整张图片，只需要看一个局部就行了。因此，看是否是一只猫，只需要看是否有猫尾、是否有猫嘴、是否有猫眼，如果都有，那机器就可以预测说这张图片是一只猫。

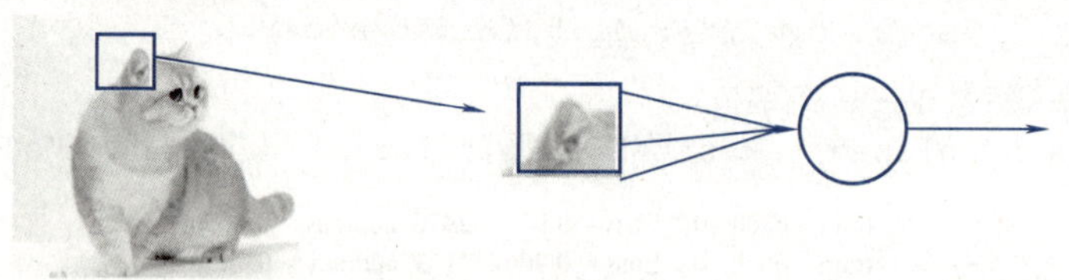

图 3-12　局部检测

因为这种方法看的是图片的局部，而不是全部，也就是说神经元连接的是部分的特征变量，而不是全部的特征变量，因此参数比较少。

那怎么知道取哪个局部，怎么知道猫耳在图片的哪个部位？

第二步：抽样，缩小图片

假设要识别一张 50 × 50 像素的猫相片，如果把图片缩小到 25 × 25 像素，那还是能看出这是一只猫的照片，如图 3-13 所示。

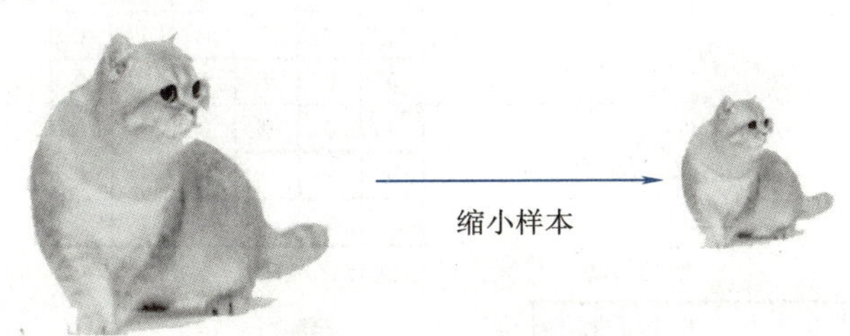

图 3-13　缩小猫图片

因此，如果把图片缩小了，就相当于输入的特征变量变少了，这样也能减少参数的量。

卷积神经网络就是采用上述两种方法来减少参数。那么具体卷积神经网络的架构是怎样的？又是怎么运行的？

知识点 2　卷积神经网络架构

卷积神经网络的架构流程图如图 3-14 所示。

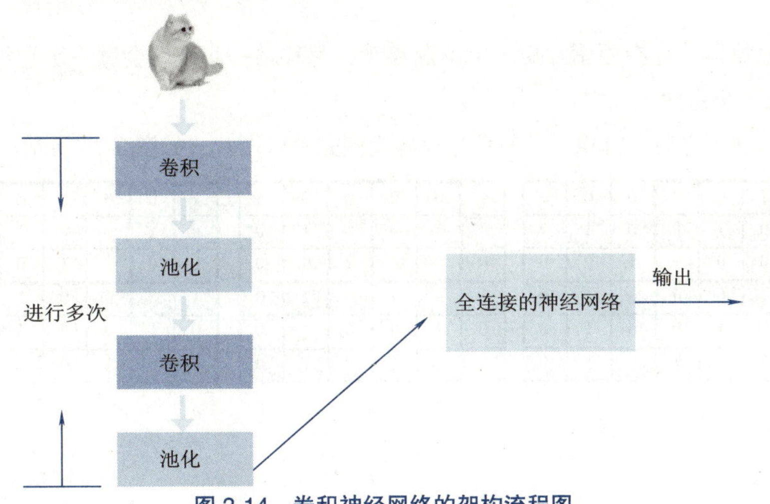

图 3-14　卷积神经网络的架构流程图

第一步：卷积，即局部监测。

第二步：池化（特征抽样），即缩小图片。

然后重复第一、第二步（具体重复多少次根据实际情况决定）。

第三步：全连接，把第一、二步的结果，输入到全连接的神经网络中，最后输出结果。

知识点 3　卷积层

首先把图片转化成机器可以识别的样子，把每一个像素点的色值用矩阵来表示。这里为了方便说明进行了简化，用 6×6 像素来表示，且只取 RGB 图片一层。

然后，用一些过滤器与输入的图片的矩阵进行卷积。

过滤器用来检测图片是否有某个特征，卷积的值越大，说明这个特征越明显。卷积运算结果如图 3-15 所示。

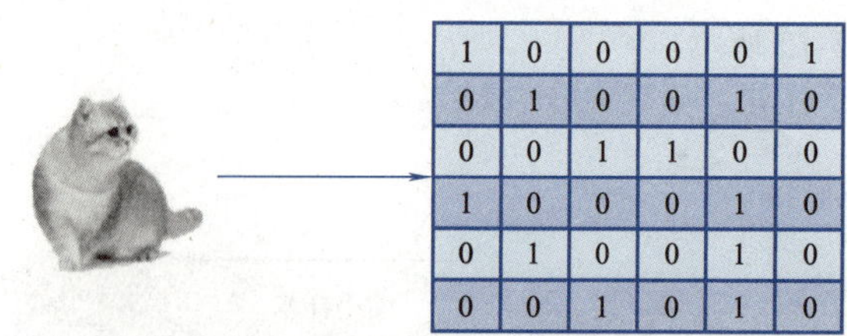

把图片每一像素点的色值转化成矩阵

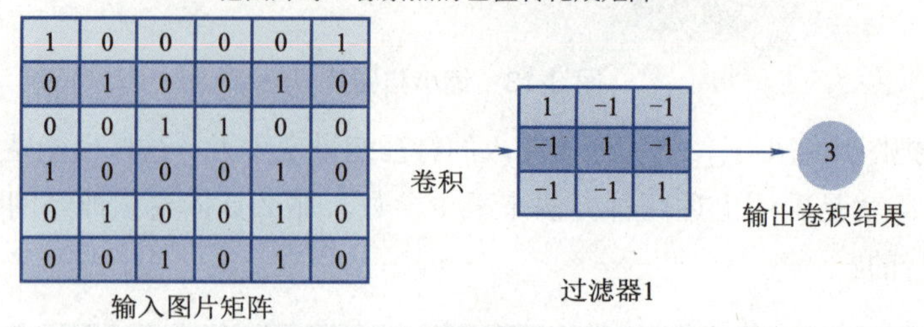

图 3-15　图像卷积结果

至此，回顾一下前面提到的问题：我怎么知道取哪个局部，我怎么知道猫耳在图片的哪个部位？

同一个过滤器，会在原图片矩阵上不断移动，每移动一步，就会做一次卷积。（每一次移动的距离是人为决定的）

因此，移动完之后，就相当于一个过滤器检测完整张图片，如图 3-16 所示。

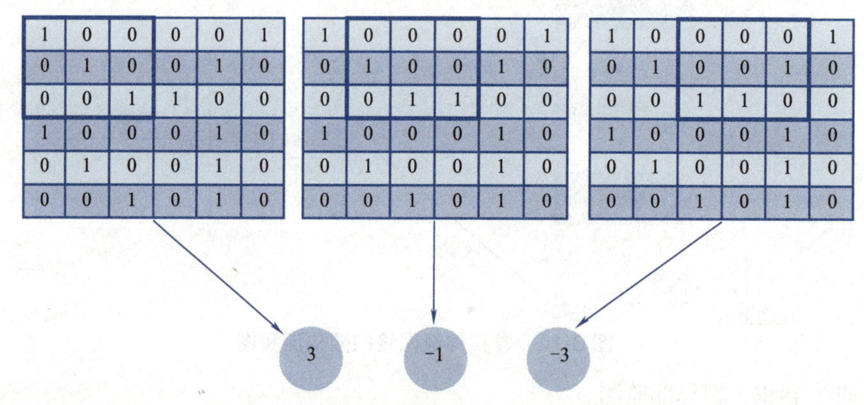

不断移动filter
局部检测，检测完整个图片

图 3-16　卷积操作过程

卷积和神经元的关系如图 3-17 所示。

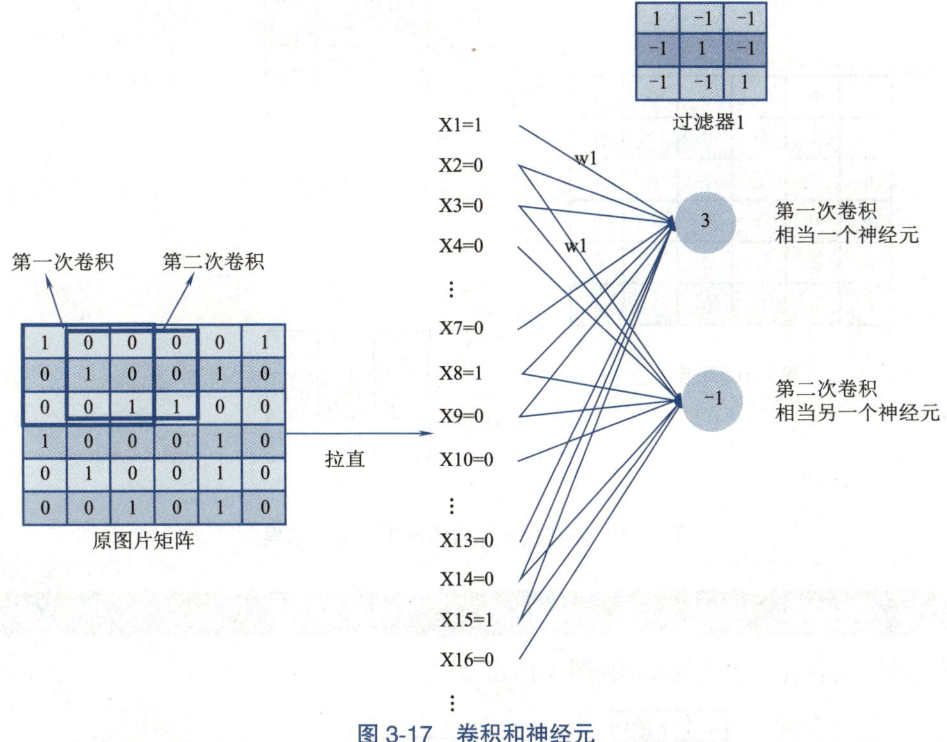

图 3-17　卷积和神经元

有三点需要说明：

（1）每移动一下，其实就是相当于接了一个神经元。

（2）每个神经元，连接的不是所有的输入，只需要连接部分输入即可。

说到这里，可能读者又会有疑问了，移动一下就是一个神经元，这样不就会有很多神经元了吗？那不得又有很多参数了吗？

确实可能有很多神经元，但是同一个过滤器移动时，参数是强行一致的，是公用参数的。所以，同一个过滤器移动产生的神经元可能有很多个，但是它们的参数是公用的，因此参数不会增加。

跟不同过滤器卷积：

同一层可能不止是跟一个过滤器卷积，可能是多个。

不同的过滤器识别不同的特征，因此不同的过滤器参数不一样。但相同的过滤器参数是一样的，如图 3-18 所示。

因此卷积的特点是：

◇局部检测。

◇同一个过滤器共享参数。

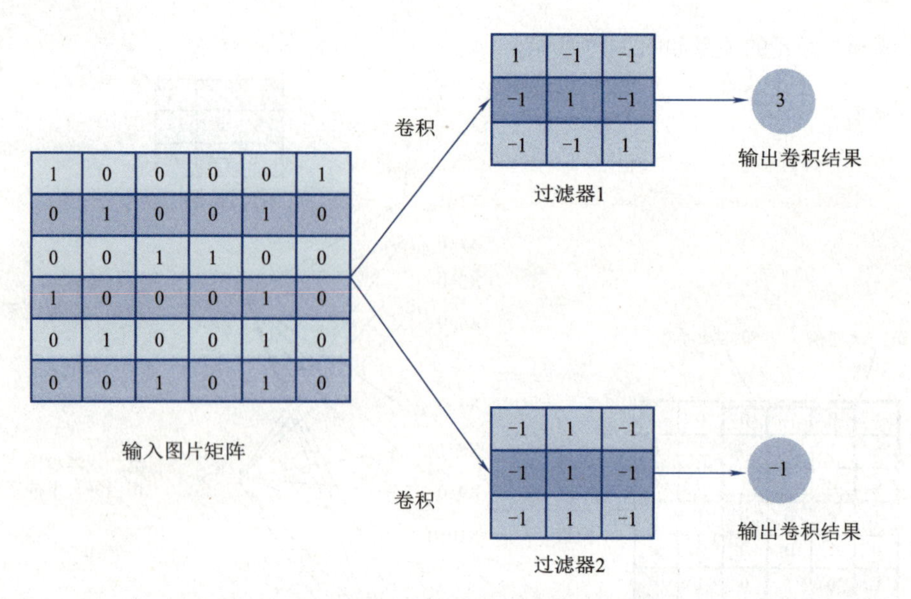

图 3-18　不同过滤器将输出不同卷积结果

知识点 4　池化层

先卷积，再池化。池化的过程如图 3-19 所示。

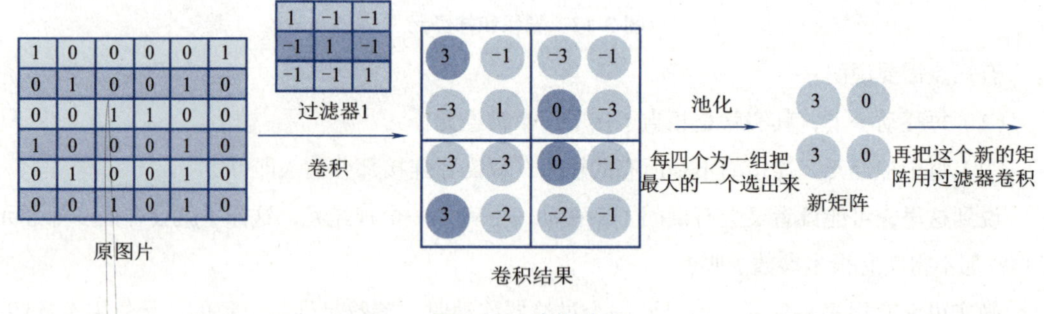

图 3-19　池化过程

用过滤器 1 卷积完后，得到了一个 4 × 4 的矩阵，假设按每 4 个元素为一组（具体多少个为一组是人为决定的），从每组中选出最大的值为代表，组成一个新的矩阵，得到的就是一个 2 × 2 的矩阵。这个过程就是池化。

因此，池化后，特征变量就缩小了，因而需要确定的参数也会变少。

知识点 5　全连接层

经过多次的卷积和池化操作之后，把最后池化的结果输入到全连接的神经网络（层数可能不需要很深了），如图 3-20 所示，就可以输出预测结果了。

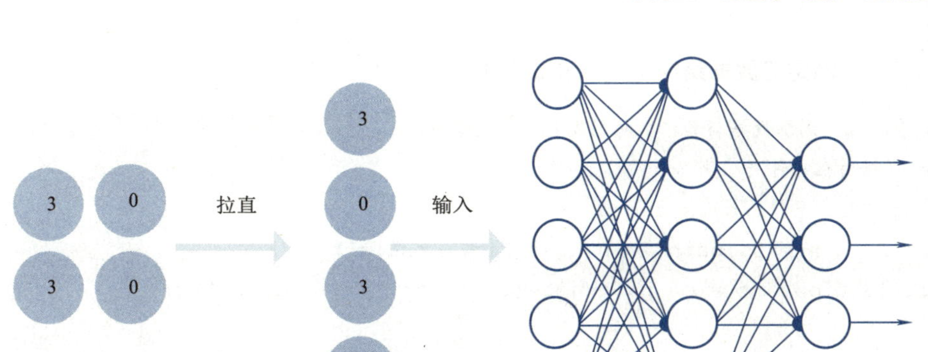

图 3-20 全连接过程

实训步骤

接下来基于深度学习框架 TensorFlow 搭建简单的卷积神经网络，并帮助小派将猫狗图片进行分类。猫狗图片部分数据集如图 3-21 所示。

图 3-21 猫狗图片部分数据集

第一步 解压数据集

```
!unzip -o -q data-sets/cats_and_dogs.zip -d ./
```

第二步 导入工具包

```
# 自行导入工具包
import os
import warnings
warnings.filterwarnings("ignore")
import tensorflow as tf
from tensorflow.keras.optimizers import Adam
from tensorflow.keras.preprocessing.image import Image
DataGenerator
```

第三步　制定好数据路径（训练和验证）

```
# 自行指定训练数据与验证数据的路径
# 数据所在文件夹
base_dir = './cats_and_dogs'
train_dir = os.path.join(base_dir, 'train')
validation_dir = os.path.join(base_dir, 'validation')

# 训练集
train_cats_dir = os.path.join(train_dir, 'cats')
train_dogs_dir = os.path.join(train_dir, 'dogs')

# 验证集
validation_cats_dir = os.path.join(validation_dir, 'cats')
validation_dogs_dir = os.path.join(validation_dir, 'dogs')
```

第四步　构建卷积神经网络模型并显示

随意设定网络层数，如果用 CPU 训练，可以把输入设置得更小一些，输入大小主要决定了训练速度。

```
# 自行搭建卷积神经网络，卷积层 Conv2D，池化层 MaxPooling2D，全连接层 Flatten，激活函数 Dense
model = tf.keras.models.Sequential([
    # 如果训练慢，可以把数据设置得更小一些
    tf.keras.layers.Conv2D(32, (3,3), activation='relu', input_shape= (64, 64, 3)),
    tf.keras.layers.MaxPooling2D(2, 2),
    tf.keras.layers.Conv2D(64, (3,3), activation='relu'),
    tf.keras.layers.MaxPooling2D(2,2),
    tf.keras.layers.Conv2D(128, (3,3), activation='relu'),
    tf.keras.layers.MaxPooling2D(2,2),
    # 为全连接层准备
    tf.keras.layers.Flatten(),
    tf.keras.layers.Dense(512, activation='relu'),
    # 二分类 sigmoid 就够了
    tf.keras.layers.Dense(1, activation='sigmoid')
])
model.summary()
```

第五步　配置训练器

```
# 配置训练器
model.compile(loss='binary_crossentropy',
```

```
                  optimizer=Adam(lr=1e-4),
                  metrics=['acc'])
```

第六步　数据预处理

提示：

（1）读进来的数据会被自动转换成 tensor(float32) 格式，分别准备训练和验证。

（2）图像数据归一化（0-1）区间。

```
# 进行数据预处理操作
train_datagen = ImageDataGenerator(rescale=1./255)
test_datagen = ImageDataGenerator(rescale=1./255)
train_generator = train_datagen.flow_from_directory(
        train_dir,  # 文件夹路径
        target_size=(64, 64),  # 指定 resize 成的大小
        batch_size=20,
        # 如果 one-hot 就是 categorical，二分类用 binary 就可以
        class_mode='binary')
validation_generator = test_datagen.flow_from_directory(
        validation_dir,
        target_size=(64, 64),
        batch_size=20,
        class_mode='binary')
```

第七步　训练网络模型

提示：

（1）直接 fit 也可以，但是通常不能把所有数据全部放入内存，fit_generator 相当于一个生成器，动态产生所需的 batch 数据。

（2）steps_per_epoch 相当给定一个停止条件，因为生成器会不断地产生 batch 数据，它不知道一个 epoch 里需要执行多少个 step。

```
# 进行网络模型训练（用时较长，请耐心等待）
history = model.fit_generator(
      train_generator,
      steps_per_epoch=100,  # 2000 images = batch_size * steps
      epochs=20,
      validation_data=validation_generator,
      validation_steps=50,  # 1000 images = batch_size * steps
      verbose=2)
```

第八步　效果展示

```
# 将识别结果进行展示
import matplotlib.pyplot as plt
```

```
acc = history.history['acc']
val_acc = history.history['val_acc']
loss = history.history['loss']
val_loss = history.history['val_loss']
epochs = range(len(acc))
plt.plot(epochs, acc, 'bo', label='Training accuracy')
plt.plot(epochs, val_acc, 'b', label='Validation accuracy')
plt.title('Training and validation accuracy')
plt.figure()
plt.plot(epochs, loss, 'bo', label='Training Loss')
plt.plot(epochs, val_loss, 'b', label='Validation Loss')
plt.title('Training and validation loss')
plt.legend()
plt.show()
```

实训案例 3　卷积神经网络——播下“智能”的种子

实训目标

案例3植物幼苗识别

（1）回顾深度学习主流模型——卷积神经网络 CNN 的概念和结构。

（2）回顾卷积操作与池化操作的过程和意义。

（3）利用深度学习框架 Tensorflow 搭建卷积神经网络，并实现小麦和其他植物杂草幼苗的图像分类。

实训背景

近年来，随着农业的智能化发展，使得机器视觉越来越多地应用于农业之中。 机器视觉在农业中的应用为精细农业和农业生产自动化奠定了基础，不仅有助于解放劳动力，还有助于提高农作物产品的品质和产量。小派作为智能农业技术的探索者，尝试收集了大量的农作物图片数据，并利用卷积神经网络模型对其进行处理与分析。

实训要点

知识点 1　Keras 六步法搭建网络

接下来以手写数字数据集 MNIST 为例，总结利用 Keras 如何快速搭建一个深度神经网络。

（1）import 加载库。

（2）设置训练集、测试集。

其中，(x_train, y_train) 为训练集：（训练集特征，训练集标签）

(x_test, y_test) 为测试集：（测试集特征，测试集标签）

特征即 n×n 像素的图片数据，标签即对应数字。

（3）搭建神经网络。

其中，拉直层：tf.keras.layers.Flatten( )

全连接层 :tf.keras.layers.Dense(神经元个数，activation=" 激活函数 "，kernel_regularizer= 正则化方式)

卷积层：tf.keras.layers.Conv2D(fliters= 卷积核个数，kernel_size= 卷积核尺寸，strides= 卷积步长，padding="valid"or "same")

（4）配置神经网络。

在这里设置神经网络的优化器、损失函数及评价标准。

（5）执行训练。

每迭代一次 epoch，将进行一次评测。

（6）打印网络结构及参数。

知识点 2　网络训练技巧

（1）输入图像的大小：2 的次幂。

（2）卷积层：卷积核（3/5，补零 1/2，步长为 1，）个数也是 2 的次幂。

（3）汇合层：大小为 2，步长为 2。

（4）Shuffle：打乱数据，确保不同轮次相同批次看到的数据不同。

（5）学习速率：开始为 0.01 或 0.001，随着训练的进行，进行衰减。

（6）批规范化操作（batch normalization）：使得输出的均为 0，方差为 1，消除梯度弥散，拉大小梯度的尺度。针对收敛速度慢、梯度爆炸等问题使用。

（7）优化方法：推荐使用 Adagrad、Adadelta、RMSProp、Adam 等。

（8）微调：网络已经别的数据集上收敛过，再次训练，用更小的学习速率；浅层学习率小，深层大一些。跟原始数据不相似，数据量又小的情况比较麻烦，多目标学习框架对预训练模型进行微调。

实训步骤

幼苗数据集：包含 12 种植物，共 5 539 张图像，为不同的植株不同生长阶段的照片。12 种植物类别分别是：

Maize：玉米，Common wheat：小麦，Sugar beet：甜菜，Scentless Mayweed：淡甘菊，Common Chickweed：卷耳草，Shepherd's Purse：荠菜，Cleavers：猪殃殃，锯锯藤，Charlock：野芥子，Fat Hen：白花藜，Small-flowered Cranesbill：小仙鹤草，Black-grass：黑草甸，Loose

Silky-bent：莎草。

第一步　解压数据集

首先使用解压缩命令将压缩文件解压到当前路径下的 data 文件夹下。

'model.zip' 压缩包中包含了已训练好的模型和训练过程 history。在后续步骤中如有需要可以加载使用。

```
!unzip -o -q ./data-sets/seedlingsDetect_train_5539.zip -d ./data
!unzip -o -q ./data-sets/model.zip -d ./model
```

第二步　导入包

主要需要导入用于图像预处理、搭建神经网络模型的相关库。

```
import pandas as pd
import numpy as np
import tensorflow
tensorflow.random.set_seed(101)
from tensorflow.keras.models import Sequential
from tensorflow.keras.layers import Dense, Dropout, Conv2D, MaxPooling2D, Flatten
from tensorflow.keras.optimizers import Adam
from tensorflow.keras.metrics import categorical_crossentropy
from tensorflow.keras.preprocessing.image import ImageDataGenerator
from tensorflow.keras.models import Model
from tensorflow.keras.callbacks import EarlyStopping, ReduceLROnPlateau,
ModelCheckpoint
import os
import cv2
from sklearn.utils import shuffle
from sklearn.metrics import confusion_matrix
from sklearn.model_selection import train_test_split
import shutil
import matplotlib.pyplot as plt
%matplotlib inline
import pickle
```

第三步　图片文件处理

（1）复制所有图片到同一个文件夹中，同时对图片进行重命名，命名规则是类别名＋下划线＋原始文件名（序号）。

（2）构建表格，存储所有图片的文件名。

（3）提取图片对应的类别，并在表格中增加一列存储。

（4）输出显示部分图片。

```
# 将图片整理到一个文件夹
# 新建一个文件目录，用来保存所有图片
all_images_dir = 'all_images_dir'
if not os.path.exists(all_images_dir) or not os.listdir(all_images_dir):
    os.mkdir(all_images_dir)
folder_list = os.listdir('./data')
for folder in folder_list:
    path = './data/' + str(folder)
    file_list = os.listdir(path)
    for fname in file_list:
        src = os.path.join(path, fname)
        new_fname = str(folder) + '_' + fname
        dst = os.path.join(all_images_dir, new_fname)
        shutil.copyfile(src, dst)
len(os.listdir('all_images_dir'))
```

运行结果：

```
5539
# 构建图片列表
image_list = os.listdir('all_images_dir')
df_data = pd.DataFrame(image_list, columns=['image_id'])
df_data.head()
# 在表中增加类别列
# 每一张图片文件名中横杠前的字符串表示的是所属类别
def extract_target(x):
    a = x.split('_')
    target = a[0]
    return target
df_data['target'] = df_data['image_id'].apply(extract_target)
# 输出表格前5行
df_data.head()
# 输出部分幼苗图片
def draw_category_images(col_name,figure_cols, df, IMAGE_PATH):
    categories = (df.groupby([col_name])[col_name].nunique()).index
    f, ax = plt.subplots(nrows=len(categories),ncols=figure_cols,
                         figsize=(4*figure_cols,4*len(categories)))
    for i, cat in enumerate(categories):
        sample = df[df[col_name]==cat].sample(figure_cols)
        for j in range(0,figure_cols):
            file=IMAGE_PATH + sample.iloc[j]['image_id']
```

```
            im=cv2.imread(file)
            ax[i, j].imshow(im, resample=True, cmap='gray')
            ax[i, j].set_title(cat, fontsize=16)
    plt.tight_layout()
    plt.show()
IMAGE_PATH = 'all_images_dir/'
draw_category_images('target',4, df_data, IMAGE_PATH)
```

部分运行结果如图 3-22 所示。

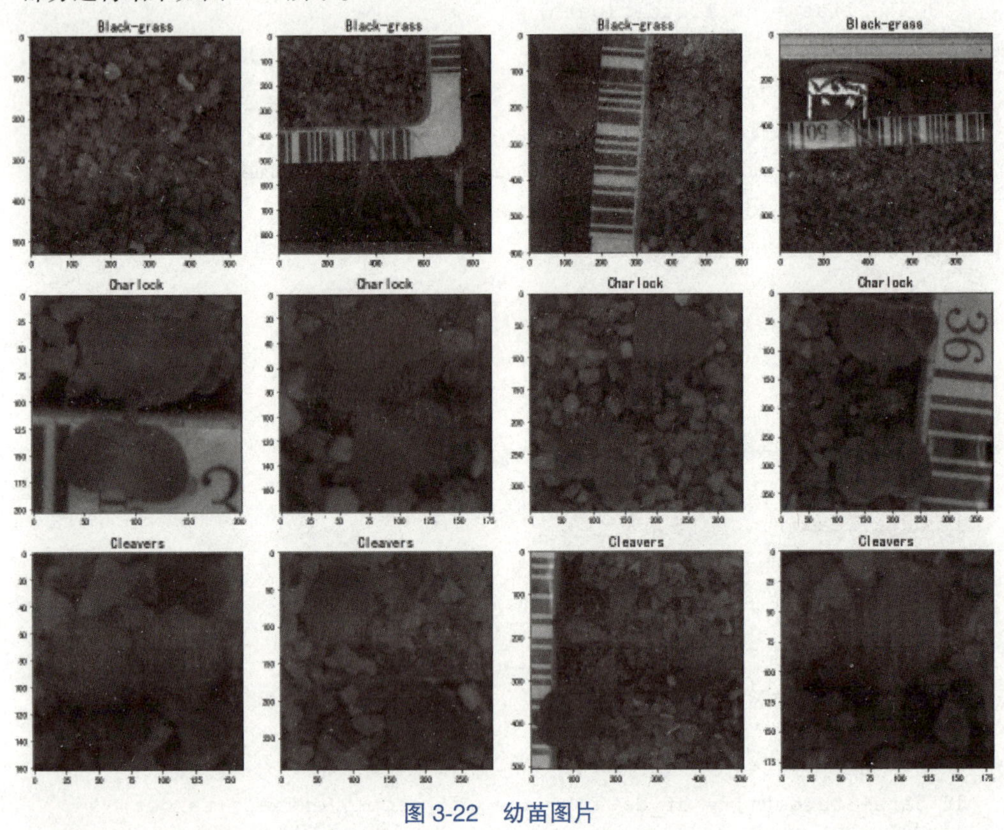

图 3-22　幼苗图片

第四步　数据预处理

划分训练集和测试集，将图片像素调整到 96，使用归一化和数据增强。

```
# 抽取 20% 作为测试集
y = df_data['target']
df_train, df_val = train_test_split(df_data, test_size=0.20, random_state=101)
print(df_train.shape)
```

运行结果：

```
(4431, 2)
(1108, 2)
```

```
base_dir = './'
# 训练集路径
train_dir = os.path.join(base_dir, 'train_dir')
if not os.path.exists(train_dir):
    os.mkdir(train_dir)
# 测试集路径
val_dir = os.path.join(base_dir, 'val_dir')
if not os.path.exists(val_dir):
    os.mkdir(val_dir)
for folder in folder_list:
    folder = os.path.join(train_dir, str(folder))
    if not os.path.exists(folder):
        os.mkdir(folder)
for folder in folder_list:
    folder = os.path.join(val_dir, str(folder))
    if not os.path.exists(folder):
        os.mkdir(folder)
if 'image_id' in df_data.columns:
    df_data.set_index('image_id', inplace=True)
#将图片像素调整到96
IMAGE_SIZE = 96
train_list = list(df_train['image_id'])
val_list = list(df_val['image_id'])
for image in train_list:
    fname = image
    folder = df_data.loc[image,'target']
    src = os.path.join(all_images_dir, fname)
    dst = os.path.join(train_dir, folder, fname)
    image = cv2.imread(src)
    image = cv2.resize(image, (IMAGE_SIZE, IMAGE_SIZE))
    cv2.imwrite(dst, image)

for image in val_list:
    fname = image
    folder = df_data.loc[image,'target']
    src = os.path.join(all_images_dir, fname)
    dst = os.path.join(val_dir, folder, fname)
    image = cv2.imread(src)
    image = cv2.resize(image, (IMAGE_SIZE, IMAGE_SIZE))
    cv2.imwrite(dst, image)
```

图片数据生成器 ImageDataGenerator 用以生成一个 batch 的图像数据，支持实时数据提升。训练时该函数会无限生成数据，直到达到规定的 epoch 次数为止。

参数 rescale：重放缩因子，默认为 None 即不进行放缩，这里进行了归一化处理。

图片生成器中的方法之一：flow_from_directory(directory)，以文件夹路径为参数，生成经过数据提升 / 归一化后的数据，在一个无限循环中无限产生 batch 数据。

```
train_path = './train_dir'
valid_path = './val_dir'

num_train_samples = len(df_train)
num_val_samples = len(df_val)
train_batch_size = 30
val_batch_size = 30

train_steps = np.ceil(num_train_samples / train_batch_size)
val_steps = np.ceil(num_val_samples / val_batch_size)
datagen = ImageDataGenerator(rescale=1.0/255)
# 以文件夹路径 train_path 为参数，生成经过归一化后的数据，在一个无限循环中无限产生
batch 数据；参数 classes，自动将每个子目录作为不同的类
train_gen = datagen.flow_from_directory(train_path,target_size=(IMAGE_
SIZE,IMAGE_SIZE),batch_size=train_batch_size,class_mode='categorical')

val_gen = datagen.flow_from_directory(valid_path,target_size=(IMAGE_SIZE,IMAGE_
SIZE),batch_size=val_batch_size,class_mode='categorical')

test_gen = datagen.flow_from_directory(valid_path,target_size=(IMAGE_SIZE,IMAGE_
SIZE),batch_size=1,class_mode='categorical',shuffle=False)
```

运行结果：

```
Found 4431 images belonging to 12 classes.
Found 1108 images belonging to 12 classes.
Found 1108 images belonging to 12 classes.
```

第五步　构建模型

模型以 CNN 为主，构建三层卷积 + 池化，同时在最后一个池化层后添加 dropout 层，防止过拟合。最后全连接输出层，输出神经元个数为 12，代表 12 个植物类别。

```
kernel_size = (3,3)# 卷积核大小
pool_size= (2,2)# 池化窗口大小
first_filters = 32# 第一层卷积核个数
```

```
    second_filters = 64# 第二层卷积核个数
    third_filters = 128# 第三层卷积核个数
    dropout_dense = 0.3# 全连接层后 dropout rate 参数值
    dropout_conv = 0.3# 卷积层后 dropout rate 参数值
    model = Sequential()# 使用顺序模型
    model.add(Conv2D(first_filters, kernel_size, activation = 'relu', input_
shape = (IMAGE_SIZE, IMAGE_SIZE, 3)))
    model.add(MaxPooling2D(pool_size = pool_size))
    model.add(Conv2D(second_filters, kernel_size, activation ='relu'))
    model.add(MaxPooling2D(pool_size = pool_size))
    model.add(Conv2D(third_filters, kernel_size, activation ='relu'))
    model.add(MaxPooling2D(pool_size = pool_size))
    model.add(Dropout(dropout_conv))
    model.add(Flatten())
    model.add(Dense(256, activation = "relu"))
    model.add(Dense(12, activation = "softmax"))# 输出神经元个数 12，即 12 个类别
```

第六步　编译模型

配置优化器为 Adam，同时设置一个较小的学习率。配置损失函数、评价标准。

```
    model.compile(Adam(lr=0.0001), loss='categorical_crossentropy',
                  metrics=['accuracy'])
```

第七步　训练模型

配置训练集、验证集、迭代轮数。将模型训练过程即 history 信息进行打包保存，并保存模型参数。该步骤训练时间较久（cpu 训练至少 2 小时），也可以直接使用项目给定的已训练好的模型进行测试。

```
    # 配置训练数据、参数
    filepath = "model.h5"
    checkpoint = ModelCheckpoint(filepath, monitor='val_acc', verbose=1, save_
best_only=True, mode='max')

    reduce_lr = ReduceLROnPlateau(monitor='val_accuracy', factor=0.5, patience=3,
verbose=1, mode='max', min_lr=0.00001)

    callbacks_list = [checkpoint,reduce_lr]

    history = model.fit_generator(train_gen, steps_per_epoch=train_steps,
                        validation_data=val_gen,
                        validation_steps=val_steps,
                        epochs=50, verbose=1,
```

```
                callbacks=callbacks_list)

    # 保存训练过程 history
    with open('model_history.pickle', 'wb') as file_pi:
        pickle.dump(history.history, file_pi)

    # 保存模型参数
    model.save('model.h5')
```

第八步　输出模型在测试集上的准确率

如果模型训练完成，可以直接运行下一 cell 的代码；如果没训练完成，可加载已训练好的模型 './model.h5'。在下一 cell 代码前加上加载模型的代码即可。

```
    # 加载模型代码
    model = tensorflow.keras.models.load_model('model/model.h5')
    val_loss, val_acc = model.evaluate(test_gen, steps=len(df_val))

    print('val_loss:', val_loss)
    print('val_acc:', val_acc)
```

运行结果：

```
    1108/1108 [==============================] - 9s 8ms/step - loss: 0.6661 - 
accuracy: 0.8032
    val_loss: 0.6661244630813599
    val_acc: 0.8032491207122803
```

第九步　输出损失和准确率变化曲线

如果第七步模型训练完成，可直接查看训练的 history；如果没有，可以使用给定的模型在训练过程保存的 history，参考下面的代码加载 history 文件。

```
    with open('model/model_history.pickle', 'rb') as f:
    history = pickle.load(f)
```

该步骤输出第七步模型的 history，没有训练模型的可忽略，跳到下一步。

损失和准确率变化曲线如图 3-23 所示。

```
    acc = history.history['accuracy']
    val_acc = history.history['val_accuracy']
    loss = history.history['loss']
    val_loss = history.history['val_loss']
    epochs = range(1, len(acc) + 1)

    plt.plot(epochs, loss, 'bo', label='Training loss')
```

```
plt.plot(epochs, val_loss, 'b', label='Validation loss')
plt.title('Training and validation loss')
plt.legend()
plt.figure()

plt.plot(epochs, acc, 'bo', label='Training acc')
plt.plot(epochs, val_acc, 'b', label='Validation acc')
plt.title('Training and validation accuracy')
plt.legend()
plt.figure()
```

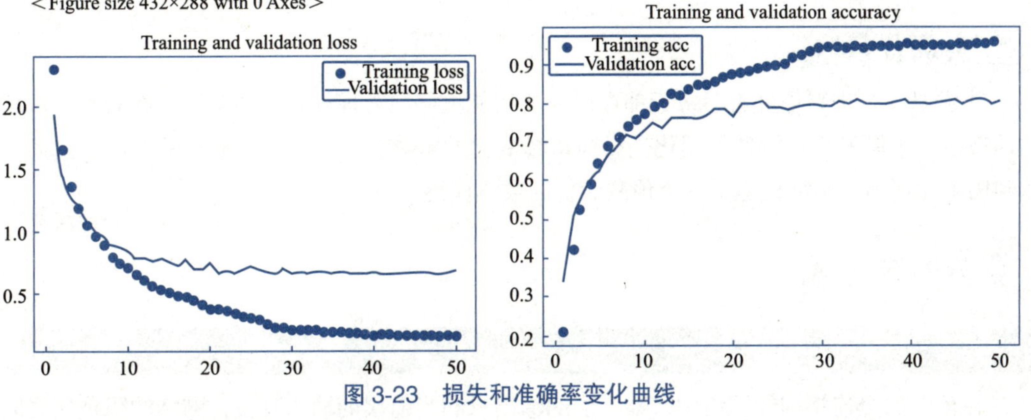

图 3-23 损失和准确率变化曲线

此步骤加载给定模型的 history，自行训练的可忽略：

```
with open('model/model_history.pickle', 'rb') as f:
    history = pickle.load(f)
acc = history['accuracy']
val_acc = history['val_accuracy']
loss = history['loss']
val_loss = history['val_loss']
epochs = range(1, len(acc) + 1)
plt.plot(epochs, loss, 'bo', label='Training loss')
plt.plot(epochs, val_loss, 'b', label='Validation loss')
plt.title('Training and validation loss')
plt.legend()
plt.figure()

plt.plot(epochs, acc, 'bo', label='Training acc')
plt.plot(epochs, val_acc, 'b', label='Validation acc')
plt.title('Training and validation accuracy')
plt.legend()
plt.figure()
```

实训案例 4　循环神经网络——鸡蛋应该放在几个篮子里

实训目标

扫一扫

案例4股价预测

（1）了解深度学习主流模型——循环神经网络 RNN 的概念和结构。

（2）对比理解 RNN 与 LSTM 的原理和作用。

（3）构建循环神经网络实现股价的预测。

实训背景

小派是一个理财爱好者，每天都在研究如何能更好地管理好自己的财富。在观察了股市中的动态后，小派发现：股票的变化受目前市场变化的影响，并且受之前股价的影响。由此，小派利用了循环神经网络构建了一个预测股价的数学模型。

实训要点

知识点 1　循环神经网络

在传统的全连接神经网络中，某一层的输出只和当前层的输入有关，网络的隐藏层之间的输入和输出是相互独立的，所以传统的神经网络没有办法处理与时间相关的任务，比如视频、语音或者文本等。这些具有时间线的数据之间存在着丰富的序列信息和语义信息，比如，一个文本的下一个字符肯定与上文的字符有关，一段音乐的下一个音符肯定取决于上一段音频，视频的帧与帧之间肯定也是有连续性的。如果要刻画一个序列当前时刻的输出与上一个时刻信息的关系，就需要神经网络具有更特殊的结构。循环神经网络（RNN）应运而生。对比普通的全连接神经网络，RNN 具备了记忆单元，某一时刻的隐藏层的输入不仅与输入层有关，还与上一时刻隐藏层的输出有关。每个 RNN 单元都记录着之前序列的信息，所以 RNN 在语音识别、自然语言处理、文本分析方面具有广泛的应用。一个循环神经网络按时间顺序展开的示意图如图 3-24 所示。

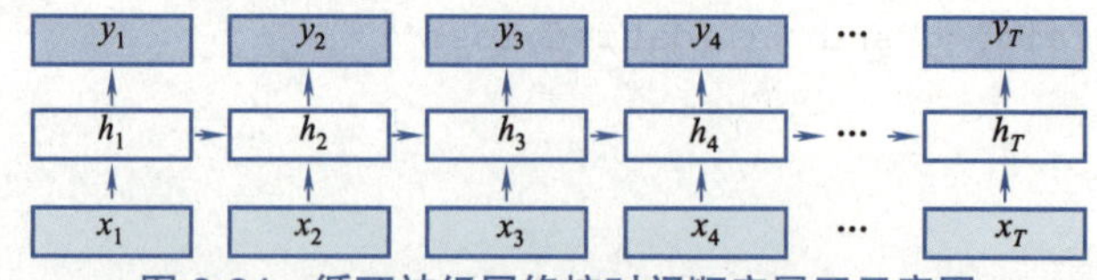

图 3-24　循环神经网络按时间顺序展开示意图

知识点 2　循环神经网络应用领域

（1）语言建模和文本生成：给出一个词语序列，预测下一个词语的概率。

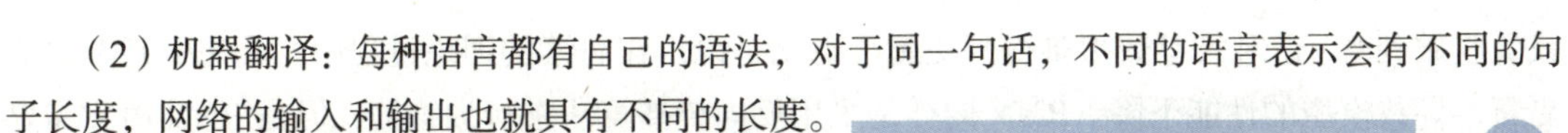

（2）机器翻译：每种语言都有自己的语法，对于同一句话，不同的语言表示会有不同的句子长度，网络的输入和输出也就具有不同的长度。RNN 可用于将输入映射到不同类型、长度的输出。

（3）情感分析：RNN 可以将一段文本推理成两种情绪的任务，输入可以不固定，但输出是固定的，如图 3-25 所示。

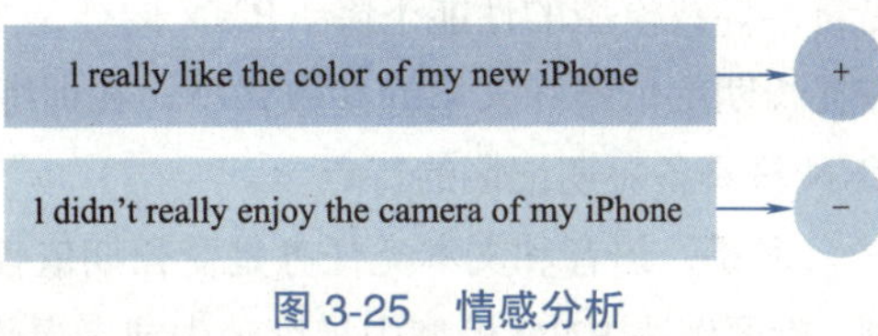

图 3-25　情感分析

（4）图像视频标注：对一张图片或者一段视频的内容做出描述，如图 3-26 所示。

（5）语音识别：基于输入的声波预测语音片段，从而确定语音内容。

Three dogs play in the grass.

Two hockey players are fighting over the puck.

图 3-26　图像视频标注

知识点 3　循环神经元

图 3-27 所示为一个普通的循环神经元的展开示意图。

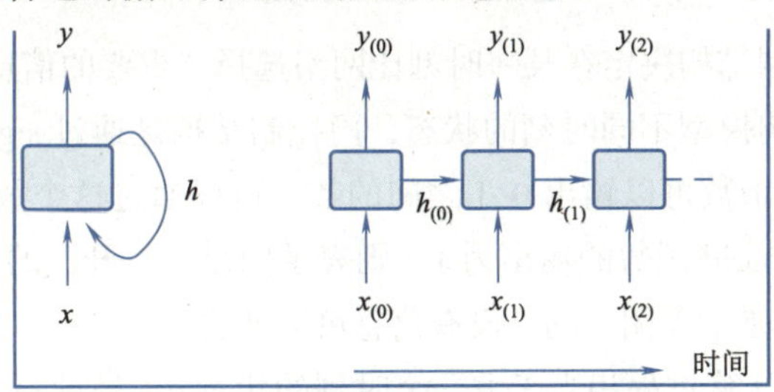

图 3-27　循环神经元的展开示意图

对于 $x(0)$ 时刻来说，前面没有上一个时刻的输入，故这个神经元的输入只有 $x(0)$，时间走到 $x(1)$ 时刻，这时的输入不仅有 $x(1)$，还有来自上一个时刻的 $h(0)$，对于这两个输入，RNN 设置的是两套不同的权重，该时刻的输出可以表示为

$$H_t=\varnothing\left(w_x^{\mathrm{T}}x_t+w_h^{\mathrm{T}}h_{t-1}+b\right)$$

通过递推可以发现，t 时刻的输出是受前面每一个时刻的输出影响的，这种能保存过去状态的神经网络单元被称为 memory cell。把隐层状态定义为 $h(t)$，于是这种记忆特性用数学表达式为 $h(t)=f(s(t),\ h(t-1))$。

知识点 4　RNN 的变体 LSTM

梯度爆炸和梯度消失在深度学习模型中是非常常见的，它是指网络在进行前向和反向传播时，参数都是以递增或者递减的形式进行更新的，但是在一段时间过后，梯度会发散到无穷大或者收敛到0，这时候参数很难得到更新。也就是说，在后续的训练过程中，无法引起参数的更新，导致模型的性能下降。RNN同样是采用反向传播算法进行训练的，但是RNN由于需要捕捉长期的依赖和大量的参数共享，在训练过程中，很容易出现梯度消失或爆炸的问题，因此RNN只具备短期记忆的特点。

但是，语音和文本类任务是受长期依赖的影响的，为了处理这类需要连接更远处信息的问题，就要解决RNN模型中梯度消失或者爆炸问题，因此RNN的变体LSTM（长短时记忆网络）出现了，它可以解决长期依赖、有用信息的间隔有大有小、长短不一的问题。LSTM的结构如图3-28所示。

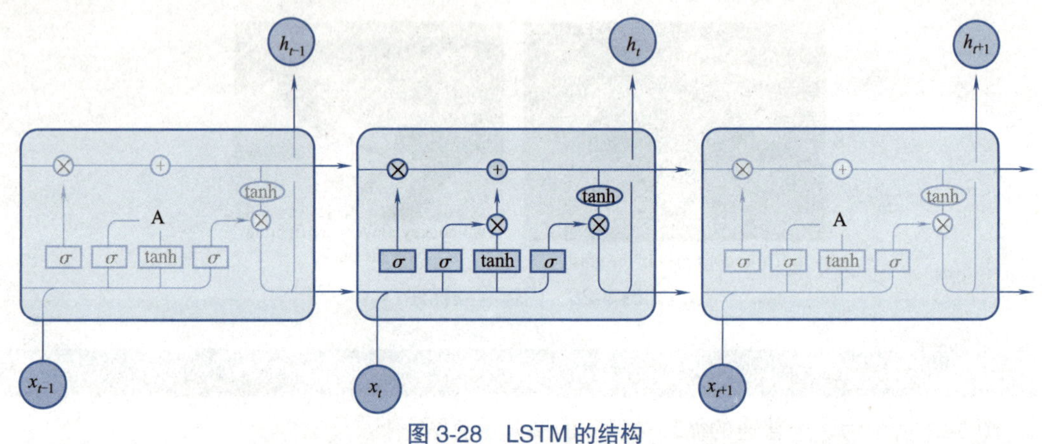

图3-28　LSTM的结构

LSTM是利用门控制结构决定在某一时刻让网络选择“重要的信息”通过神经网络，也就是让信息有选择性地影响模型不同时刻的状态，门控制结构是通过sigmoid函数和矩阵点乘的计算来实现的。sigmoid函数可以输出0~1之间的数，可以通过这个数来描述当前让多少信息通过这个结构。如果sigmoid函数的输出为1，则表示门是“打开”的，所有的信息都能通过；如果输出为0，则表示门是“关闭”的，没有信息可以通过。

整个LSTM单元的计算过程相当于上一个时刻的状态c_{t-1}经过一个sigmoid函数乘上一个系数，然后线性叠加上现在时刻的状态信息，最后输出最新状态的信息。

LSTM中有三个门控制单元：

（1）遗忘门：让RNN“去除”前面的不重要的信息，遗忘门会根据当前的输入x_t、上一时刻状态c_{t-1}、上一时刻的输出h_{t-1}共同决定哪一部分记忆需要被遗忘，如图3-29所示。

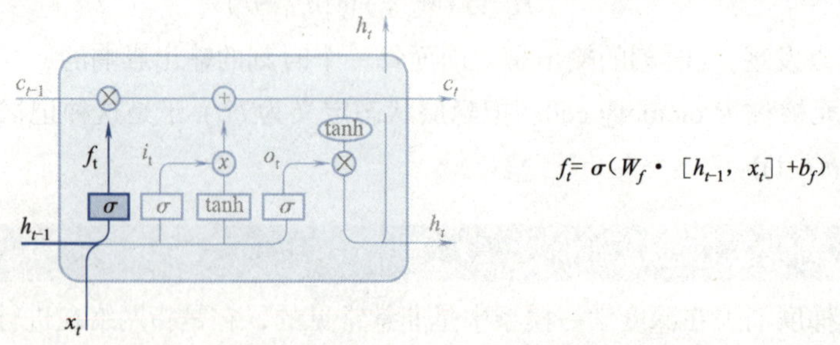

图3-29　LSTM的遗忘门

（2）输入门：当信息通过遗忘门之后，RNN 还需要选择当前时刻进入网络的信息，补充最新的记忆，输入门会根据 x_t、c_{t-1}、h_{t-1} 决定哪些部分将进入当前时刻的状态 c_t；如图 3-30 所示。

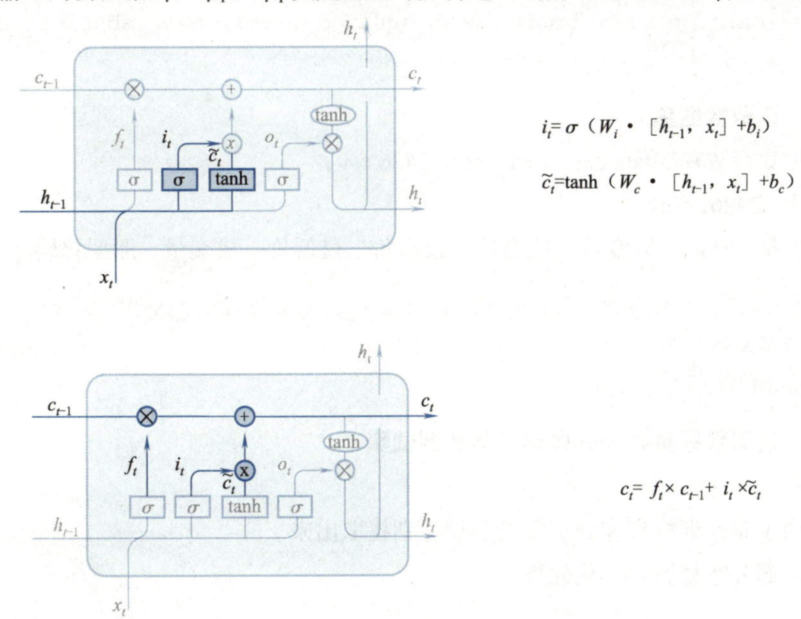

$i_t=\sigma（W_i \cdot［h_{t-1}，x_t］+b_i）$
$\tilde{c}_t=\tanh（W_c \cdot［h_{t-1}，x_t］+b_c）$
$c_t=f_t\times c_{t-1}+i_t\times\tilde{c}_t$

图 3-30　LSTM 的输入门

（3）输出门：网络需要产生最新状态的输出，输出门根据最新的状态 c_t、上一时刻的输出 h_{t-1} 和当前的输入 x_t 来决定该时刻的输出 h_t，如图 3-31 所示。

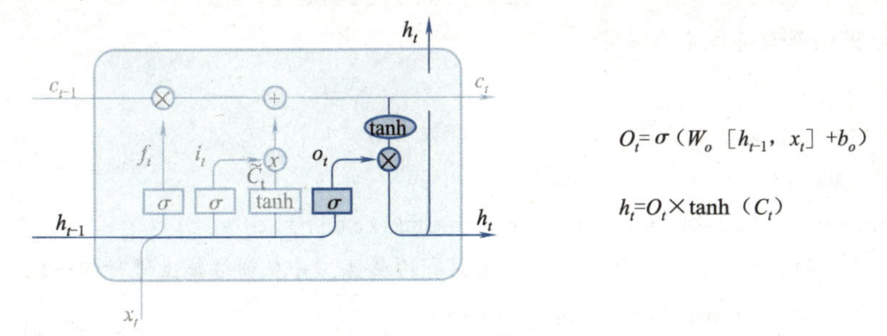

图 3-31　LSTM 的输出门

实训步骤

接下来基于 LSTM 网络实现对股价走势的预测。

第一步　导入所需要的包

```
import numpy as np
import tensorflow as tf
from tensorflow.keras.layers import Dropout, Dense, LSTM
import matplotlib.pyplot as plt
import os
```

```
import pandas as pd
from sklearn.preprocessing import MinMaxScaler
from sklearn.metrics import mean_squared_error, mean_absolute_error
import math
```

第二步　读取数据集

股价数据集存放在 ./data-sets/stock_train_2426.csv；

样本大小：2426；

数据项包括：日期、开盘价、收盘价、最高价、最低价、成交量、股票代码。

```
data = pd.read_csv('./data-sets/stock_train_2426.csv')
# 读取股票文件
data.head()
```

第三步　读取数据集并划分成训练集和测试集

进行数据归一化

（1）将用于制作训练集和测试集的数据分别提取出来。

（2）对两部分数据做归一化处理。

```
training_set = data.iloc[0:2426 - 300, 2:3].values
# 前 (2426-300=2126) 天的开盘价作为训练集，表格从 0 开始计数，2:3 是提取 [2:3) 列，
前闭后开，故提取出 C 列开盘价
test_set = data.iloc[2426 - 300:, 2:3].values
# 后 300 天的开盘价作为测试集
# 归一化
sc = MinMaxScaler(feature_range=(0, 1))
# 定义归一化：归一化到 (0, 1) 之间
training_set_scaled = sc.fit_transform(training_set)
# 求得训练集的最大值，最小值这些训练集固有的属性，并在训练集上进行归一化
test_set = sc.transform(test_set)
# 利用训练集的属性对测试集进行归一化
```

接下来，画出股价随时间变化的趋势图。

```
plt.figure(figsize=(12, 8))
data.plot()
plt.ylabel('price')
plt.yticks(np.arange(0, 300000000, 100000000))
plt.show()
```

将数据集进行归一化处理，将所有的序列都归一化到 [0,1] 之间，并将数据集划分为训练集和测试集。

```
scaler = MinMaxScaler(feature_range=(0, 1))
dataset = scaler.fit_transform(dataset.reshape(-1, 1))
train_size = int(len(dataset)*0.8)
test_size = len(dataset)-train_size
train, test = dataset[0: train_size], dataset[train_size: len(dataset)]
```

第四步 构造输入和输出

（1）使用连续 60 天的开盘价作为输入特征，第 61 天的开盘价作为输出值。

（2）对数据进行乱序处理。

（3）对输入做形状变换，满足 RNN 网络的输入要求，分别构造训练集和测试集。

```
x_train = []
y_train = []
x_test = []
y_test = []
# 训练集:csv 表格中前 2426-300=2126 天数据
# 提取训练集中连续 60 天的开盘价作为输入特征 x_train，第 61 天的数据作为标签，for 循环
共构建 2426-300-60=2066（组）数据
for i in range(60, len(training_set_scaled)):
    x_train.append(training_set_scaled[i - 60:i, 0])
    y_train.append(training_set_scaled[i, 0])
# 对数据进行乱序处理
np.random.seed(7)
np.random.shuffle(x_train)
np.random.seed(7)
np.random.shuffle(y_train)
# 对输入做形状变换，满足 RNN 网络的输入要求，分别构造训练集和测试集
# 将训练集由 list 格式变为 array 格式
x_train, y_train = np.array(x_train), np.array(y_train)
# 使 x_train 符合 RNN 输入要求:[送入样本数，循环核时间展开步数，每个时间步输入特征个数]。
# 此处整个数据集送入，送入样本数为 x_train.shape[0] 即 2066 组数据；输入 60 个开盘价，
预测出第 61 天的开盘价，循环核时间展开步数为 60；每个时间步送入的特征是某一天的开盘价，只有
1 个数据，故每个时间步输入特征个数为 1
x_train = np.reshape(x_train, (x_train.shape[0], 60, 1))

# 测试集:csv 表格中后 300 天数据
# 提取测试集中连续 60 天的开盘价作为输入特征 x_train，第 61 天的数据作为标签，for 循环
共构建 300-60=240 组数据。
for i in range(60, len(test_set)):
    x_test.append(test_set[i - 60:i, 0])
```

```
        y_test.append(test_set[i, 0])
    # 测试集变 array 并 reshape 为符合 RNN 输入要求：[送入样本数，循环核时间展开步数，每个时间步输入特征个数]
    x_test, y_test = np.array(x_test), np.array(y_test)
    x_test = np.reshape(x_test, (x_test.shape[0], 60, 1))
```

第五步　搭建 LSTM 模型结构

模型结构主要包含四个 LSTM 层，Dropout 层，全连接层。

在每一 LSTM 层后使用 Dropout 层，rate 为 0.2，即以 20% 的概率临时丢弃部分神经元，用于防止过拟合。

```
model = tf.keras.Sequential()
model.add(LSTM(units=50,input_dim=1, return_sequences=True))
model.add(LSTM(input_dim=50, units=100, return_sequences=True))
model.add(LSTM(input_dim=100, units=200, return_sequences=True))
model.add(LSTM(300, return_sequences=False))
model.add(Dropout(0.2))
model.add(Dense(100))
model.add(Dense(1))
model.add(tf.keras.layers.Activation('relu'))
model.compile(loss='mean_squared_error', optimizer='Adam')
model.summary()
```

第六步　模型训练

主要配置三个重要参数：epochs，训练的轮数设为 50；batch_size，每次迭代批次传递数据的大小设为 64；validation_data，从训练集中取一定比例样本作为验证集，在每个 epoch 结束时验证模型在该数据上的效果。

```
history = model.fit(x_train, y_train, batch_size=64, epochs=50,
                    validation_split=0.1, verbose=2)
```

第七步　模型测试

模型训练过程中损失函数的变化曲线如图 3-32 所示。

```
# 画出模型训练过程中损失函数的变化曲线
loss = history.history['loss']
val_loss = history.history['val_loss']
plt.plot(loss, label='Training Loss')
plt.plot(val_loss, label='Validation Loss')
plt.title('Training and Validation Loss')
plt.legend()
plt.show()
```

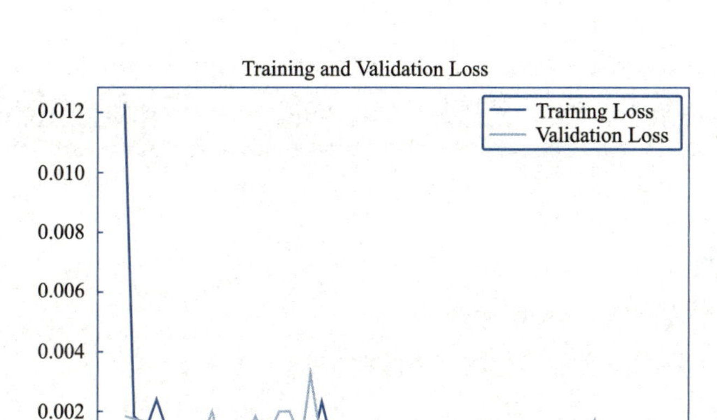

图 3-32　损失函数的变化曲线

```
# 测试集输入模型进行预测
predicted_stock_price = model.predict(x_test)
# 对预测数据还原 --- 从 (0, 1) 反归一化到原始范围
predicted_stock_price = sc.inverse_transform(predicted_stock_price)
# 对真实数据还原 --- 从 (0, 1) 反归一化到原始范围
real_stock_price = sc.inverse_transform(test_set[60:])
# 画出真实数据和预测数据的对比曲线
plt.plot(real_stock_price, color='red', label='MaoTai Stock Price')
plt.plot(predicted_stock_price, color='blue', label='Predicted MaoTai Stock
Price')
plt.title('MaoTai Stock Price Prediction')
plt.xlabel('Time')
plt.ylabel('MaoTai Stock Price')
plt.legend()
plt.show()
```

真实数据和预测数据的对比曲线如图 3-33 所示。

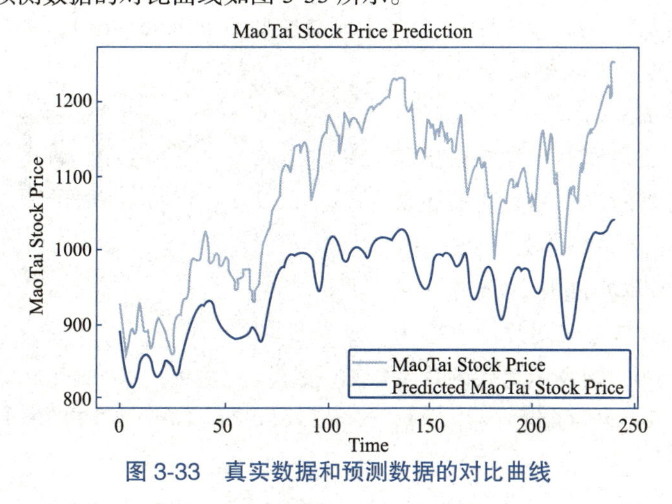

图 3-33　真实数据和预测数据的对比曲线

实训案例 5　生成对抗网络——神奇的画笔

实训目标

扫一扫

案例5数字生成

（1）了解对抗生成网络 GAN 的原理。

（2）构建对抗生成网络实现手写数字图像的生成。

实训背景

小派是一个科幻迷，科幻电影中机器人的各种神奇功能让他惊叹不已。受到科幻电影的启发，小派有一个大胆的想法：让机器变成一个神奇的画笔，可以自动生成各种图片。小派学习了对抗生成网络，开始了制作神奇画笔之旅。

实训要点

知识点 1　对抗生成网络

对抗生成网络（GAN）是深度学习模型之一。GAN 网络是一种无监督学习，它利用了“博弈对抗”的思想来学习生成式模型，使用一些原始样本经过网络的训练，让模型生成全新的数据样本。全连接神经网络和卷积神经网络都可以作为 GAN 网络的基础模型，本实训中使用卷积神经网络构造 GAN。

GAN 网络的应用有：

（1）创建数据集。

（2）图像风格迁移、图像降噪修复。

（3）辅助分类器做分类人物。

（4）创建虚构的图片、声音、文本。

GAN 网络又包含了两个模型：一个是生成器模型 G（Generator）；一个是判别器模型 D（Discriminator）。其中生成器模型接收一个随机的噪声并生成一个有噪声的图片，判别器模型接收生成器模型产生的数据和真实的数据，进行判断样本是真实的还是生成器生成的。判别器的输入是一张图片，输出是这张图片为真实图片的概率。输出结果为 1，则表示是真实图片的概率为 100%，输出结果为 0，则表示这张图片不可能是真实图片。GAN 网络中的生成器和判别器如图 3-34 所示。

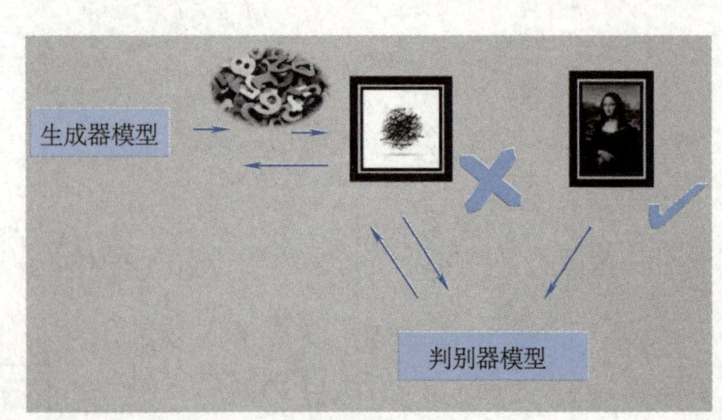

图 3-34　GAN 网络中的生成器和判别器

在训练过程中，生成器模型G的目标是尽量生成看起来和原始数据相似的图片去欺骗判别器模型D。而判别器模型D的目标是尽量把生成器模型G生成的图片和真实的图片区分开来。这样，生成器试图欺骗判别器，判别器则努力不被生成器欺骗。两个模型经过交替优化训练，互相提升,G和D构成了一个动态的“博弈”。在最理想的情况下,生成器产生了以假乱真的图像，而判别器难以判定生成器的图片是否是真实的，即判别器的输出结果为0.5。最后，就可以得到一个生成网络G,用来生成图片,这是GAN的基本思想。GAN网络的计算过程如图3-35所示。

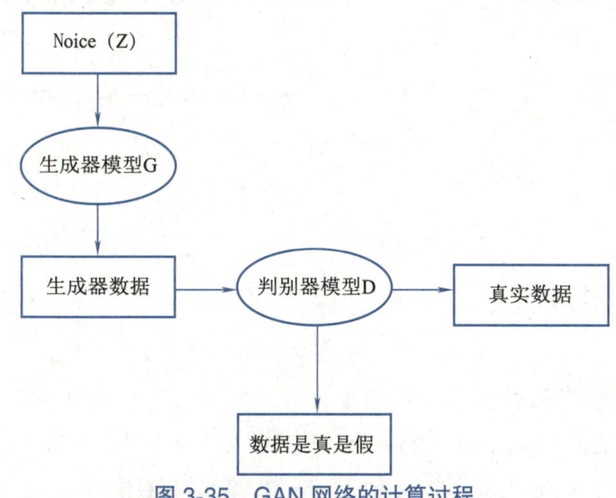

图 3-35 GAN 网络的计算过程

知识点 2 对抗损失函数

GAN网络的损失函数可以分为生成器的损失函数和判别器的损失函数两个角度来理解。

接下来从判别器的角度推导损失函数。对于判别器来说，它的目的是既可以识别出真实图片,也可以识别出生成器生成的图片,用公式来表示为 $D(x)=1$ 或者 $D(G(z))=0$,通过这两个公式,可以构造关于判别真实图像 x 和生成图像 $G(x)$ 的对数损失函数。

生成器的损失函数: $\text{loss}(G)=\log(1-D(G(z)))$ 或者 $\text{loss}(G)=-\log D(G(z))$

判别器的损失函数: $\text{loss}(D)=-(\log D(x)+\log(1-D(G(z))))$

我们的目标是使这两个损失函数最小;如果生成器的产生的图片越真实,则 $D(G(z))$ 会越大,生成器的损失函数也越小。判别器网络识别能力越高，则 $D(x)$ 越大，$D(G(z))$ 越小，判别器的损失函数也越小。当给定一个生成器时，期望 $D(x)+\log(1-D(G(z)))$ 达到最大，所以可以定义一个价值函数。

$$E_{x\sim\text{Pdata}}\left[\log D(x)\right]+E_{x\sim Pz(z)}\left[\log\left(1-D\left(G(z)\right)\right)\right]$$

上式可以最优化为 $D_G^*=\arg\max_D V(G, D)$

对于生成器而言，结果正好相反，我们希望目标函数（判别公式 $V(D,G)$）最小化，这时，是希望这个目标函数最大化好呢，还是最小化好呢？整个训练的过程是一个迭代的过程，当我们求得最优的 D_G^* 即 $D=D_G^*$ 时，即可把 $D=D_G^*$ 代入上面的式子，来求最优（最小）的 G，即 $D=G_D^*$。

$$\min_G \max_D E_{x\sim\text{Pdata}}[\log D(x)]+E_{x\sim Pz(z)}[\log(1-D(G(z)))]$$

所以，可以将 GAN 网络的最终的损失函数定义为

$$G_D^*=\arg\max_G V(G, D_G^*)$$

实训步骤

有了上述的损失函数的推导过程之后，接下来构造 GAN 网络实现自动手写数字。

第一步　导入所需要的包

```
import tensorflow as tf
import numpy as np
from tensorflow import keras
from tensorflow.keras import layers
import matplotlib.pyplot as plt
%matplotlib inline
```

第二步　构建生成器

使用 100 个随机数来初始化手写数据集，可以理解为这个数据集是带有噪声的数据集，GAN 网络就是一步步迭代地去生成一个十分真实的手写数字数据集。生成器是由三个转置卷积层 (Conv2DTranspose) 构成的，最终的输出是 28 × 28 像素的图片。

```
def generator_model():
    model=tf.keras.Sequential()
model.add(layers.Dense(7*7*256,
use_bias=False,input_shape=(100,)))
    model.add(layers.BatchNormalization())
    model.add(layers.LeakyReLU())
    model.add(layers.Reshape((7,7,256)))
    #None 位置上表示的是 batch_siz 的大小
    assert model.output_shape==(None,7,7,256)

        model.add(layers.Conv2DTranspose(128,(5,5), strides=(1,1),padding='s
ame',use_bias=False))
    assert model.output_shape==(None,7,7,128)
    model.add(layers.BatchNormalization())
    model.add(layers.LeakyReLU()
    model.add(layers.Conv2DTranspose(64,(5,5),
strides=(2,2),padding='same',use_bias=False))
    assert model.output_shape==(None,14,14,64)
    model.add(layers.BatchNormalization())
    model.add(layers.LeakyReLU())
```

```
model.add(layers.Conv2DTranspose(1,(5,5),
strides=(2,2),padding='same',
use_bias=False,activation='tanh'))
    assert model.output_shape==(None,28,28,1)
    return model
```

将生成器第一次生成的图片显示出来，如图 3-36 所示。

```
import matplotlib.pyplot as plt
generator = generator_model()
noise = tf.random.normal([1, 100])
generated_image = generator(noise, training=False)
plt.imshow(generated_image[0, :, :, 0], cmap='gray')
```

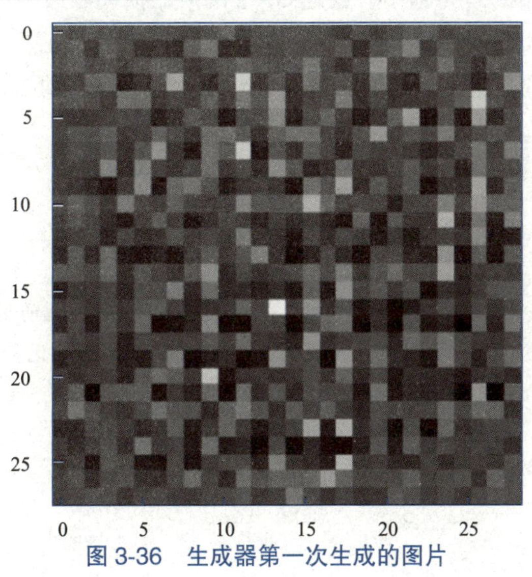

图 3-36　生成器第一次生成的图片

第三步　构建判别器

```
def discriminator_model():
    model=tf.keras.Sequential()
    model.add(layers.Conv2D(64,(5,5),
strides=(2,2),padding='same',input_shape=[28,28,1]))
    model.add(layers.LeakyReLU())
    model.add(layers.Dropout(0.3))
    model.add(layers.Conv2D(128,(5,5),
strides=(2,2),padding='same'))
    model.add(layers.LeakyReLU())
    model.add(layers.Dropout(0.3))
    model.add(layers.Flatten())
    model.add(layers.Dense(1))
```

```
    return model
```

接下来，我们将上面生成器生成的图片喂入判别器中，得到该图片为真实图片的概率。

```
discriminator=discriminator_model()
decision=discriminator(generated_image)
print(decision)
```

运行结果：

```
tf.Tensor([[-0.00113387]], shape=(1, 1), dtype=float32)
```

第四步　构建损失函数

使用交叉熵损失函数作为网络的损失函数。它用来度量两个概率分布之间的差异，交叉熵损失越小，两个概率分布的差异越小。创建 GAN 网络的损失函数不仅要衡量判别器辨别真伪的能力，还要衡量生成器以假乱真的能力，因此，需要设计一个函数，这个函数将判别器对真实图片的预测与全为 1 的数组进行比较，将判别器对生成器产生的图片与全为 0 的数组进行比较，两种概率分布越接近，交叉熵就会越小。

```
# 该方法返回计算交叉熵损失的辅助函数
cross_entropy=tf.keras.losses.BinaryCrossentropy(
from_logits=True)
# 该方法量化判别器从判断真伪图片的能力。它将判别器对真实图片的预测值与值全为 1 的数组进行对比，将判别器对伪造（生成的）图片的预测值与值全为 0 的数组进行对比
def discriminator_loss(real_output, fake_output):
    real_loss=cross_entropy(tf.ones_like(real_output), real_output)
    fake_loss=cross_entropy(tf.zeros_like(fake_output), fake_output)
    total_loss = real_loss + fake_loss
    return total_loss
```

生成器损失量化其欺骗判别器的能力。直观来讲，如果生成器表现良好，判别器将会把伪造图片判断为真实图片，即输出的结果为 1。

```
def generator_loss(fake_output):
    return cross_entropy(tf.ones_like(fake_output), fake_output)
```

判别器和生成器的优化器是不同的，需要分别训练两个网络。

```
generator_optimizer = tf.keras.optimizers.Adam(1e-4)
discriminator_optimizer = tf.keras.optimizers.Adam(1e-4)
# 注意 `tf.function` 的使用，该注解使函数被“编译”
noise_dim = 100
@tf.function
def train_step(images):
    noise = tf.random.normal([BATCH_SIZE, noise_dim])
```

```
    with tf.GradientTape() as gen_tape, tf.GradientTape()
as disc_tape:
        generated_images = generator(noise, training=True)
        real_output = discriminator(images, training=True)
            fake_output=discriminator(generated_images,
training=True)
        #loss
        gen_loss = generator_loss(fake_output)
        disc_loss = discriminator_loss(real_output, fake_output)
        # 梯度
        gradients_of_generator=gen_tape.gradient(
gen_loss,generator.trainable_variables)
        gradients_of_discriminator = disc_tape.gradient(
disc_loss, discriminator.trainable_variables)
        # 优化器
generator_optimizer.apply_gradients(zip(
gradients_of_generator,generator.trainable_variables))
discriminator_optimizer.apply_gradients(
zip(gradients_of_discriminator,
discriminator.trainable_variables))
    return gen_loss, disc_loss
```

第五步　获取 mnist 数据集

```
(train_images,train_labels),(_,_)=
tf.keras.datasets.mnist.load_data()
train_images = train_images.reshape(
train_images.shape[0], 28, 28, 1).astype('float32')
train_images = (train_images - 127.5) / 127.5
print(train_images.shape)
BUFFER_SIZE = 60000
BATCH_SIZE = 256
# Batch and shuffle the data
train_dataset=tf.data.Dataset.from_tensor_slices(
train_images).shuffle(BUFFER_SIZE).batch(BATCH_SIZE)
(60000, 28, 28, 1)
```

将生成器生成的图片保存：

```
def generate_and_save_images(model, epoch, test_input):
    # 注意 training` 设定为 False
    # 因此，所有层都在推理模式下运行(batchnorm)
```

```
    predictions = model(test_input, training=False)
    fig = plt.figure(figsize=(4,4))
    for i in range(predictions.shape[0]):
        plt.subplot(4, 4, i+1)
        plt.imshow(predictions[i, :, :, 0] * 127.5
 + 127.5, cmap='gray')
        plt.axis('off')
plt.savefig('./data-sets/
image_at_epoch_{:04d}.png'.format(epoch))
plt.show()
```

第六步　设置训练步骤

```
noise_dim = 100
num_examples_to_generate = 16
# 我们将重复使用该种子（因此在动画 GIF 中更容易可视化进度）
seed = tf.random.normal([num_examples_to_generate, noise_dim])
def train(dataset, epochs):
    for epoch in range(epochs):
        for i,image_batch in enumerate(dataset):
            g,d = train_step(image_batch)
            print("batch %d, gen_loss %f,
disc_loss %f" % (i, g.numpy(),d.numpy()))
        # 每 15 个 epoch 保存一次模型
        if (epoch + 1) % 15 == 0:
            checkpoint.save(file_prefix = checkpoint_prefix)
            generate_and_save_images(generator,epochs,seed)
EPOCHS = 50
train(train_dataset,EPOCHS)
```

第七步　测试训练结果

```
#generator.save('./data-sets/mnist_dcgan_tf2.h5')
import tensorflow as tf
import matplotlib.pyplot as plt
model=tf.keras.models.load_model(
'./data-sets/mnist_dcgan_tf2.h5')
test_input=tf.random.normal([16,100])
epoch=20
generate_and_save_images(model,epoch,test_input)
```

测试训练结果如图 3-37 所示。

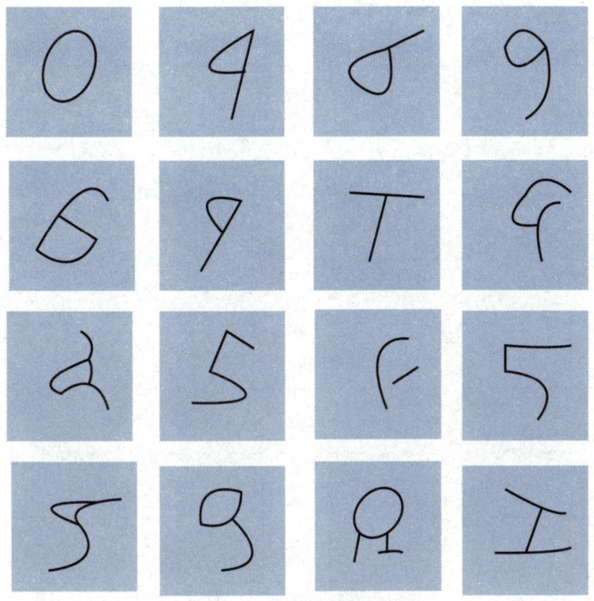

图 3-37　测试训练结果

学习笔记

单元四　计算机视觉篇

让机器看得见

计算机视觉（Computational Vision，CV）是使用计算机模仿人类视觉系统的科学，让计算机拥有类似人类提取、处理、理解和分析图像以及图像序列的能力。自动驾驶、机器人、智能医疗等领域均需要通过计算机视觉技术从视觉信号中提取并处理信息。

本篇将通过 5 个实训案例，让学习者认识计算机视觉的应用，掌握 OpenCV、YOLO 模型等知识，实现对实际场景的处理和分析。

4.1 计算机视觉概述

计算机视觉（CV）是最近非常热门的 AI 应用方向。我们先来介绍 CV 究竟能干什么。

4.1.1 人脸识别

人脸识别，顾名思义就是对图像中的人脸进行检测、识别和跟踪。可以理解为在一幅图像中找出人脸的位置，并且识别出此人是谁。如果是视频或者是摄像头采集的实时图像，那么人脸的位置和检测识别结果也需要实时更新的。人脸识别的案例如图 4-1 所示。

图 4-1　人脸识别案例

4.1.2 多目标跟踪

多目标跟踪是 CV 领域一个热门方向，广泛应用于机器人导航、智能监控视频、工业检测、航空航天等领域。多目标跟踪与人脸识别类似，但与人脸识别不同的是，多目标识别是识别多类物体，在视频或摄像头采集的实时图像中，并将不同帧的运动物体一一对应，实时定位目标物体及其运动轨迹。多目标跟踪案例如图 4-2 所示。

图 4-2　多目标跟踪案例

4.1.3 图像分割

所谓图像分割，是指根据灰度、彩色、空间纹理、几何形状等特征把图像划分成若干个互不相交的区域，使得这些特征在同一区域内表现出一致性或相似性，而在不同区域间表现出明显的不同。简单地说，就是在一幅图像中，把目标从背景中分离出来。图像分割案例如图 4-3 所示。

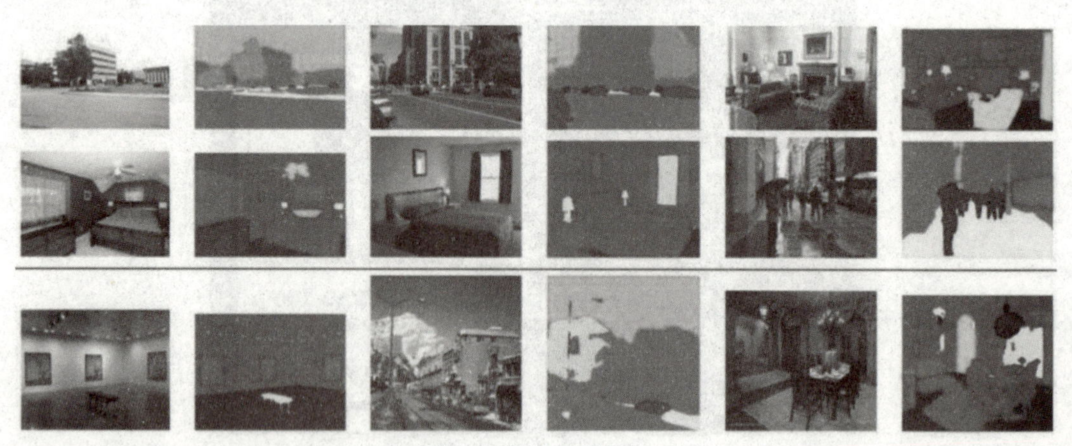

图 4-3　图像分割案例

4.1.4 风格迁移

图像风格迁移，是指利用算法学习著名画作的风格，然后再把这种风格应用到另外一张图片上的技术。著名的图像处理应用 Prisma 就是利用风格迁移技术，将普通用户的照片自动变换为具有艺术家的风格的图片。风格迁移案例如图 4-4 所示。

图 4-4 风格迁移案例

当然，CV 的应用远不止这些，还有很多新奇有趣的应用等着人们去探索。看完以上的介绍，是否已经跃跃欲试想尝试下有趣的案例？我们就来试下多目标识别吧。打开派 Lab：www.314ai.com，登录账号，进入对应章节实训案例运行以下代码：

```
# 运行以下代码
!unrar x -inul -y data-sets/yolov3 数据集 .rar ./
import numpy as np
import cv2 as cv
import os
import time
from matplotlib
import pyplot as plt
import pathlib2 as plfrom ipywidgets
import interactive,interact_manual,Layout
import ipywidgets as wgfrom sidecar
import Sidecar
yolo_dir = './yolov3 数据集'  # YOLO 文件路径
```

```
    weightsPath = os.path.join(yolo_dir, 'yolov3.weights')  # 权重文件
    configPath = os.path.join(yolo_dir, 'yolov3.cfg')  # 配置文件
    labelsPath = os.path.join(yolo_dir, 'coco.names')  # label名称 #imgPath =
os.path.join(yolo_dir, 'kite.jpg')  # 测试图像
    CONFIDENCE = 0.5  # 过滤弱检测的最小概率
    THRESHOLD = 0.4  # 非最大值抑制阈值
    net = cv.dnn.readNetFromDarknet(configPath, weightsPath)  # #  利用下载的
文件 #print("[INFO] loading YOLO from disk...")  # # 可以打印下信息
    def print_(imgPath):
        img = cv.imread(str(imgPath))
        blobImg = cv.dnn.blobFromImage(img, 1.0/255.0,
    (416, 416), None, True, False)   ## net需要的输入是blob格式的，用blobFromImage()
函数来转格式
        net.setInput(blobImg)  # 调用setInput()函数将图片送入输入层
        outInfo = net.getUnconnectedOutLayersNames()
        start = time.time()
        layerOutputs = net.forward(outInfo)
        end = time.time()
        (H, W) = img.shape[:2] #获取图片shape
        boxes = [] # 所有边界框
        confidences = [] # 所有置信度
        classIDs = [] # 所有分类ID
        for out in layerOutputs:  # 各个输出层
            for detection in out:
                scores = detection[5:]  # 各个类别的置信度
                classID = np.argmax(scores)  # 最高置信度的id即为分类id
                confidence = scores[classID]  # 获取置信度

                # 根据置信度筛查
                if confidence > CONFIDENCE:
                    box = detection[0:4] * np.array([W, H, W, H])
                     (centerX, centerY, width, height)
    = box.astype("int")
                    x = int(centerX - (width / 2))
                    y = int(centerY - (height / 2))
                    boxes.append([x, y, int(width), int(height)])
                    confidences.append(float(confidence))
                    classIDs.append(classID)
        idxs=cv.dnn.NMSBoxes(boxes,confidences,
```

```
CONFIDENCE,THRESHOLD) # boxes 中，保留的 box 的索引 index 存入 idxs
    with open(labelsPath, 'rt') as f:
        labels = f.read().rstrip('\n').split('\n')
    np.random.seed(42)
    COLORS = np.random.randint(0, 255, size=(len(labels), 3), dtype=
"uint8")  # 每一类有不同的颜色，每种颜色都是由 RGB 三个值组成的，所以 size 为
(len(labels), 3)
    if len(idxs) > 0:
        for i in idxs.flatten():  # indxs 是二维的，第 0 维是输出层，所以这里把
它展平成 1 维
            (x, y) = (boxes[i][0], boxes[i][1])
            (w, h) = (boxes[i][2], boxes[i][3])

            color = [int(c) for c in COLORS[classIDs[i]]]
            cv.rectangle(img, (x, y), (x+w, y+h), color, 2)  # 线条粗细为 2px
            text = "{}: {:.4f}".format(labels[classIDs[i]], confidences[i])
            cv.putText(img, text, (x, y-5),
  cv.FONT_HERSHEY_SIMPLEX,0.5,color,2)# cv.FONT_HERSHEY_SIMPLEX 字体风格、0.5
字体大小、粗细 2px
    img3=img[:,:,::-1]
    plt.figure(figsize=(20,20))
    plt.imshow(img3)
    plt.show()
files = [p for p in pl.Path('./yolov3 数据集 ').glob('*.jpg')]
a=interactive(print_,imgPath=files);
a.children[0].description =' 选择图片:'
tab_nest = wg.Box(layout=Layout(
    display='flex',
    flex_flow='column',
    border='2px solid orange',
    align_items='center',
    width='100%'))

tab_nest.children = a.children
tab_nest.layout.height='520px'

sc = Sidecar(title=' 目标检测 ')with sc:
    display(tab_nest)
```

此时将在运行界面右侧看到图 4-5 所示图形。

图 4-5　多目标跟踪案例

从图 4-5 中可以看到，海边沙滩上的人和空中的风筝均被矩形框框出，而且图中的人的大小不一，风筝亦如是，但是这丝毫没有影响图片的目标识别结果，这也是 CV 多目标跟踪的魅力之一，该功能的实现需要优秀的算法支持。以上案例是不是很神奇？只要你愿意，图片可以替换成自己的照片（街景、宠物等），然后左侧 YOLOv3 数据集文件夹进行实时检测。不仅如此，若将算法应用在视频上，还可以得到实时的目标检测效果。

4.2 计算机视觉与数字图像处理

4.2.1　计算机视觉

计算机视觉是一门研究如何使机器“看”的科学，更进一步说，就是指用摄影机和计算机代替人眼对目标进行识别、跟踪和测量等机器视觉，并进一步做图形处理，使其成为更适合人眼观察或传送给仪器检测的图像。作为一个科学学科，计算机视觉研究相关的理论和技术，试图建立能够从图像或者多维数据中获取“信息”的人工智能系统。这里所指的信息指香浓定义的，可以用来帮助做一个“决定”的信息。因为感知可以看作从感官信号中提取信息，所以计算机视觉也可以看作研究如何使人工系统从图像或多维数据中“感知”的科学。

4.2.2　数字图像处理

一幅图像可以定义为一个二维函数 $f(x, y)$，其中 x 和 y 是空间（平面坐标），而在任一空间坐标 (x, y) 处的幅值 f 称为图像在该点处的强度或灰度，当 x、y 和灰度值 f 为离散数值时，就称该图像为数字图像。数字图像处理是指借助计算机来处理数字图像。

4.3 人类眼中的世界

因为人类是被赋予了视觉的生物，所以很容易使人误认为“计算机视觉也是一种很简单的任务”。计算机视觉究竟有多困难呢？人类的大脑将视觉信号划分为许多通道，以让不同的信息流输入大脑。大脑已经被证明有一套注意力系统，在基于任务的方式上，通过图像的重要部分检验其他区域的估计。在视觉信息流中存在巨量的信息反馈，并且到现在人们对此过程也知之甚少。肌肉控制的感知器和其他所有感官都存在着广泛的相互联系，这让大脑能够利用人在世界上多年生活经验所产生的交叉联想，大脑中的反馈循环将反馈传递到每一个处理过程，包括人体的感知器官（眼睛），通过虹膜从物理上控制光线的量来调节视网膜对物体表面的感知。

4.4 计算机眼中的世界

在机器视觉系统中，计算机会从相机或者硬盘接收栅格状排列的数字，也就是说，最关键的是，机器视觉系统不存在一个预先建立的模式识别机制。没有自动控制焦距和光圈，也不能将多年的经验联系在一起。大部分的视觉系统都还处于一个非常朴素原始的阶段。图 4-6 展示了一辆汽车。在这张图片中，我们看到后视镜位于驾驶室旁边。但是对于计算机而言，看到的只是按照栅格状排列的数字。所有在栅格中给出的数字还有大量的噪声，所以每个数字只能提供少量的信息，这个数字栅格就是计算机所能够“看见”的全部了。我们的任务变成将这个带有噪声的数字栅格转换为感知结果“后视镜”。

图 4-6 计算机眼中的汽车后视镜

图 4-7 给出了为什么实现计算机视觉如此困难的另一些解释。给定一个对于 3D 世界

的二维（2D）观测，就不存在一个唯一的方式来重建三维信号。即使数据是完美的，相同的二维图像也可能表示一个无限的 3D 场景组合中的任一种情况。而且，数据会被噪声和畸变所污染。这样的污染源于现实生活中的很多方面（天气、光线、折射率和运动），包括传感器中的电路噪声以及其他的一些电路系统影响，还包括采集之后对于图像压缩产生的影响。

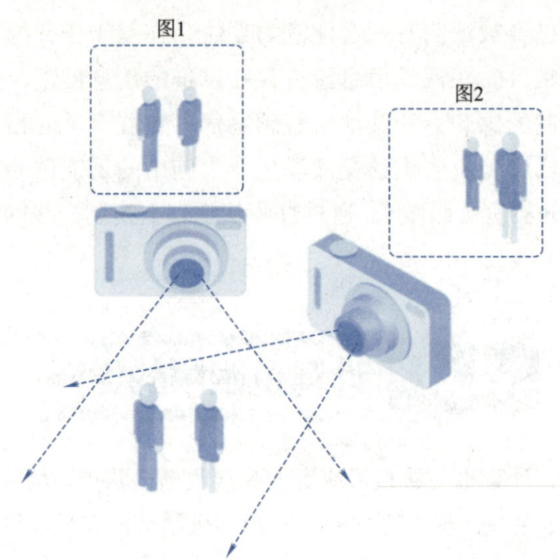

图 4-7　物体的二维表示随着视点的不同而完全改变

4.5 计算机视觉发展的主要阶段

尽管人们对计算机视觉这门学科的起始时间和发展历史有不同的看法，但应该说，1982 年马尔（David Marr）《视觉》一书的问世，标志着计算机视觉成为了一门独立学科。计算机视觉的研究内容，大体可以分为物体视觉（object vision）和空间视觉（spatial vision）两大部分。物体视觉在于对物体进行精细分类和鉴别，而空间视觉在于确定物体的位置和形状，为“动作（action）”服务。正像著名的认知心理学家 J.J. Gibson 所言，视觉的主要功能在于“适应外界环境，控制自身运动”。适应外界环境和控制自身运动是生物生存的需求，这些功能的实现需要靠物体视觉和空间视觉协调完成。

计算机视觉 40 多年的发展中，尽管人们提出了大量的理论和方法，但总体上说，计算机视觉经历了四个主要历程，即马尔计算视觉、主动和目的视觉、多视几何和分层三维重建，以及基于学习的视觉。

4.5.1 马尔计算视觉

马尔计算视觉分为三个层次：计算理论、表达和算法以及算法实现。由于马尔认为算法实现并不影响算法的功能和效果，所以马尔计算视觉理论主要讨论“计算理论”和“表达与算法”

两部分内容。马尔认为，大脑的神经计算和计算机的数值计算没有本质区别，所以马尔没有对“算法实现”进行任何探讨。从现在神经科学的进展看，“神经计算”与数值计算在有些情况下会产生本质区别，如目前兴起的神经形态计算（neuromorphic computing），但总体上说，“数值计算”可以“模拟神经计算”。至少从现在看，“算法的不同实现途径”并不影响马尔计算视觉理论的本质属性。图 4-8 展示的是马尔视觉结构示意图。

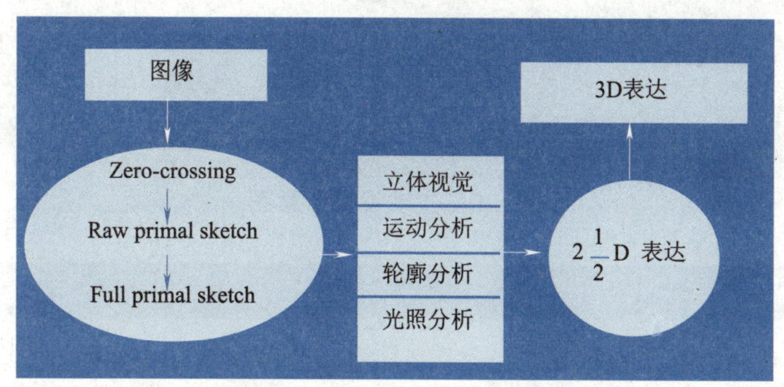

图 4-8　马尔视觉结构示意图

4.5.2　主动视觉

尽管马尔计算视觉理论非常优美，但健壮性不够，很难像人们预想的那样在工业界得到广泛应用。于是，有人开始质疑这种理论的合理性，甚至提出了尖锐的批评。对马尔视觉计算理论提出批评的代表性人物有：马里兰大学的J. Y. Aloimonos、宾夕法尼亚大学的R. Bajcsy 和密歇根州立大学的 A. K. Jaini。Bajcsy 认为，视觉过程必然存在人与环境的交互，提出了主动视觉的概念（active vision）。Aloimonos 认为视觉要有目的性，且在很多应用中不需要严格三维重建，提出了“目的和定性视觉”（purpose and qualitative vision）的概念。

主动视觉是指视觉系统可以根据已有的分析结果和视觉的当前要求，决定摄像机的运动，并且从合适的视角获取相应的图像。主动视觉理论强调视觉系统对人眼的主动适应性的模拟，即模拟人的“头 - 眼”功能，使视觉系统能够自主地选择和跟踪注视的目标物体。20 世纪 80 年代初马尔视觉计算理论提出后，学术界兴起了“计算机视觉”的热潮。人们想到的这种理论的一种直接应用就是给工业机器人赋予视觉能力，典型的系统就是所谓的“基于部件的系统”（parts-based system）。

值得指出的是，“主动视觉”应该是一个非常好的概念（见图 4-9），但困难在于“如何计算”。主动视觉往往需要“视觉注视”（visual attention），需要研究脑皮层（cerebral cortex）高层区域到低层区域的反馈机制，这些问题，即使脑科学和神经科学已经得了巨大进展的今天，仍缺乏“计算层次上的进展”可为计算机视觉研究人员提供实质性的参考和借鉴。近年来，各种脑成像手段的发展，特别是“连接组学”（connectomics）的进展，可望为计算机视觉人员研究大脑反馈机制提供“反馈途径和连接强度”提供一些借鉴。

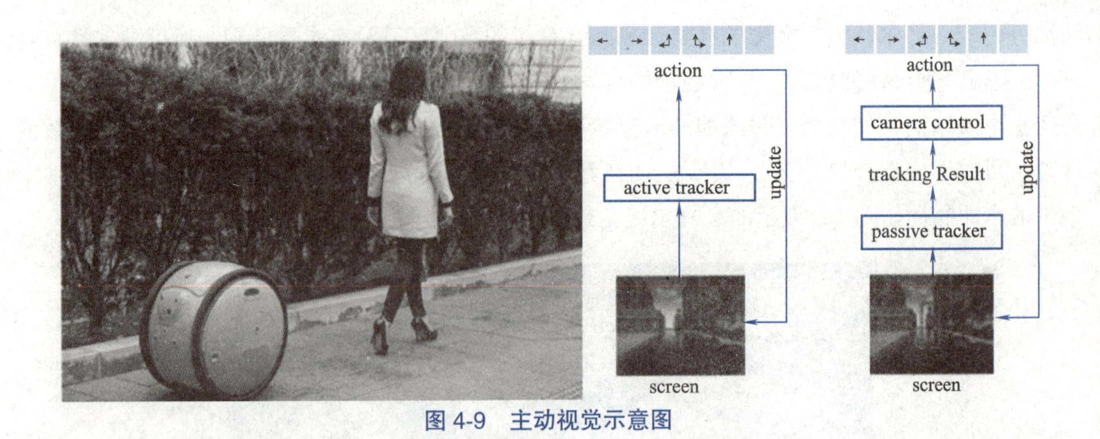

图 4-9 主动视觉示意图

4.5.3 多视几何和分层三维重建

20 世纪 90 年代初计算机视觉从“萧条”走向进一步“繁荣”，主要得益于以下两方面的因素：首先，瞄准的应用领域从精度和健壮性要求太高的“工业应用”转到要求不太高，特别是仅仅需要“视觉效果”的应用领域，如远程视频会议（teleconference）、考古、虚拟现实、视频监控等；其次人们发现，多视几何理论下的分层三维重建能有效提高三维重建的健壮性和精度。

多视几何的代表性人物首数法国 INRIA 的 O. Faugeras、美国 GE 研究院的 R.Hartely 和英国牛津大学的 A. Zisserman。2000 年 Hartley 和 Zisserman 合著的书对这方面的内容给出了比较系统的总结，而后这方面的工作主要集中在如何提高“大数据下健壮性重建的计算效率”。大数据需要全自动重建，而全自动重建需要反复优化，而反复优化需要花费大量计算资源。所以，如何在保证健壮性的前提下快速进行大场景的三维重建是后期研究的重点。三维重建要匹配这些图像，从中选取合适的图像集，然后对相机位置信息进行标定并重建出场景的三维结构，如此大的数据量，人工干预是不可能的，所以整个三维重建流程必须全自动进行。这就需要重建算法和系统具有非常高的健壮性，否则根本无法全自动三维重建。在健壮性保证的情况下，三维重建效率也是一个巨大的挑战。所以，目前在这方面的研究重点是如何快速、健壮地重建大场景。图 4-10 展示三维重建示意图。

图 4-10 三维重建示意图

4.5.4 基于学习的视觉

基于学习的视觉，是指以机器学习为主要技术手段的计算机视觉研究。基于学习的视觉研究，文献中大体上分为两个阶段：21 世纪初的以流形学习（manifold Learning）为代表的子空间法（subspace method）和目前以深度神经网络和深度学习（deep neural networks and deep learning）为代表的视觉方法。

1. 流形学习

流形学习理论认为，一种图像物体存在其“内在流形”（intrinsic manifold）（见图 4-11），这种内在流形是该物体的一种优质表达。所以，流形学习就是从图像表达学习其内在流形表达的过程，这种内在流形的学习过程一般是一种非线性优化过程。

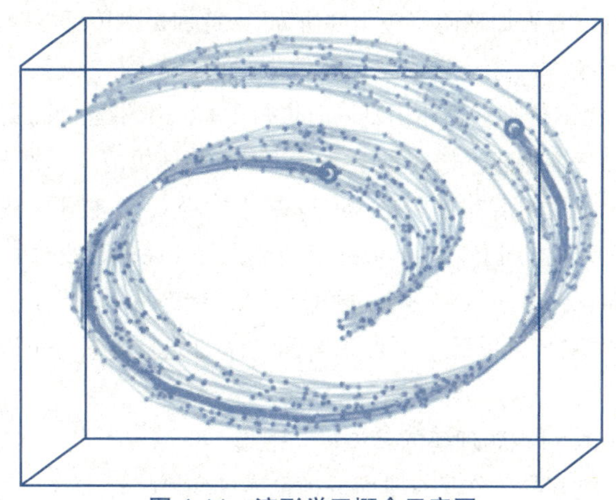

图 4-11　流形学习概念示意图

2. 深度学习

深度学习的成功，主要得益于数据积累和计算能力的提高。深度网络的概念于 20 世纪 80 年代被提出，由于当时发现“深度网络”性能还不如“浅层网络”，所以没有得到大的发展。目前，计算机视觉的三大国际会议：国际计算机视觉会议（ICCV）、欧洲计算机视觉会议（ECCV）和计算机视觉和模式识别会议（CVPR）关于深度学习方向的论文逐年增加。深度学习的方法成为人工智能方向热门的研究领域之一。图 4-12 所示为深度学习提取特征的网络模型，图中 input 表示输入；feature maps 表示特征图谱；convolution 表示卷积；subsampling 表示下采样；fully connected 表示全连接；feature extraction 表示特征抽取；classifiction 表示分类识别。

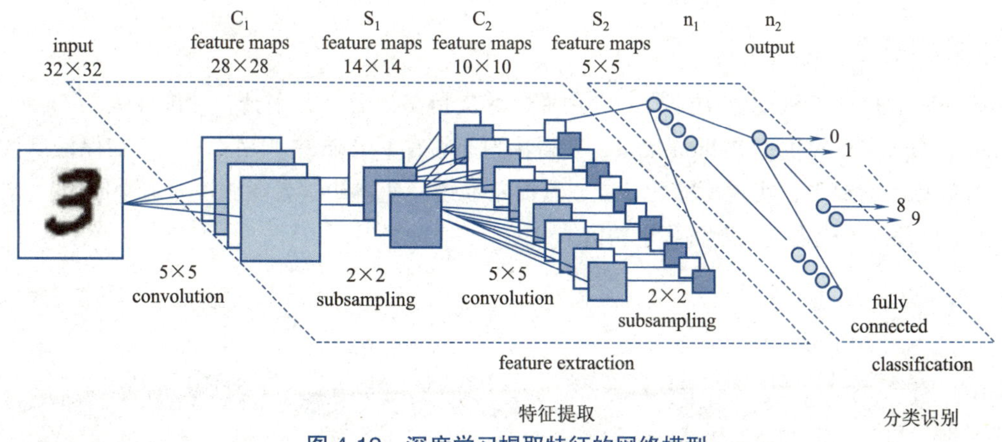

图 4-12　深度学习提取特征的网络模型

4.6 计算机视觉发展趋势

（1）基于学习的物体视觉和基于几何的空间视觉继续“相互独立”进行。深度学习在短时期内很难代替几何视觉。

（2）基于视觉的定位将更加趋向“应用性研究”，特别是多传感器融合的视觉定位技术。

（3）三维点云重建技术已经比较成熟，如何从“点云”到“语义”是未来研究重点。“语义重建”将点云重建、物体分割和物体识别同时进行，是三维重建走向实用的前提。

（4）对室外场景的三维重建，如何重建符合“城市管理规范”的模型是一个有待解决的问题。室内场景重建估计最大的潜在应用是“家庭服务机器人”。鉴于室内重建的应用还缺乏非常具体的应用需求和驱动，再加上室内环境的复杂性，估计在近阶段时间内很难有突破性进展。

（5）对物体识别而言，基于深度学习的物体识别估计将从“通用识别”向“特定领域物体的识别”发展。“特定领域”可以提供更加明确和具体的先验信息，可以有效提高识别的精度和效率，更加具有实用性。

（6）目前基于 RCNN 对视频理解的趋势将会持续。

（7）解析深度网络机理的工作具有重大的理论意义和挑战性。

（8）具有“反馈机制”的深度网络结构（architecture）研究将是下一个研究热点。

实训案例 1　超有意思的图像世界

扫一扫

案例1图像处理上

实训目标

（1）掌握一些计算机视觉的基本概念。

（2）OpenCV 的基本使用方法及 OpenCV 的常用函数。

实训背景

扫一扫

案例1图像处理下

OpenCV 是计算机视觉中经典的专用库，其支持多语言、跨平台，功能强大。 OpenCV-Python 为 OpenCV 提供了 Python 接口，使得用户能够在 Python 中调用 C/C++，在保证易读性和运行效率的前提下，实现所需的功能。其简单易懂，使得初学者能够快速上手使用。 学会 OpenCV 处理计算机视觉问题将事半功倍。

实训要点

知识点 1　OpenCV

OpenCV 是一个开源的计算机视觉库，可以从 http://opencv.org 获取。1999 年，加里・布拉德斯基（Gary Bradski）在英特尔任职，怀着通过为计算机视觉和人工智能的从业者提供稳定的基础架构并以此来推动产业发展的美好愿景，他启动了 OpenCV 项目。OpenCV 库用 C 语言和 C++ 语言编写，可以在 Windows、Linux、Mac OS X 等系统运行。同时，也在积极开发 Python、Java、MATLAB 以及其他一些语言的接口，将库导入安卓和 iOS 中为移动设备开发应用。OpenCV 获得了来自英特尔和谷歌的大力支持，Itseez 公司完成了早期开发的大部分工作。此后，Arraiy 团队加入该项目并负责维护始终开源和免费的 OpenCV.org。OpenCV 设计用于进行高效的计算，强调实时应用的开发。它由 C++ 语言编写并进行了深度优化，从而可以享受多线程处理的优势。

知识点 2　OpenCV 的应用

OpenCV 的一个目标是提供易于使用的计算机视觉接口，从而帮助人们快速建立精巧的视觉应用。OpenCV 库包含从计算机视觉各个领域衍生出来的 500 多个函数，包括工业产品质量检验、医学图像处理、安保领域、交互操作、相机校正、双目视觉以及机器人学。自从测试版本在 1999 年 1 月发布以来，OpenCV 已经广泛用于许多应用、产品以及科研工作中。这些应用包括在卫星和网络地图上拼接图像，图像扫描校准，医学图像的降噪，目标分析，安保以及工业检测系统，自动驾驶和安全系统，制造感知系统，相机校正，军事应用，无人空中、地面、水下航行器。

目前计算机视觉和机器学习经常在一起使用，所以 OpenCV 也包含一个完备的、具有通用性的机器学习库（ML 模块）。这个子库聚焦于统计模式识别以及聚类。ML 模块对 OpenCV 的核心任务（计算机视觉）相当有用，但是这个库也足够通用，可以用于任意机器学习问题。

知识点 3　OpenCV 的起源

OpenCV 缘起于英特尔想要增强 CPU 集群性能的研究。该项目的结果是英特尔启动了许多项目，包括实时光线追踪算法以及三维墙体的显示。其中一位研究员加里·布拉德斯基在访问大学的时候注意到很多顶尖大学研究机构，比如 MIT 的媒体实验室，拥有非常完备的内部公开的计算机视觉开发接口——代码从一个学生传到另一个学生手中，并且会给每个新来的学生一个有价值的由他们自己开发的视觉应用方案。相较于从头开始设计并完成基本功能，新来的学生可以在之前的基础上进行很多新的工作。所以，OpenCV 怀着为计算机视觉提供通用性接口这一思想开始了策划。在英特尔性能实验室（Performance Library）团队的帮助下，OpenCV 最初的核心代码和算法规范是英特尔俄罗斯实验室团队完成的，这就是 OpenCV 的缘起，从英特尔软件性能组的实验研究开始，俄罗斯的专家负责实现和优化。俄罗斯专家团队的负责人是瓦迪姆·彼萨里夫斯基（Vadim Pisarevsky），他负责规划、编程以及大部分 OpenCV 的优化工作，并且到现在他仍是很多 OpenCV 项目的核心人物。与他一同工作的维克托·伊拉西莫夫（Victor Eruhimov）帮助构建了早期框架，瓦勒利·库里阿基恩（Valery Kuriakin）负责管理俄罗斯实验室并且为项目提供了非常大的助力。

知识点 4　OpenCV 包含的模块以及组成结构

OpenCV 是由很多模块组成的（见图 4-13），这些模块可以分成很多层：

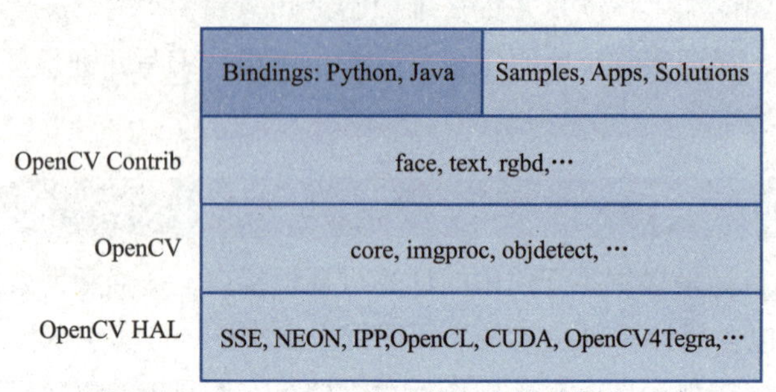

图 4-13　OpenCV 层级结构与支持的操作系统

最底层是基于硬件加速层（HAL）的各种硬件优化。

再上一层是 opencv_contrib 模块所包含的 OpenCV 由其他开发人员所贡献的代码，其包含大多数高层级的函数功能。这就是 OpenCV 的核心。

接下来是语言绑定和示例应用程序。

处于最上层的是 OpenCV 和操作系统的交互。

实训步骤

一、图像基本操作

第一步　读取图像

使用 cv.imread( ) 函数读取图像。图像应该在工作目录或图像的完整路径应给出。

函数原型：cv2.imread (path,flag)

第二个参数是一个标志，它指定了读取图像的方式。

cv.IMREAD_COLOR：加载彩色图像。任何图像的透明度都会被忽视。它是默认标志。

cv.IMREAD_GRAYSCALE：以灰度模式加载图像。

cv.IMREAD_UNCHANGED：加载图像，包括 alpha 通道。

除了这三个标志，可以分别简单地将参数设为整数 1、0 或 -1，分别表示载入三通道的彩色图像、按单通道的方式读入图像（灰白图）、按解码得到的方式读入图像。

```
# 加载需要的包
import numpy as np
import cv2 as cv
import pyplot as plt# 加载彩色灰度图像
img = cv.imread('./opencv 数据集 /gd.jpg',0)
```

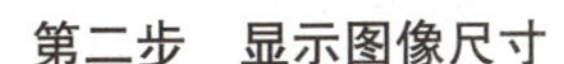

第二步 显示图像尺寸

图像尺寸即图像像素尺寸，由宽和高两个维度组成。上述加载的图像尺寸为 435 × 580 像素。

```
img.shape
(435, 580)
```

第三步 显示灰度图

灰度图（Gray Scale Image 或是 Grey Scale Image）又称灰阶图。把白色与黑色之间按对数关系分为若干等级，称为灰度。灰度分为 256 阶，即图片中每一个像素点为 0~255 之间的一个数值。

OpenCV 使用函数 cv.imshow( ) 在窗口中显示图像。窗口自动适合图像尺寸。

函数原型：cv2.imshow(winname,mat)

第一个参数是窗口名称，它是一个字符串。

第二个参数是对象。可以根据需要创建任意多个窗口，但可以使用不同的窗口名称。

注意： 在 jupyter 环境下，opencv 的 cv.imshow( ) 函数无法正常显示图片，故可以用 plt.imshow( ) 函数替代 cv.imshow( )。将彩色图片转换为灰度图如图 4-14 所示。

```
plt.imshow(img,plt.cm.gray)
plt.show()
```

第四步 写入图像

使用函数 cv.imwrite( ) 保存图像。

函数原型：cv2.imwrite(filename,image)

第一个参数是文件名，第二个参数是要保存的图像。

cv.imwrite('gd.png',img) 会将图像以 PNG 格式保存在工作目录中。

```
cv.imwrite('gd.png',img)
True
```

将看到左边根目录下多了一个 gd.png 文件，如图 4-15 所示。

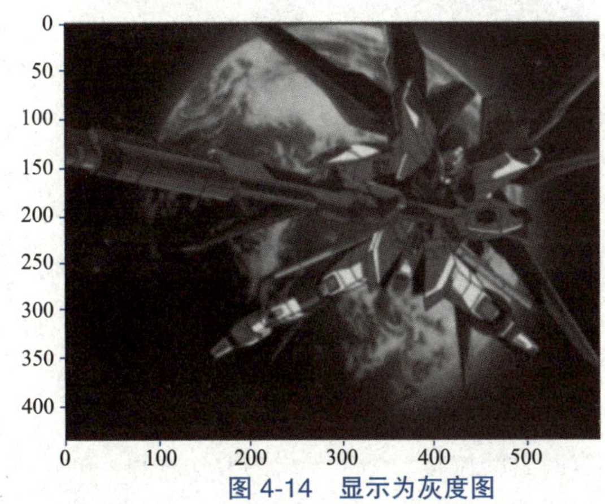

图 4-14 显示为灰度图

/

Name ▲	Last Modified
DataSetReadOnly	9 minutes ago
opencv数据集	18 days ago
gd.png	2 minutes ago

图 4-15 保存图像

二、图像几何学变换

几何学变换包括图像平移、旋转、仿射变换等。接下来将学习 cv.getPerspectiveTransform 函数等。

OpenCV 提供了 cv.warpAffine 和 cv.warpPerspective 两个转换函数，可以使用它们进行各种转换。cv.warpAffine 采用 2×3 转换矩阵，而 cv.warpPerspective 采用 3×3 转换矩阵作为输入。

第一步　缩放

缩放只是调整图像的大小，如图 4-16 所示。为此，OpenCV 带有一个函数 cv.resize( )。图像的大小可以手动指定，也可以指定缩放比例，还可以使用不同的插值方法。首选的插值方法是 cv.INTER_AREA 用于缩小，cv.INTER_CUBIC 和 cv.INTER_LINEAR 用于缩放。默认情况下，出于所有调整大小的目的，使用的插值方法为 cv.INTER_LINEAR。可以使用以下方法调整输入图像的大小：

```
# 加载需要的包
from matplotlib import pyplot as plt# 载入图片
img = cv.imread('./opencv 数据集 /messi.jpg')# 改变图像大小
res=cv.resize(img,None,fx=2,fy=2,interpolation=cv.INTER_CUBIC)
height, width = img.shape[:2]
res=cv.resize(img,(2*width,2*height),interpolation=cv.INTER_CUBIC)# 转变图像通道 BGR->RGB
res = cv.cvtColor(res, cv.COLOR_BGR2RGB)
plt.imshow(res)
plt.show()
```

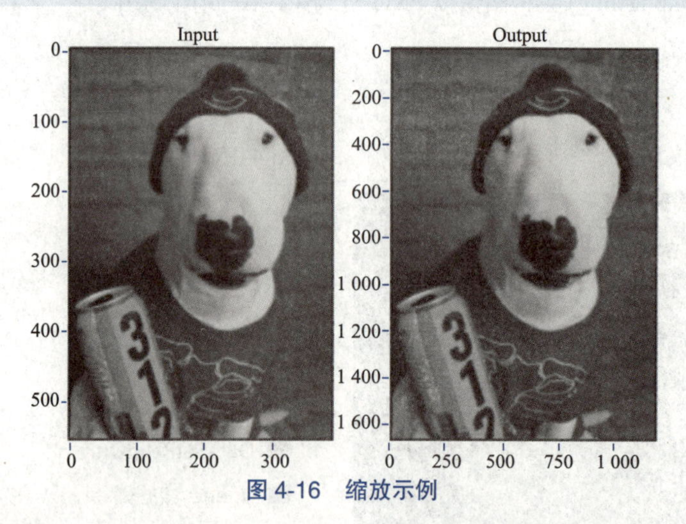

图 4-16　缩放示例

第二步　平移

平移是物体位置的移动。如果知道在 (x, y) 方向上的位移，则将其设为 (t_x, t_y)，可以创建转换矩阵 $\boldsymbol{M}$，如下所示：

$$M=\begin{bmatrix} 1 & 0 & t_x \\ 0 & 1 & t_y \end{bmatrix}$$

可以将其放入 np.float32 类型的 Numpy 数组中，并将其传递给 cv.warpAffine( ) 函数。参见下面偏移为 (100, 50) 的示例，偏移后的图像如图 4-17 所示。

```
# 载入图片
img = cv.imread('./opencv 数据集 /messi.jpg',0)# 获得图片的宽高
rows,cols = img.shape# 定义平移变换参数
M = np.float32([[1,0,100],[0,1,50]])# 图片平移变换
dst = cv.warpAffine(img,M,(cols,rows))
res = cv.cvtColor(dst, cv.COLOR_BGR2RGB)
plt.imshow(res)
plt.show()
```

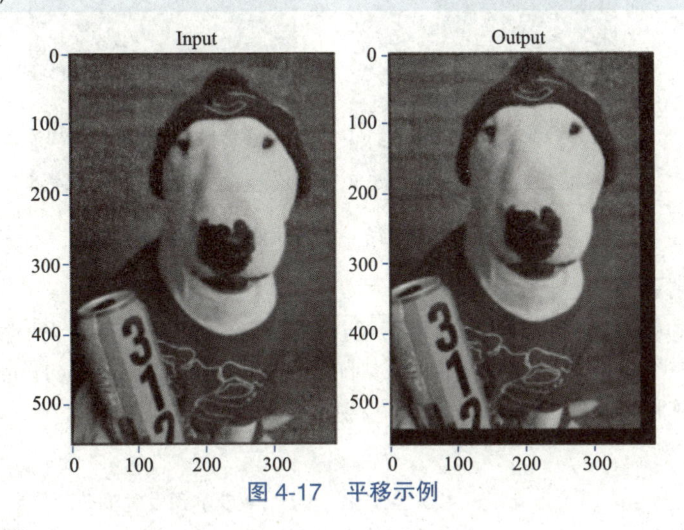

图 4-17　平移示例

第三步　旋转

图像旋转角度为 θ，通过以下形式的变换矩阵实现：

$$M=\begin{bmatrix} \cos\theta & -\sin\theta \\ \sin\theta & \cos\theta \end{bmatrix}$$

但是，OpenCV 提供了可缩放的旋转以及可调整的旋转中心，因此可以在自己喜欢的任何位置旋转。修改后的变换矩阵为

$$\begin{bmatrix} \alpha & \beta & (1-\alpha)\cdot \text{ceter}.x-\beta\cdot \text{center}.y \\ -\beta & \alpha & \beta\cdot \text{ceter}.x+(1-\alpha)\cdot \text{center}.y \end{bmatrix}$$

其中：

$$\alpha=\text{scale}\cdot\cos\theta$$

$$\beta=\text{scale}\cdot\sin\theta$$

为了找到此转换矩阵，OpenCV 提供了一个函数 cv.getRotationMatrix2D( )。将图像相对于中心旋转 90° 而没有任何缩放比例，如图 4-18 所示。

```
# 读取图片
img = cv.imread('./opencv 数据集 /messi.jpg',0)# 获取图片宽高
```

```
rows,cols = img.shape# 定义旋转变换参数
M = cv.getRotationMatrix2D(((cols-1)/2.0,(rows-1)/2.0),90,1)
dst = cv.warpAffine(img,M,(cols,rows))# 图像通道转换
res = cv.cvtColor(dst, cv.COLOR_BGR2RGB)
plt.imshow(res)
plt.show()
```

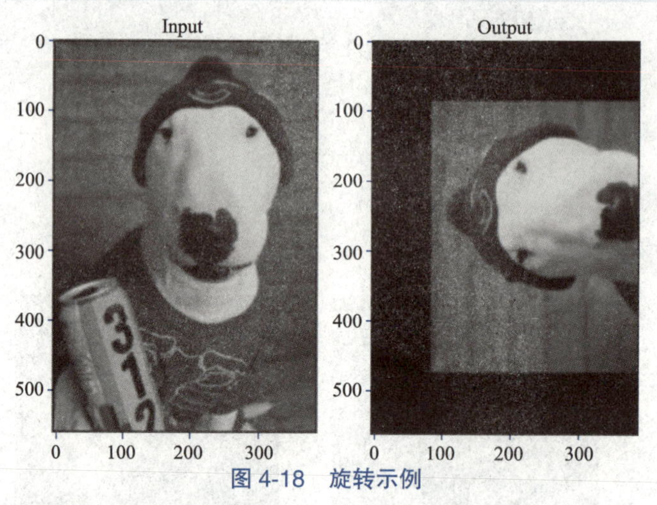

图 4-18 旋转示例

第四步 仿射变换

在仿射变换中，原始图像中的所有平行线在输出图像中仍将平行。为了找到变换矩阵，需要输入图像中的三个点及其在输出图像中的对应位置。然后 cv.getAffineTransform 将创建一个 2×3 矩阵，该矩阵将传递给 cv.warpAffine。反射变换结果如图 4-19 所示。

```
# 读取图片
img = cv.imread('./opencv 数据集 /gd.jpg')# 获取图片宽高
rows,cols,ch = img.shape# 定义仿射变换参数
pts1 = np.float32([[50,50],[200,50],[50,200]])
pts2 = np.float32([[10,100],[200,50],[100,250]])
M = cv.getAffineTransform(pts1,pts2)
dst = cv.warpAffine(img,M,(cols,rows))
plt.subplot(121),plt.imshow(img),plt.title('Input')
plt.subplot(122),plt.imshow(dst),plt.title('Output')
```

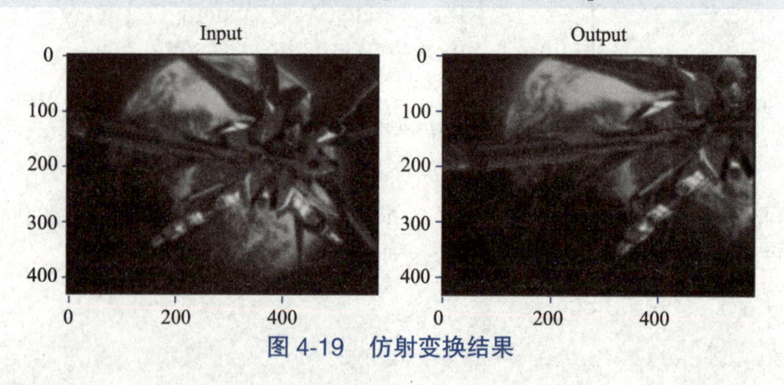

图 4-19 仿射变换结果

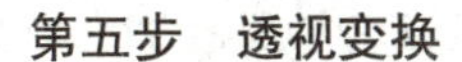

第五步　透视变换

对于透视变换,需要 3×3 变换矩阵。即使在转换后,直线也将保持不变。要找到此变换矩阵,需要在输入图像上有四个点，在输出图像上需要相应的点。在这四个点中，其中三个不应共线。然后可以通过函数 cv.getPerspectiveTransform( ) 找到变换矩阵。将 cv.warpPerspective( ) 应用于此 3×3 转换矩阵，透视变换结果如图 4-20 所示。

```
#读取图片
img = cv.imread('./opencv数据集/gd.jpg')#获取图片宽高
rows,cols,ch = img.shape#定义仿射变换参数
pts1 = np.float32([[56,65],[368,52],[28,387],[389,390]])
pts2 = np.float32([[0,0],[300,0],[0,300],[300,300]])
M = cv.getPerspectiveTransform(pts1,pts2)
dst = cv.warpPerspective(img,M,(300,300))
plt.subplot(121),plt.imshow(img),plt.title('Input')
plt.subplot(122),plt.imshow(dst),plt.title('Output')
plt.show()
```

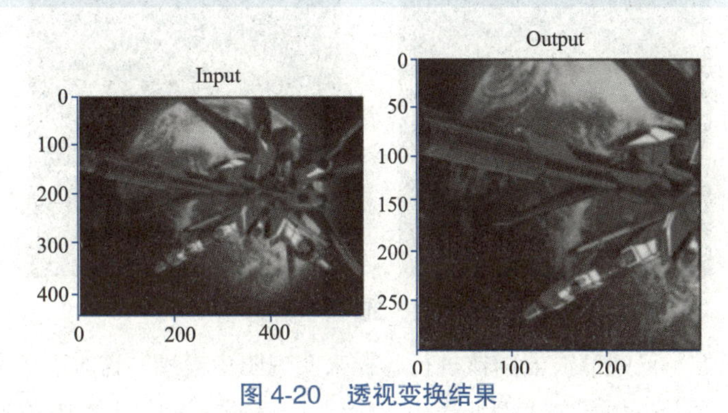

图 4-20　透视变换结果

三、图像平滑

图像平滑是指受硬件、环境等因素的影响，图像上会出现某些亮度变化过大的区域，或出现一些亮点(也称噪声)。这种为了抑制噪声，使图像亮度趋于平缓的处理方法就是图像平滑。图像平滑实际上是低通滤波，平滑过程会导致图像边缘模糊化。

第一步　2D 卷积

与一维信号一样，可以使用各种低通滤波器（LPF)、高通滤波器（HPF）等对图像进行滤波。LPF 有助于消除噪声，使图像模糊等。HPF 滤波器有助于在图像中找到边缘。

OpenCV 提供了一个函数 cv.filter2D( ) 来将内核与图像进行卷积（见图 4-21)。例如，对图像进行平均滤波。5×5 平均滤波器内核如下所示:

$$K=\frac{1}{25}\begin{bmatrix}1&1&1&1&1\\1&1&1&1&1\\1&1&1&1&1\\1&1&1&1&1\\1&1&1&1&1\end{bmatrix}$$

操作如下：保持这个内核在一个像素上，将所有低于这个内核的 25 个像素相加，取其平均值，然后用新的平均值替换中心像素。它将对图像中的所有像素继续此操作。运行以下程序，并检查结果：

```
# 读取图片
img = cv.imread('./opencv 数据集 /opencv.jpg')# 定义卷积核
kernel = np.ones((5,5),np.float32)/25# 卷积操作
dst = cv.filter2D(img,-1,kernel)
plt.subplot(121),plt.imshow(img),plt.title('Original')
plt.xticks([]), plt.yticks([])
plt.subplot(122),plt.imshow(dst),plt.title('Averaging')
plt.xticks([]), plt.yticks([])
plt.show()
```

图 4-21　2D 卷积案例

可以通过将图像与低通滤波器内核进行卷积来实现图像模糊。这对于消除噪声很有用。它实际上从图像中消除了高频部分（例如噪声、边缘）。因此，在此操作中边缘有些模糊（有一些模糊技术也可以不模糊边缘）。OpenCV 主要提供四种类型的模糊技术。

第二步　平均

平均是通过将图像与归一化框滤镜进行卷积来完成的。它仅获取内核区域下所有像素的平均值，并替换中心元素。这是通过功能 cv.blur( ) 或 cv.boxFilter( ) 完成的。应该指定内核的宽度和高度。3 × 3 归一化框式过滤器如下：

$$K=\frac{1}{9}\begin{bmatrix}1 & 1 & 1\\1 & 1 & 1\\1 & 1 & 1\end{bmatrix}$$

查看下面的示例演示（见图 4-22），其内核大小为 5 × 5：

```
# 读取图片
img = cv.imread('./opencv 数据集 /opencv.jpg')# 模糊操作
blur = cv.blur(img,(5,5))
plt.subplot(121),plt.imshow(img),plt.title('Original')
```

```
plt.xticks([]), plt.yticks([])
plt.subplot(122),plt.imshow(blur),plt.title('Blurred')
plt.xticks([]), plt.yticks([])
plt.show()
```

图 4-22 3×3 平均卷积案例

第三步 高斯模糊

高斯核代替盒式滤波器，这是通过功能 cv.GaussianBlur( ) 完成的。应指定内核的宽度和高度，该宽度和高度应为正数和奇数。还应指定 X 和 Y 方向的标准偏差，分别为 sigmaX 和 sigmaY。如果仅指定 sigmaX，则 sigmaY 将与 sigmaX 相同。如果两个值都为零，则根据内核大小进行计算。高斯模糊对于从图像中去除高斯噪声非常有效。如果需要，可以使用函数 cv.getGaussianKernel( ) 创建高斯内核。运行以下程序实现高斯模糊，结果如图 4-23 所示。

```
# 读取图片
img = cv.imread('./opencv 数据集 /opencv.jpg')# 高斯卷积操作
blur = cv.GaussianBlur(img,(5,5),0)
plt.subplot(121),plt.imshow(img),plt.title('Original')
plt.xticks([]), plt.yticks([])
plt.subplot(122),plt.imshow(blur),plt.title('Blurred')
plt.xticks([]), plt.yticks([])
plt.show()
```

图 4-23 高斯模糊案例

第四步　中位模糊

在这里，函数 cv.medianBlur( ) 提取内核区域下所有像素的中值，并将中心元素替换为该值。这对于消除图像中的椒盐噪声非常有效。在上述过滤器中，中心元素是新计算的值，该值可以是图像中的像素值或新值。在中值模糊中，中心元素总是被图像中的某些像素值代替，以有效降低噪声。其内核大小应为正奇数整数。

在如下程序中，向原始图像添加了 50% 的噪声并应用了中值模糊，结果如图 4-24 所示。

```
# 读取图片
img = cv.imread('./opencv 数据集 /opencv1.jpg')# 卷积操作
median = cv.medianBlur(img,5)
plt.subplot(121),plt.imshow(img),plt.title('Original')
plt.xticks([]), plt.yticks([])
plt.subplot(122),plt.imshow(median),plt.title('Blurred')
plt.xticks([]), plt.yticks([])
plt.show()
```

图 4-24　中位模糊案例

第五步　双边滤波

cv.bilateralFilter( ) 在去除噪声的同时保持边缘清晰锐利非常有效。双边滤波（bilateral filter）是一种可以保边去噪的滤波器。之所以可以达到此去噪效果，是因为滤波器由两个函数构成。一个函数是由几何空间距离决定滤波器系数。另一个函数是由像素差值决定滤波器系数。其综合了高斯滤波器（Gaussian filter）和 α - 截尾均值滤波器（Alpha-trimmed mean filter）的特点。高斯滤波器只考虑像素间的欧式距离，其使用的模板系数随着和窗口中心的距离增大而减小；Alpha 截尾均值滤波器则只考虑了像素灰度值之间的差值，去掉 α% 的最小值和最大值后再计算均值。双边滤波器使用二维高斯函数生成距离模板，使用一维高斯函数生成值域模板。但是，与其他过滤器相比，该操作速度较慢。

以下程序使用双边过滤器，结果如图 4-25 所示。

```
# 读取图片
img = cv.imread('./opencv 数据集 /test.jpg')# 通道转换的第二种方法 RGB->BGR
```

```
img = img[:,:,::-1]
blur = cv.bilateralFilter(img,9,75,75)
plt.subplot(121),plt.imshow(img),plt.title('Original')
plt.xticks([]), plt.yticks([])
plt.subplot(122),plt.imshow(blur),plt.title('Blurred')
plt.xticks([]), plt.yticks([])
plt.show()
```

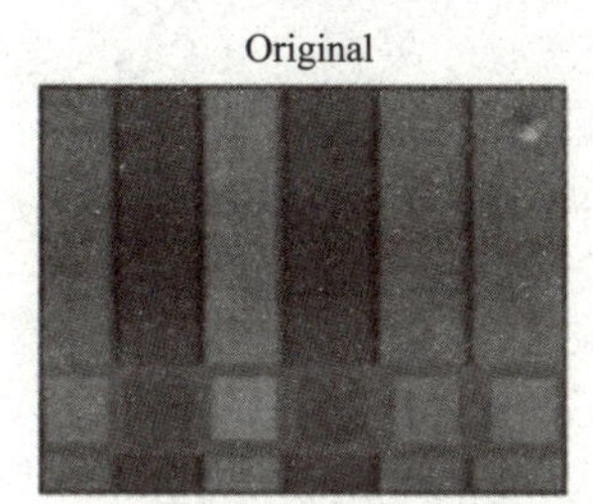

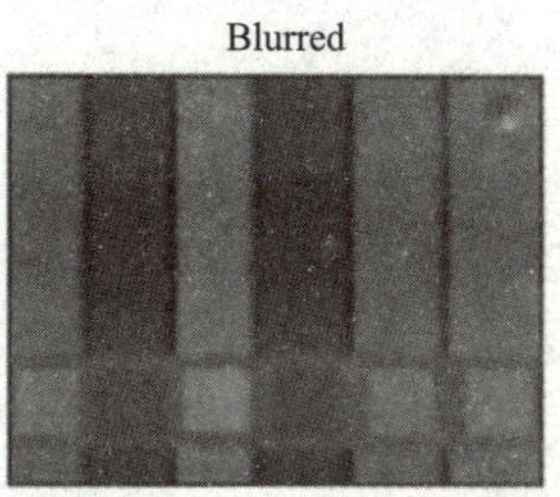

图 4-25　双边滤波案例

四、OpenCV 形态学处理

接下来将学习不同的形态学操作，如侵蚀、膨胀、开运算、闭运算等。我们将看到不同的功能，例如 cv.erode( )、cv.dilate( )、cv.morphologyEx( ) 等。

形态变换是一些基于图像形状的简单操作，通常在二进制图像上执行。它需要两个输入，一个是原始图像（见图 4-26），另一个是决定操作性质的结构元素或内核。两种基本的形态学算子是侵蚀和膨胀。然后，它的变体形式（如“打开”“关闭”“渐变”等）也开始起作用。样例原始图像如图 4-26 所示。

图 4-26　样例原始图像

第一步　侵蚀

侵蚀的基本思想就像土壤侵蚀一样，它侵蚀前景物体的边界（尽量使前景保持白色）。它是做什么的呢？内核滑动通过图像（在 2D 卷积中）。原始图像中的一个像素（无论是 1 还是 0）只有当内核下的所有像素都是 1 时才被认为是 1，否则它就会被侵蚀（变成 0）。结果是，根据内核的大小，边界附近的所有像素都会被丢弃。因此，前景物体的厚度或大小减小，或只是图像中的白色区域减小。它有助于去除小的白色噪声，分离两个连接的对象等。侵蚀的结果如图 4-27 所示。

```
# 读取图片
img = cv.imread('./opencv 数据集 /char1.jpg',0)# 定义卷积核
kernel = np.ones((5,5),np.uint8)# 腐蚀
erosion = cv.erode(img,kernel,iterations = 1)
plt.imshow(erosion,plt.cm.gray)
plt.show()
```

第二步　膨胀

膨胀与侵蚀正好相反。如果内核下的至少一个像素为“1”，则像素元素为“ 1”。因此，它会增加图像中的白色区域或增加前景对象的大小。通常，在消除噪声的情况下，侵蚀操作后会再进行膨胀操作。因为侵蚀操作会消除白噪声，但也会缩小物体。因此，我们对其进行了扩展。由于噪声消失了，但是目标区域增加了。在连接对象的损坏部分时膨胀也很有用。膨胀的结果如图 4-28 所示。

```
# 读取图片
img=cv.imread('./opencv 数据集 /char1.jpg',0)# 定义核
kernel=np.ones((5,5),np.uint8)# 膨胀
dilation=cv.dilate(img,kernel,iterations = 1)
plt.imshow(dilation,plt.cm.gray)
plt.show()
```

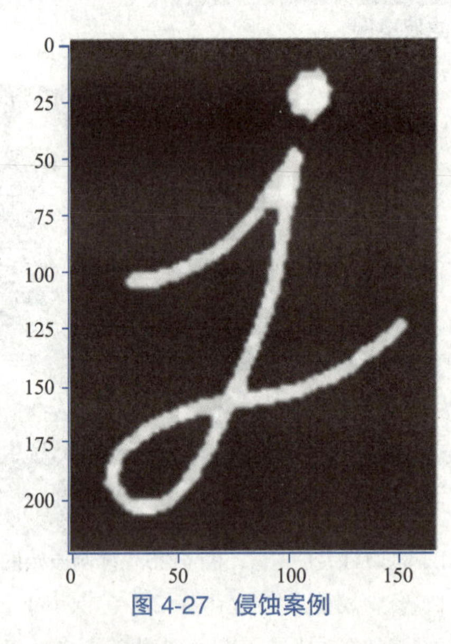

图 4-27　侵蚀案例

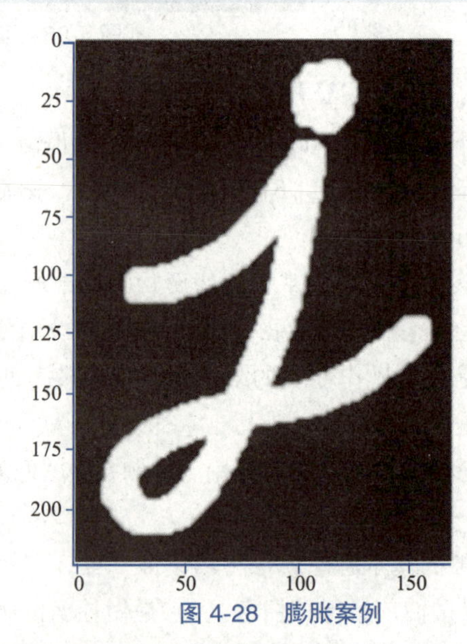

图 4-28　膨胀案例

第三步　开运算

开运算是先侵蚀后膨胀的另一个名称。如上文所述，它对于消除噪声有作用。在这里，我们使用函数 cv.morphologyEx( )。开运算后的结果如图 4-29 所示。

```
# 读取图片
img = cv.imread('./opencv 数据集 /char2.jpg',0)# 定义核
kernel = np.ones((5,5),np.uint8)# 开运算
opening = cv.morphologyEx(img, cv.MORPH_OPEN, kernel)
plt.subplot(121),plt.imshow(img,plt.cm.gray),plt.title('Original')
plt.xticks([]), plt.yticks([])
plt.subplot(122),plt.imshow(opening,plt.cm.gray),plt.title('open')
```

```
plt.xticks([]), plt.yticks([])
plt.show()
```

图 4-29　开运算案例

第四步　闭运算

闭运算与开运算相反，先膨胀然后再侵蚀（见图 4-30）。在关闭前景对象内部的小孔或对象上的小黑点时很有用。

```
# 读取图片
img = cv.imread('./opencv 数据集 /char3.jpg',0)# 定义核
kernel = np.ones((5,5),np.uint8)# 闭运算
closing = cv.morphologyEx(img, cv.MORPH_CLOSE, kernel)
plt.subplot(121),plt.imshow(img,plt.cm.gray),plt.title('Original')
plt.xticks([]), plt.yticks([])
plt.subplot(122),plt.imshow(closing,plt.cm.gray),plt.title('close')
plt.xticks([]), plt.yticks([])
plt.show()
```

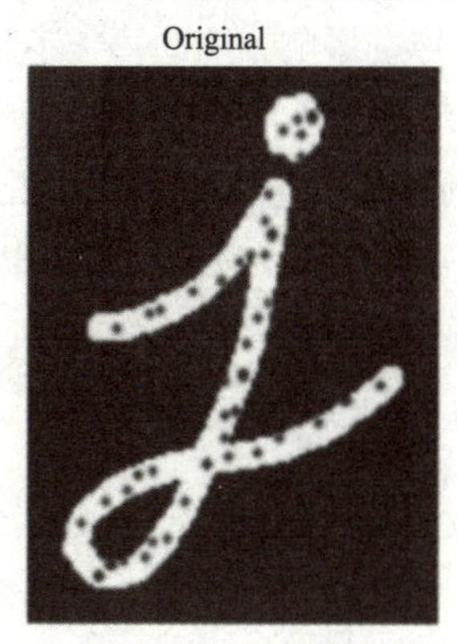

图 4-30　闭运算案例

第五步　形态学梯度

这是图像膨胀和侵蚀之间的区别。

```
# 读取图片
img = cv.imread('./opencv 数据集 /char1.jpg',0)# 定义核
kernel = np.ones((5,5),np.uint8)# 计算梯度
gradient = cv.morphologyEx(img, cv.MORPH_GRADIENT, kernel)
plt.subplot(121),plt.imshow(img,plt.cm.gray),plt.title('Original')
plt.xticks([]), plt.yticks([])
plt.subplot(122),plt.imshow(gradient,plt.cm.gray),plt.title('close')
plt.xticks([]), plt.yticks([])
plt.show()
```

形态学梯度的结果如图 4-31 所示。

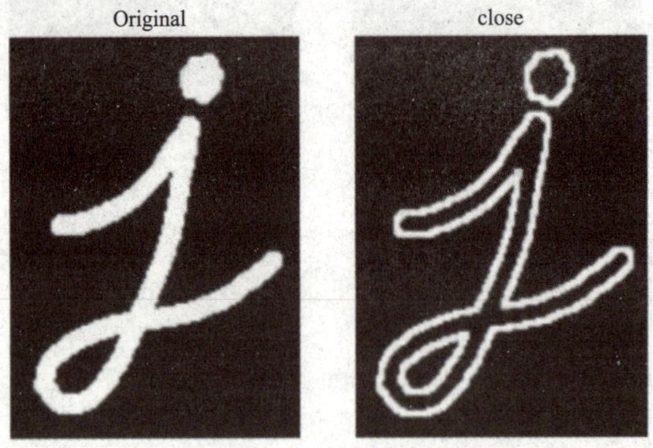

图 4-31　形态学梯度案例

五、边缘检测

第一步　Canny Edge Detection

Canny Edge Detection 是一种流行的边缘检测算法。它由 John F. Canny 发明。

（1）这是一个多阶段算法。

（2）降噪，由于边缘检测容易受到图像中噪声的影响，因此第一步是使用 5×5 高斯滤波器消除图像中的噪声。

查找图像的强度梯度，然后使用 Sobel 核在水平和垂直方向上对平滑的图像进行滤波，以在水平方向（G_x）和垂直方向（G_y）上获得一阶导数。从滤波前后的两张图片中，可以找到每个像素的边缘渐变和方向，如下所示：

$$\text{Edge\_Gradient}\ (G) = \sqrt{G_x^2 + G_y^2}$$

$$\text{Angle}\ (\theta) = \tan^{-1}\left(\frac{G_y}{G_x}\right)$$

第二步　非极大值抑制

在获得梯度大小和方向后，将对图像进行全面扫描，以去除可能不构成边缘的所有不需要的像素。为此，在每个像素处，检查像素是否是其在梯度方向上附近的局部最大值。

如图 4-32 所示，点 A 在边缘（垂直方向）上。渐变方向垂直于边缘。点 B 和 C 在梯

度方向上。因此，将 A 点与 B 点和 C 点进行检查，看是否形成局部最大值。如果是这样，则考虑将其用于下一阶段，否则将其抑制（置为零）。简而言之，得到的结果是带有“细边”的二进制图像。

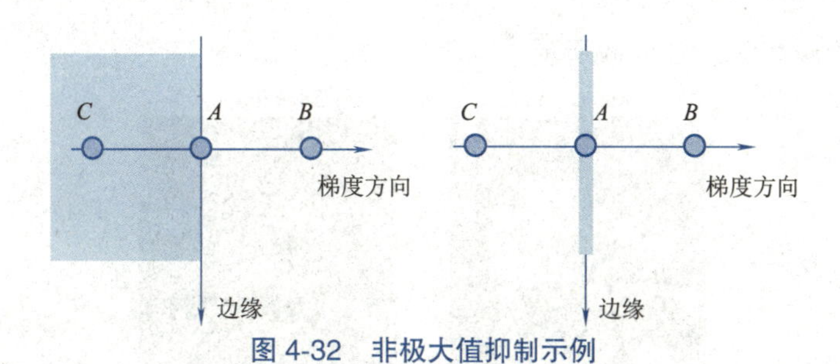

图 4-32　非极大值抑制示例

第三步　磁滞阈值

该阶段确定哪些边缘是真正的边缘，哪些不是。为此，需要两个阈值 minVal 和 maxVal。强度梯度大于 maxVal 的任何边缘必定是边缘，而小于 minVal 的那些边缘必定是非边缘，因此将其丢弃。介于这两个阈值之间的对象根据其连通性被分类为边缘或非边缘。如果将它们连接到“边缘”像素，则将它们视为边缘的一部分。否则，它们也将被丢弃。

如图 4-33 所示，边缘 A 在 maxVal 之上，因此被视为“确定边缘”。尽管边 C 低于 maxVal，但它连接到边 A，因此也被视为有效边，由此得到了完整的曲线。边缘 B 尽管在 minVal 之上并且与边缘 C 处于同一区域，但是它没有连接到任何“确保边缘”，因此被丢弃。因此，非常重要的一点是，必须相应地选择 minVal 和 maxVal 以获得正确的结果。

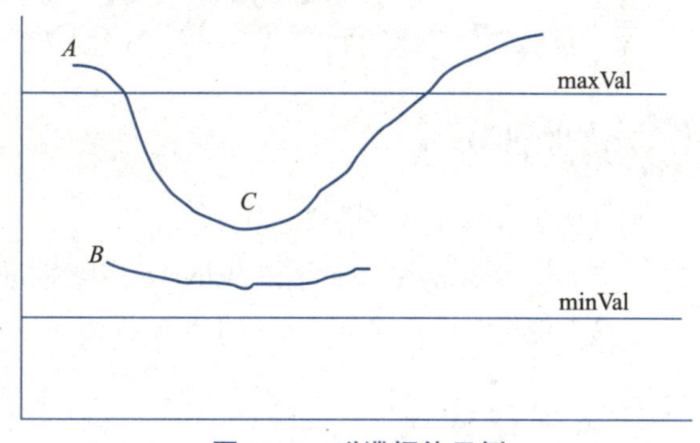

图 4-33　磁滞阈值示例

第四步　Canny Edge 检测

OpenCV 将以上所有内容放在单个函数 cv.Canny( ) 中。该函数的第一个参数是输入图像；第二个参数是 minVal 和 maxVal；第三个参数是 perture_size，它用于查找图像渐变的 Sobel 内核的大小，默认值为 3；最后一个参数是 L2gradient，它指定了用于查找梯度幅度的方程式。如果为 True，则使用上面提到的更精确的公式，否则使用以下函数：

$$\text{Edge\_Gradient}\,(G)=|G_x|+|G_y|$$

默认情况下，它为 False 。

```
img = cv.imread('./opencv 数据集 /messi.jpg',0)
edges = cv.Canny(img,100,200)
plt.subplot(121),plt.imshow(img,cmap = 'gray')
plt.title('Original Image'), plt.xticks([]), plt.yticks([])
```

```
plt.subplot(122),plt.imshow(edges,cmap = 'gray')
plt.title('Edge Image'), plt.xticks([]), plt.yticks([])
plt.show()
```

canny 边缘检测案例如图 4-34 所示。

图 4-34　canny 边缘检测案例

实训案例 2　计算机视觉造物

扫一扫

案例2计算机视觉造物

实训目标

（1）学习图像金字塔概念。

（2）使用 cv.pyrDown( ) 和 cv.pyrUp( ) 函数进行图像金字塔来拼接图像。

（3）使用图像拼接创造新的水果苹果橙。

实训背景

小派在制作影视特效的时候，经常需要给图片或者视频加上云雾等效果，有时候甚至要制作一些奇异的物种，如果能一键将两张图片进行拼接，得到想要的效果，就能够事半功倍。于是，小派探索了 OpenCV 中的图像金字塔相关知识。让我们跟着小派的脚步一起来学习图像金字塔吧！

实训要点

知识点 1　图像拼接

图像拼接在实际的应用场景很广，比如无人机航拍、遥感图像等。图像拼接是进一步进行图像处理的基础步骤，拼接效果的好坏直接影响接下来的工作，所以好的图像拼接算法非常重要。例如，用手机对某一场景拍照，但是无法一次将所有要拍的景物全部拍下来，所以对该场景从左往右依次拍了多张图，以把要拍的所有景物记录下来。那么，能不能把这些图像拼接成一个完整的大图呢？图像拼接效果如图 4-35 所示。

图 4-35　图像拼接效果

知识点 2　图像金字塔

通常使用的是恒定大小的图像。但是在某些情况下，需要使用不同分辨率的（相同）图像。例如，当在图像中搜索某些东西（例如人脸）时，不确定对象将以多大的尺寸显示在图像中。在这种情况下，需要创建一组具有不同分辨率的相同图像，并在所有图像中搜索对象。这些具有不同分辨率的图像集称为“图像金字塔”，如图 4-36 所示。

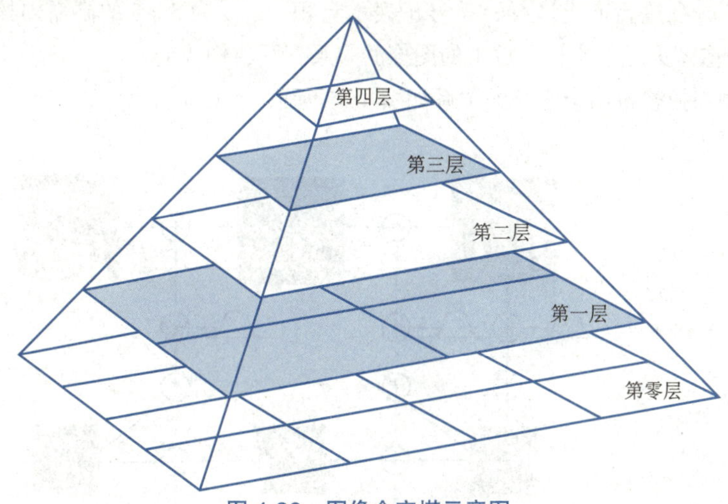

图 4-36　图像金字塔示意图

常见图像金字塔有两种：一种是高斯金字塔；一种是拉普拉斯金字塔。

1. 高斯金字塔

高斯金字塔是通过高斯平滑和亚采样获得一系列采样图像，也就是说，第 K 层高斯金字塔通过平滑、亚采样就可以获得 K+1 层高斯图像，高斯金字塔包含了一系列低通滤波器，其截止频率从上一层到下一层是以因子 2 逐渐增加，所以高斯金字塔可以跨越很大的频率范围。假设每一层都按从下到上的次序编号，层级 G_*i*+1 (表示为 G_*i*+1 尺寸小于第 *i* 层 G_*i*)。

（1）对图像的向下取样。

为了获取层级为 G_*i*+1 的金字塔图像，可以采用如下方法：

对图像 G_*i* 进行高斯内核卷积，将所有偶数行和列去除，得到的图像即为 G_*i*+1 的图像，显而易见，结果图像只有原图的 1/4。通过对输入图像 G_*i*(原始图像) 不停迭代以上步骤就会得到整个金字塔。同时可以看到，向下取样会逐渐丢失图像的信息。

以上就是对图像的向下取样操作，即缩小图像。

（2）对图像的向上取样。

如果想放大图像，则需要通过向上取样操作得到，具体做法如下：

将图像在每个方向扩大为原来的两倍，新增的行和列以 0 填充，使用先前同样的内核（乘以 4）与放大后的图像卷积，获得“新增像素”的近似值，得到的图像即为放大后的图像。

缩放后的图像原来的图像相比会比较模糊，因为在缩放的过程中已经丢失了一些信息，如果想在缩小和放大整个过程中减少信息的丢失，就需要用到拉普拉斯金字塔。

2. 拉普拉斯金字塔

拉普拉斯金字塔每一层的图像为同一层高斯金字塔的图像减去上一层的图像进行上采样并高斯模糊的结果。其 *i* 层数学定义如下：

$$L_i=G_i-UP(G_{i+1})\oplus g_{5\times 5}$$

式中，G_i 表示第 *i* 层的图像；*UP*（ ）操作是将源图像中位置为 (x,y) 的像素映射到目标图像的 $(2x+1,2y+1)$ 位置，在进行向上取样；符号⊕表示卷积，$g_{5\times 5}$ 为 5×5 的高斯内核。拉普拉斯金字塔是通过源图像减去先缩小后再放大的图像的一系列图像构成的。

高斯金字塔与拉普拉斯金字塔的关系如图 4-37 所示。

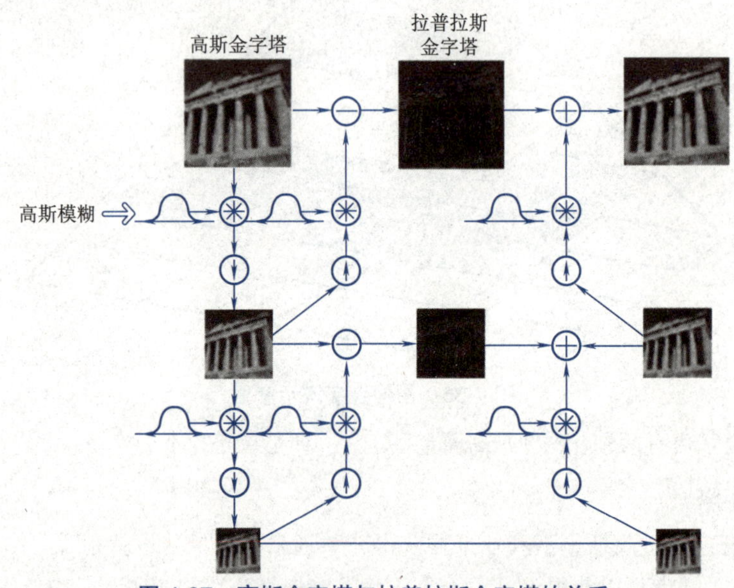

图 4-37　高斯金字塔与拉普拉斯金字塔的关系

实训步骤

一、OpenCV 图像金字塔的使用

学习使用 OpenCV 中的 cv.pyrDown( ) 和 cv.pyrUp( ) 函数。注意观察上下采样后的图像尺寸。

第一步　载入图像

```
import numpy as np
import cv2 as cv
from matplotlib import pyplot as plt
img = cv.imread('./samples/cj_g.jpg',cv.COLOR_BGR2RGB)
```

第二步　对图像进行上下采样

```
higher_reso=cv.pyrUp(img) # 图像上采样
lower_reso = cv.pyrDown(img) # 图像下采样
```

第三步　显示图片

显示上采样后的图，如图 4-38 所示。

```
plt.imshow(higher_reso[:,:,[2,1,0]]) # 显示上采样图
plt.show()
```

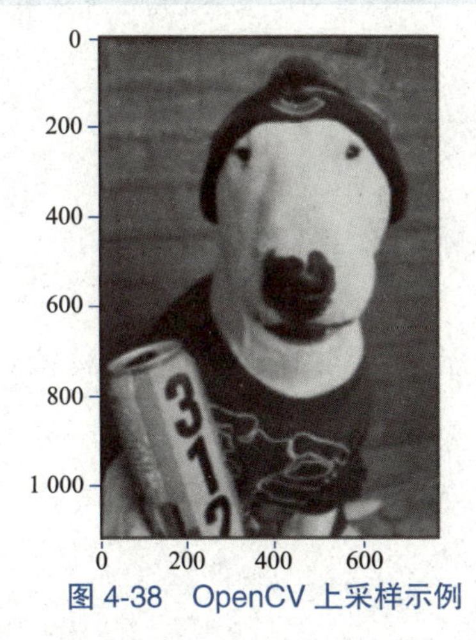

图 4-38　OpenCV 上采样示例

图 4-39　原始图像

显示原始图像的尺寸，如图 4-39 所示。

```
    plt.imshow(img[:,:,[2,1,0]])
# 显示原图
    plt.show()
```

显示降采样以后图像的尺寸，如图 4-40 所示。

```
    plt.imshow(lower_
reso[:,:,[2,1,0]]) # 显示降采样图
    plt.show()
```

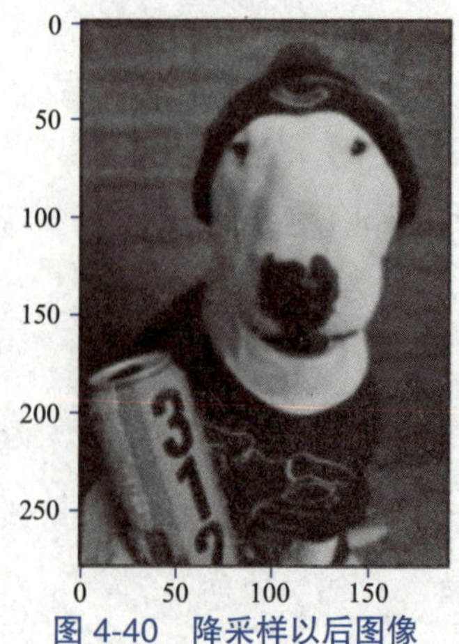

图 4-40　降采样以后图像

三张图乍看之下并无区别，但细心的读者会发现，三张示例图的比例尺刻度长宽都正好相差一倍。图像一旦降低分辨率，部分图片信息将会丢失。

二、使用金字塔进行图像融合

金字塔的一种应用是图像融合（拼接）。例如，在图像拼接中，需要将两个图像堆叠在一起，但是由于图像之间的不连续性，可能看起来效果欠佳。在这种情况下，使用金字塔混合图像可以无缝混合，而不会在图像中保留大量数据。一个经典的例子是将两种水果（橙子和苹果）混合在一起。

第一步　导入包

```
import cv2 as cv
import numpy as np,sys
from matplotlib import pyplot as plt
```

第二步　加载图像

加载苹果和橙子的两个图像，并将其缩放至合适大小，此处为 384×384 像素。

```
# 读取苹果图片
A = cv.imread('./opencv 数据集 /apple.jpg')
A = cv.resize(A,(384,384))
# 读取橘子图片
B = cv.imread('./opencv 数据集 /orange.jpg')
B = cv.resize(B,(384,384))
```

第三步　生成 A、B 图片的高斯金字塔

```
# 生成A的高斯金字塔
G = A.copy()
gpA = [G]
for i in range(6):
    G = cv.pyrDown(G)
```

```
    gpA.append(G)
# 生成B的高斯金字塔
G = B.copy()
gpB = [G]
for i in range(6):
    G = cv.pyrDown(G)
    gpB.append(G)
```

第四步 生成 A、B 图片的拉普拉斯金字塔

```
# 生成A的拉普拉斯金字塔
lpA = [gpA[5]]
for i in range(5,0,-1):
    GE = cv.pyrUp(gpA[i])
    L = cv.subtract(gpA[i-1],GE)
    lpA.append(L)
# 生成B的拉普拉斯金字塔
lpB = [gpB[5]]
for i in range(5,0,-1):
    GE = cv.pyrUp(gpB[i])
    L = cv.subtract(gpB[i-1],GE)
    lpB.append(L)
```

第五步 在每层金字塔中添加左右两半图像

```
# 在每个级别中添加左右两半图像
LS = []
for la,lb in zip(lpA,lpB):
    rows,cols,dpt = la.shape
    ls = np.hstack((la[:,0:int(cols/2)], lb[:,int(cols/2):]))
    LS.append(ls)
```

第六步 以直接融合与金字塔融合的方式重建图像

```
# 重建
ls_ = LS[0]
for i in range(1,6):
    ls_ = cv.pyrUp(ls_)
    ls_ = cv.add(ls_, LS[i])
# 图像与直接连接的每一半
real = np.hstack((A[:,:int(cols/2)],B[:,int(cols/2):]))
```

第七步 显示重建的图像

原始图形与重建后的图像如图 4-41 所示。可以看出，使用金字塔混合图像可以无缝混合。

```
# 显示原始图像与重建后的图像
img = cv.imread('Direct_blending.jpg')
plt.imshow(img[:,:,[2,1,0]])
plt.show()

img = cv.imread('Pyramid_blending2.jpg')
plt.imshow(img[:,:,[2,1,0]])
plt.show()
```

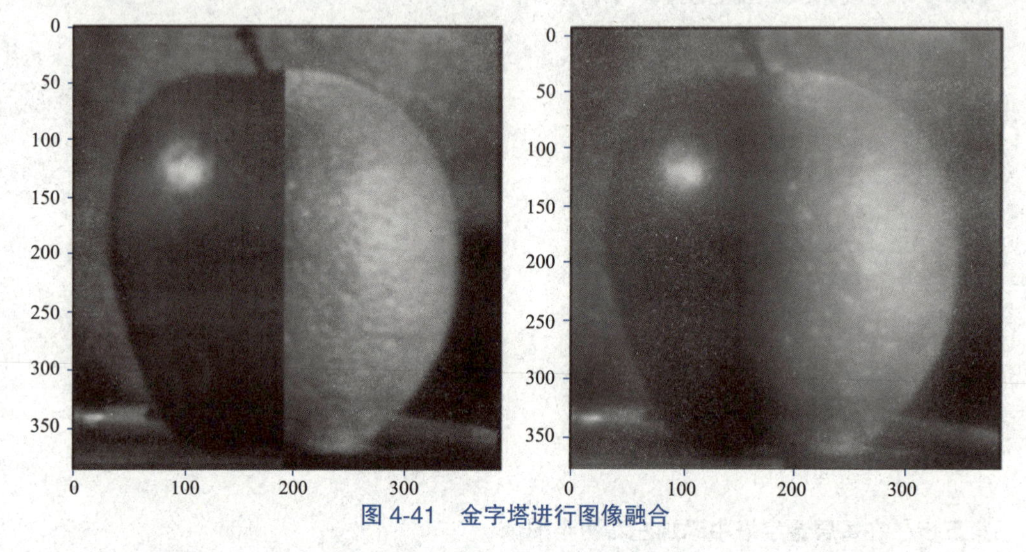

图 4-41　金字塔进行图像融合

实训案例 3　一键捕捉你的笑脸

扫一扫

案例3笑脸捕捉

实训目标

（1）了解人脸检测和笑脸检测的原理及思路。

（2）动手上传自拍照一张，使用代码成功检测出自己的笑容。

实训背景

现在，人脸识别技术已经布满了大街小巷：移动支付端的刷脸支付，实现了没有现金与手机也可以购物；小区门口设置了刷脸进小区的装置，极大提高了小区物业管理的效率，而这些全部归功于当下很成熟的计算机视觉技术——人脸识别。人脸检测则是人脸识别任务中的关键一环。本实训案例就是对人脸检测环节的简单应用：在茫茫人海中寻找到那个笑靥如花的面孔。

实训要点

知识点 1 人脸检测与人脸识别

人脸检测是人脸识别任务中的关键一环。人脸检测是指对于任意一幅给定的图像/视频帧，采用一定的策略对其进行搜索以确定其中是否含有人脸，如果是则返回人脸的位置、大小和姿态。

人脸识别是基于人的脸部特征信息进行身份识别的一种生物识别技术。说简单点，人脸识别解决"这是谁的脸"问题只有精准地检测出人脸，才能进行识别的任务。

知识点 2 人脸识别应用

每个人都有一张脸，而且是一个人最重要的外貌特征。这种技术最热门的应用领域有三个方面（见图 4-42）：

（1）身份认证与安全防护。

（2）媒体与娱乐。

（3）图像搜索。

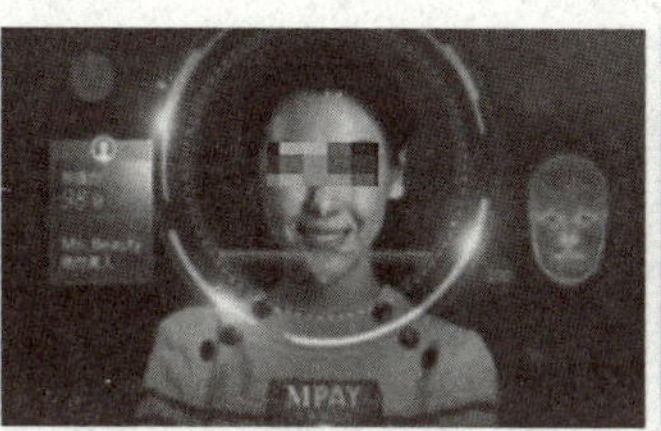

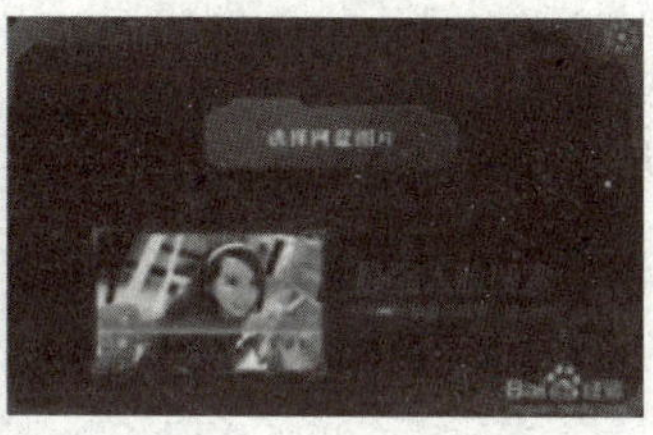

图 4-42 人脸识别应用案例

知识点 3 笑脸识别步骤

笑脸检测的流程其实很简单，我们只需要：

（1）准备一张美美的自拍。

（2）导入 Python 库。

（3）加载人脸检测器，检测人脸。

（4）框出检测到的人脸。

（5）加载笑脸检测器，检测笑脸，框出并打标。

（6）显示结果，成功。

注意：两次检测，发挥作用的都是一个名为 detectMultiScale( ) 的函数，笑脸检测是在人脸检测之后得到的人脸区域中进行的。

实训步骤

第一步 准备需要检测的图片

本实训需要先通过解压数据集来获取图片：

```
# 解压资源文件
!unzip -o -q data-sets/smileDetect.zip -d ./
#zip 格式选择该指令
```

第二步　导入需要的 Python 库

本实训需要用到的库有 OpenCV 库（CV2）、图像处理工具库（PIL）、绘图库（matplotlib）、路径处理库（pathlib2）。

```
import cv2
from PIL import Image
from matplotlib import pyplot as plt
import pathlib2 as pl
```

第三步　使用“人脸检测器”

```
# 装载“人脸检测器”
faceCascade = cv2.CascadeClassifier("./smileDetect/haarcascade
_frontalface_default.xml")
# 读取图片
img = cv2.imread("./smileDetect/face.jpg")
# 彩色图转灰度图
gray = cv2.cvtColor(img,cv2.COLOR_BGR2GRAY)
# 加载人脸检测器检测人脸
faces = faceCascade.detectMultiScale(gray,scaleFactor= 1.1,
minNeighbors=8,minSize=(55, 55),flags=cv2.CASCADE_SCALE_IMAGE)
```

代码解析：

（1）装载人脸检测器的过程就是初始化人脸级联的过程。

人脸检测器本质上是 OpenCV 的级联技术，其实就是一组包含了 OpenCV 用于进行目标识别的数据组成的 XML 文件。只需使用想用的级联对代码进行初始化操作，其余过程即可由级联分类器 CascadeClassifier 完成。OpenCV 包含了大量的用于人脸识别、眼部识别、手部及腿部识别的内置级联，甚至包含了对非人物对象识别使用的级联工具。人脸检测器就是其中的一个。

（2）读取图片后利用了 OpenCV 进行灰度转换。

使用 OpenCV 中颜色空间转换函数 cvtColor( )。

（3）多尺度检测函数 detectMultiScale( ) 在检测中发挥主要作用。

detectMultiScale( ) 函数是一个检测任何对象的通用函数。该函数第一个参数是图片灰度转换的图片；第二个参数是比例因子，用来补偿或抵消人脸距离相机的距离远近；剩下的三个参数是检测算法参数，使用了一个活动窗口进行目标检测，minNeighbors 定义了在其声明人脸被找到前当前对象附件的目标数量，minSize 给出了每个窗口的大小。函数的返回值是一组四边形，四边形内就是算法检测到的人脸。

注意：本实训采用了常用值，在实际中可以对窗口尺寸、补偿系数等进行调试直到找到最适合的值。

第四步　框出人脸

使用绘制图像函数 rectangle( ) 将检测出的人脸用矩形框出，如图 4-43 所示。

```
for (x, y, w, h) in faces:
    cv2.rectangle(img, (x, y), (x+w, y+h),
(0, 0, 255), 2)
plt.imshow(img[:,:,[2,1,0]])
plt.show()
```

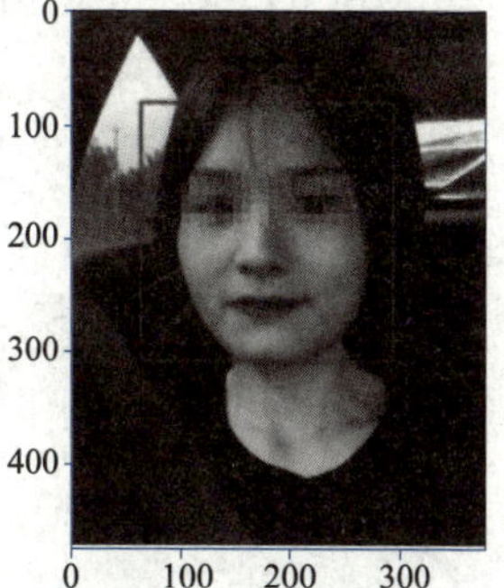

图 4-43　人脸检测示意图

第五步　使用"笑脸检测器"

```
# 装载"笑脸检测器"
smileCascade = cv2.CascadeClassifier("./smileDetect/haarcascade
_smile.xml")
# 检测笑脸并框出
# 画出人脸检测器检测到的人脸
for (x, y, w, h) in faces:
    cv2.rectangle(img, (x, y), (x+w, y+h), (0, 0, 255), 2)
    roi_gray = gray[y:y+h, x:x+w]
roi_color = img[y:y+h, x:x+w]
# 对人脸进行笑脸检测
smile=smileCascade.detectMultiScale(roi_gray,scaleFactor=1.16,
minNeighbors=35,minSize=(25,25),flags=cv2.CASCADE_SCALE
_IMAGE)
# 利用 OpenCV 函数：矩形框（rectangle）、打便签（putText）框出上扬的嘴角并对笑脸打上
Smile 标签
    for (x2, y2, w2, h2) in smile:
        cv2.rectangle(roi_color, (x2, y2), (x2+w2, y2+h2), (255, 0, 0), 2)
        cv2.putText(img,'smile',(x,y-7), 3, 1.2, (0, 255, 0), 2, cv2.LINE_AA)
```

注意：笑脸检测是在人脸检测之后得到的人脸区域中进行的，所以必须先进行画出检测到的人脸操作，再进行笑脸检测步骤。

代码解析：

（1）在人脸检测结束后，画出人脸。

detectMultiScale 函数工作结束后，将对函数的返回值进行循环，使用 OpenCV 矩形框绘制函数 rectangle( ) 画出人脸。

（2）装载笑脸检测器与笑脸检测过程原理同人脸检测。

（3）框出笑脸并打上微笑标签。

使用 OpenCV 中矩形框绘制函数 rectangle 为检测出的笑容画框；使用 OpenCV 中向图像上添加文本内容的函数 putText 为人脸打上微笑标签。

注意：本实训采用了常用值，在实际中可以对窗口尺寸、补偿系数等进行调试直到找到最适合的值。

第六步　显示结果

检测后的结果如图 4-44 所示。

```
plt.imshow(img[:,:,[2,1,0]])
plt.show()
```

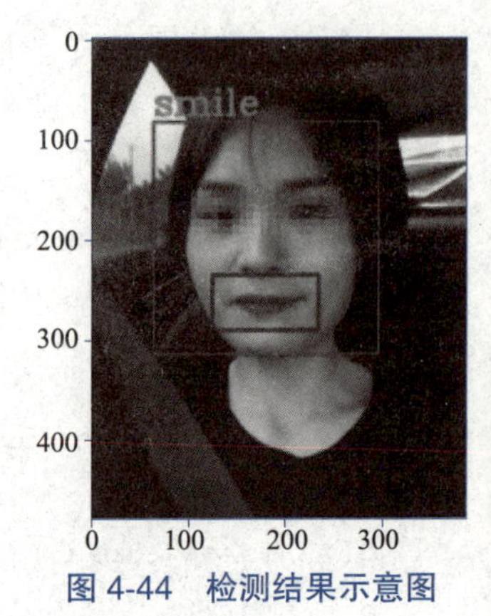

图 4-44　检测结果示意图

实训案例 4　众里寻他一目了然

实训目标

掌握目标检测的应用，并了解其基本实现原理。

扫一扫

案例4目标检测

实训背景

在几年前，春运期间的车站的检票窗口前人满为患，在人工核对的工作下，人流涌动的速度跟不上迫切的归乡心情；当车站的检票窗口安装上了自动检票系统，春运也就好像被按住了加速键；几年前，移动支付成为人们生活中的一部分时，刷脸支付还是人们的畅想，当设备安装上人脸识别系统之后，即使没有现金，没有移动设备，我们也能刷脸购物。这些科技的背后，都有一个共同的技术，那就是目标检测。小派同学被这一技术深深吸引，决定使用深度学习中 YOLOv3 网络来实现目标物体的检测。

实训要点

知识点 1　目标检测

目标检测（Object Detection）的任务是找出图像中所有感兴趣的目标（物体），确定它们的类别和位置。这是计算机视觉领域的核心问题之一。由于各类物体有不同的外观、形状和姿态，加上成像时光照、遮挡等因素的干扰，目标检测一直是计算机视觉领域最具有挑战性的问题。

知识点 2　图像识别四大类任务

1. 分类（Classification）

解决“是什么”的问题，即给定一张图片或一段视频，判断里面包含什么类别的目标。

2. 定位（Location）

解决“在哪里”的问题，即定位出这个目标的位置。

3. 检测（Detection）

解决“在哪里、是什么”的问题，即定位出这个目标的位置并且知道目标物是什么。

4. 分割（Segmentation）

分为实例的分割（Instance-level）和场景分割（Scene-level），解决“每一个像素属于哪个目标物或场景”的问题。

知识点 3 目标检测应用

目标检测应用十分广泛，例如人脸检测、行人检测、车辆检测等。各个应用又有不同细分应用领域。

1. 人脸检测（见图 4-45）

（1）智能门控。

（2）员工考勤签到。

（3）智慧超市。

（4）刷脸支付。

（5）车站、机场实名认证。

（6）公共安全：逃犯抓捕、走失人员检测。

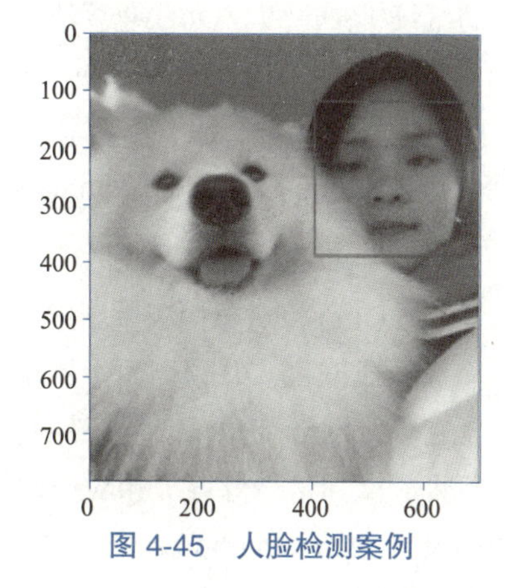

图 4-45 人脸检测案例

2. 行人检测（见图 4-46）

（1）智能辅助驾驶。

（2）智能监控。

（3）移动侦测、区域入侵检测、安全帽 / 安全带检测。

3. 车辆检测（见图 4-47）

（1）自动驾驶。

（2）违章查询、关键通道检测。

图 4-46 行人检测案例

图 4-47 车辆检测案例

知识点 4 YOLO 目标检测

YOLO（You Only Look Once）算法是一种基于深度神经网络的对象识别和定位算法，其

最大的特点是运行速度快，可以用于实时系统。

1. 实时的重要性

人们看到图像以后，可以立即识别其中的对象、它们的位置和相对位置。这使得人们能够在几乎无意识的情况下完成复杂的任务，比如开车。因此，对汽车进行自动驾驶训练需要类似水平的反应能力和准确性。在其最基本的形式中，这样的系统必须能够分析实时视频中的道路，并能够在继续确定路径之前检测各种类型的对象及其在现实世界中的位置，所有这些都必须是实时的。

2. YOLO 实现原理

YOLO 算法在检测快速的同时也有不错的检测精度，所以被广泛应用于各种 CV 领域。YOLO 的作者 Joseph Redmon 推出了三代 YOLO 算法，不过很遗憾，2020 年 2 月，Joseph Redmon 宣布退出 CV 领域。但是，YOLO 算法依然在继续升级进化之中，Alexey Bochkovskiy 将继续维护升级 YOLOv4 算法。

本案例采用 YOLOv3 的目标检测算法，由于 YOLO 算法涉及大量数学知识，因此，只大概讲述算法实现思想，不对算法本身做详细的介绍与数学推导，对于该算法有兴趣的同学可以自行登录 https://pjreddie.com/darknet/yolo/ 进行详细学习。

3. YOLO 的核心思想

YOLO 将对象检测重新定义为一个回归问题。它将单个卷积神经网络应用于整个图像，将图像分成网格，并预测每个网格的类概率和边界框。以一个 100×100 像素的图像为例。我们把它分成网格，比如 7×7。然后，对于每个网格，网络都会预测一个边界框和与每个类别（汽车、行人、交通信号灯等）相对应的概率，如图 4-48 所示，图中 $S \times S$ grid on input 表示 $S \times S$ 的网格输入；bounding boxes 表示边界框；class probability map 表示类别概率图；final detections 表示最终检测结果。

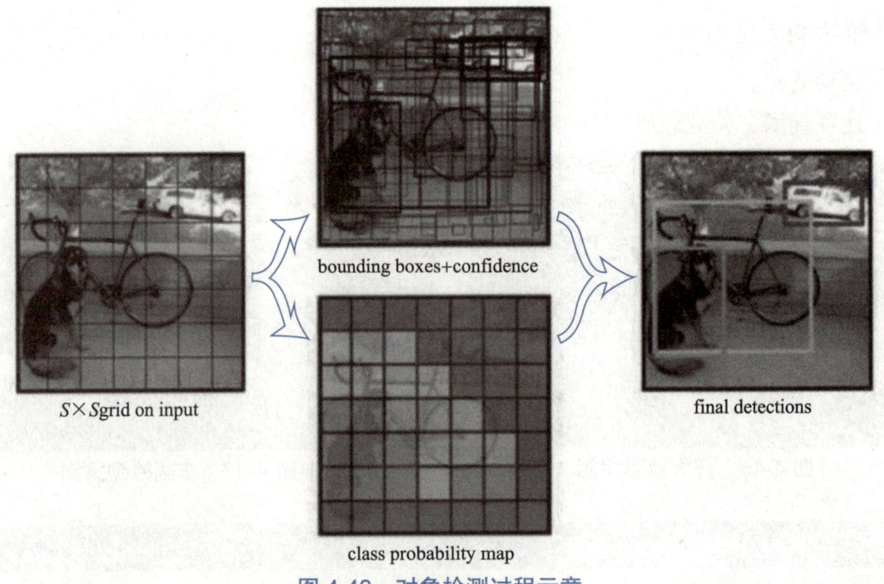

图 4-48　对象检测过程示意

4. YOLOv3 的网络结构图

YOLOv3 网络示意图如图 4-49 所示，本图内容涉及深度学习相关知识。

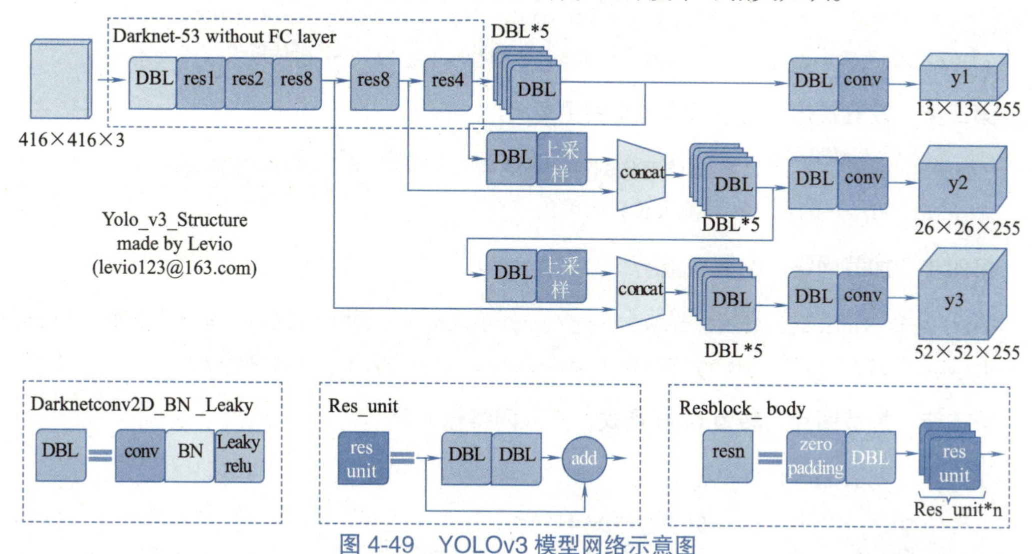

图 4-49 YOLOv3 模型网络示意图

DBL: Darknetconv2d_BN_Leak 是 YOLOv3 的基本组件，就是卷积 +BN+Leaky relu。对于 v3 来说，BN 和 leaky relu 已经是和卷积层不可分离的部分了 (最后一层卷积除外)，共同构成了最小组件。

resn : n 代表数字，有 res1，res2, … ,res8，表示这个 res_block 里含有多少个 res_unit。这是 YOLOv3 的大组件，YOLOv3 开始借鉴了 ResNet 的残差结构，使用这种结构可以让网络结构更深 (从 v2 的 darknet-19 上升到 v3 的 darknet-53，前者没有残差结构)。

concat : 张量拼接。将 darknet 中间层和后面的某一层的上采样进行拼接。拼接的操作和残差层 add 的操作是不一样的，拼接会扩充张量的维度，而 add 只是直接相加不会导致张量维度的改变。

实训步骤

第一步 加载必要包

这里用到了 numpy、opencv、os、time 以及 matplotlib 包。

```
import numpy as np
import cv2 as cv
import os
import time
from matplotlib import pyplot as plt
```

第二步 设置相关文件路径

```
yolo_dir = './yolov3 数据集'  # YOLO 文件路径
```

```
weightsPath = os.path.join(yolo_dir, 'yolov3.weights')  # 权重文件
configPath = os.path.join(yolo_dir, 'yolov3.cfg') # 配置文件
labelsPath = os.path.join(yolo_dir, 'coco.names')  # label 名称
imgPath = os.path.join(yolo_dir, 'kite.jpg')  # 测试图像
```

第三步　设置置信度与非极大值抑制阈值

```
CONFIDENCE = 0.5  # 过滤弱检测的最小概率
THRESHOLD = 0.4  # 非最大值抑制阈值
```

第四步　加载网络、配置权重

```
net = cv.dnn.readNetFromDarknet(configPath, weightsPath)  # #  利用下载的文件
print("[INFO] loading YOLO from disk...")  # # 可以打印信息
```

第五步　加载图片、转为 blob 格式、送入网络输入层

```
img = cv.imread(imgPath)
blobImg = cv.dnn.blobFromImage(img, 1.0/255.0, (416, 416), None, True,
False)   ## net 需要的输入是 blob 格式的，用 blobFromImage() 函数来转格式
net.setInput(blobImg)  # 调用 setInput 函数将图片送入输入层
```

第六步　计算载入时间

```
outInfo = net.getUnconnectedOutLayersNames()
start = time.time()
layerOutputs = net.forward(outInfo)
end = time.time()
print("[INFO] YOLO took {:.6f} seconds".format(end - start))
```

第七步　定义相关变量

```
(H, W) = img.shape[:2] # 获取图片 shape
boxes = [] # 所有边界框
confidences = [] # 所有置信度
classIDs = [] # 所有分类 ID
```

第八步　过滤掉置信度低的框

```
for out in layerOutputs:  # 各个输出层
    for detection in out:
        # 拿到置信度
        scores = detection[5:]  # 各个类别的置信度
        classID = np.argmax(scores)  # 最高置信度的 id 即为分类 id
        confidence = scores[classID]  # 获取置信度
```

```
            # 根据置信度筛查
            if confidence > CONFIDENCE:
              box = detection[0:4] * np.array([W, H, W, H])
               (centerX, centerY, width, height) = box.astype("int")
               x = int(centerX - (width / 2))
               y = int(centerY - (height / 2))
               boxes.append([x, y, int(width), int(height)])
               confidences.append(float(confidence))
               classIDs.append(classID)
```

第九步 保留索引

```
    idxs = cv.dnn.NMSBoxes(boxes, confidences, CONFIDENCE, THRESHOLD) # boxes
中，保留的 box 的索引 index 存入 idxs
```

第十步 得到 labels 列表

```
    with open(labelsPath, 'rt') as f:
        labels = f.read().rstrip('\n').split('\n')
```

第十一步 标记检测结果

```
    np.random.seed(42)
    COLORS = np.random.randint(0, 255, size=(len(labels), 3), dtype="uint8")
# 每一类有不同的颜色，每种颜色都是由 RGB 三个值组成的，所以 size 为 (len(labels), 3)if len(idxs)
> 0:
        for i in idxs.flatten():  # indxs 是二维的，第 0 维是输出层，所以这里把它展平成 1 维
            (x, y) = (boxes[i][0], boxes[i][1])
            (w, h) = (boxes[i][2], boxes[i][3])

            color = [int(c) for c in COLORS[classIDs[i]]]
            cv.rectangle(img, (x, y), (x+w, y+h), color, 2)  # 线条粗细为 2px
            text = "{}: {:.4f}".format(labels[classIDs[i]], confidences[i])
           cv.putText(img, text, (x, y-5), cv.FONT_HERSHEY_SIMPLEX, 0.5, color,
2)  # cv.FONT_HERSHEY_SIMPLEX 字体风格、0.5 字体大小、粗细 2px
```

第十二步 显示图像

```
    img3=img[:,:,::-1]
    plt.figure(figsize=(20,20))
    plt.imshow(img3)
```

检测的结果如图 4-50 所示。

图 4-50　YOLO 检测案例

实训案例 5　只需你看一眼

实训目标

扫一扫

案例5鸟窝识别

（1）了解目标检测任务及应用场景。

（2）实现对图片中鸟窝的检测。

实训背景

在计算机视觉实训课堂上，老师布置了一个任务，要求同学们识别图片中的鸟窝并输出。小派在学习上一节知识点后，决定利用 YOLO 网络来实现。

实训要点

知识点 1　YOLOv3 网络

YOLOv3 网络是在 YOLOVv1 和 YOLOVv2 的基础上创新得来，在保持 YOLO 家族速度的同时，提升了检测的精度，尤其是对于小物体的检测能力。YOLOv3 算法使用一个单独神经网络作用在图像上，将图像划分多个区域，并且预测边界框和每个区域的概率。YOLOv3 仅使用卷积层，YOLOv3 中的特征提取网络称为 Darknet-53；它包含 53 个卷积层，每个后面跟随着 batch normalization 层和 leaky ReLU 层。它没有池化层，使用步幅为 2 的卷积层替代池化层进行特征图的降采样过程，这样可以有效阻止由于池化层导致的低层级特征的损失。

知识点 2　YOLOv3 网络的输出

YOLOv3 网络的输入是 [m,416,416,3]，其中，m 指 batch_size；416×416 表示原图经过插值得到的输入图大小；3 表示图片的 rgb 三通道。

YOLOv3 网络的输出是带有识别类的边界框列表；每个边界框有六个参数，分别为 [pc,bx,by,bh,bw,c]，pc 表示预测的边界框中有物体的分数；bx、by 表示目标物体的中心坐标；bh、bw 表示物体所在的边界框的高和宽；c 为 COCO 数据集中的 80 个类别的概率，所以一个边界框一共由 85 个数字表示。假设每个 cell 中的这样的预测图一共有 B 个，那么一共有 B 个这样的输出 boxes，网络的输出示意图如图 4-51 所示，图中 prediction feature map 表示预测特征图谱；attributes of a bounding box 表示边界框的属性，对应的就是图中的 box co-ordinates 即边界框的位置坐标，objectness score 即对象包含在边界框的概率得分，class score 即对象属于每个类别的概率得分。

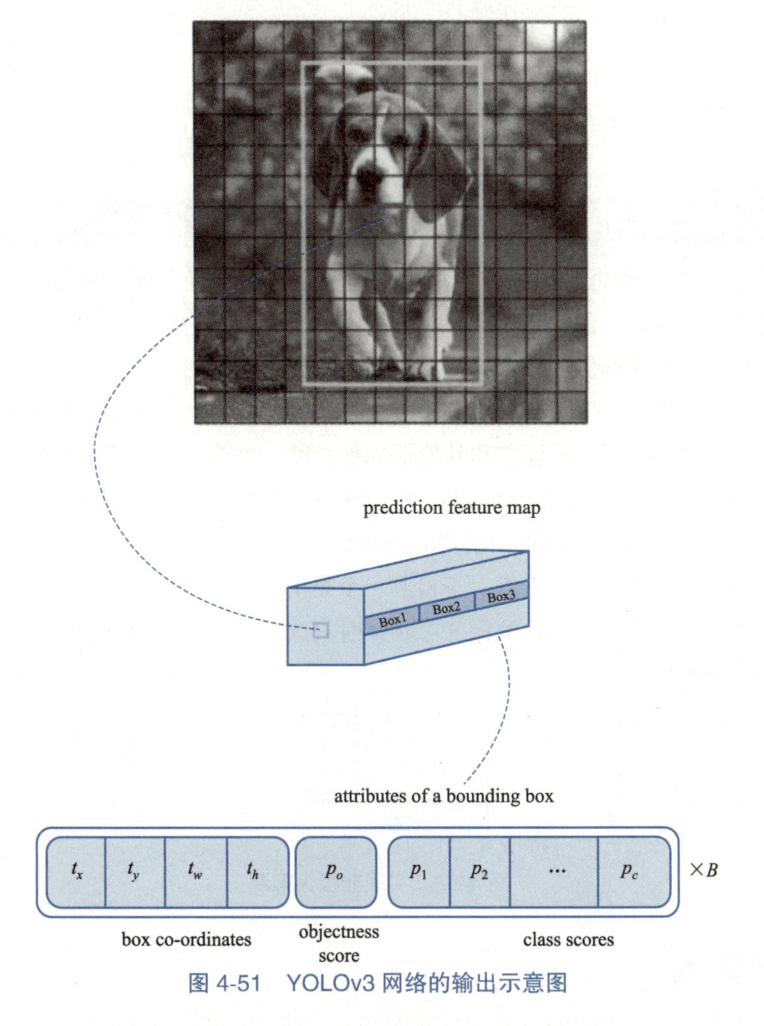

图 4-51　YOLOv3 网络的输出示意图

知识点 3　预测特征图的编码

在 YOLOv3 中，将原图分为 13 × 13 的预测图大小的网格，每个 cell 可以预测三个边界框(这些边界框都是通过 kmeans 方法聚类得到的长宽，所以一共可以得到 13 × 13 × 3 × 85（个）输出结果，现在，对于每个 cell 的每个锚框计算下面的元素级乘法并且得到锚框包含一个物体类的概率，如图 4-52 所示，图中的锚框被检测为类别“汽车”的概率为 0.44。

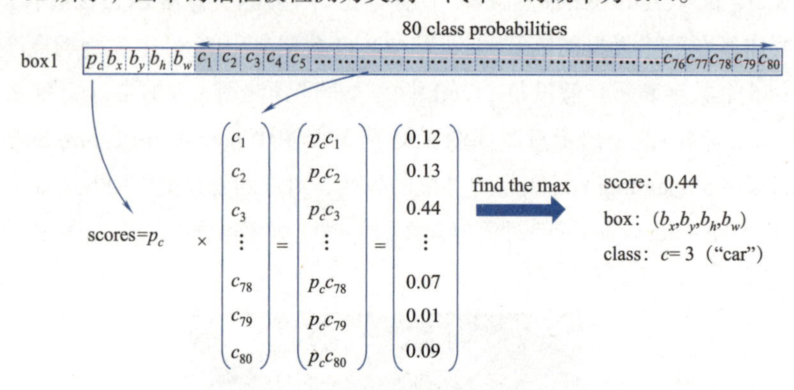

图 4-52　锚框包含一个物体类的概率

知识点 4　YOLOv3 中的非极大抑制

假设网络生成 N 个锚框，而图像中只有一个狗，怎么将 N 个框减少为 1 个呢？首先，通过物体分数过滤一些锚框，例如低于阈值（假设 0.5）的锚框直接舍去；然后，使用 NMS（非极大值抑制）解决多个锚框检测一个物体的问题（例如红色框的三个锚框检测一个框或者连续的 cell 检测相同的物体，产生冗余），NMS 用于去除多个检测框。实现非极大值抑制的关键在于：选择一个最高分数的框；计算它和其他框的重合度，去除重合度超过 IoU 阈值的框；具体步骤如图 4-53 所示，图中 intersection 表示两个检测框的交集；union 表示两个检测框的并集；intersection over union 表示两检测框的交集除以并集。

（1）抛弃分数低的框（意味着框对于检测一个类信心不大）。

（2）当多个框重合度高且都检测同一个物体时只选择一个框（NMS）。

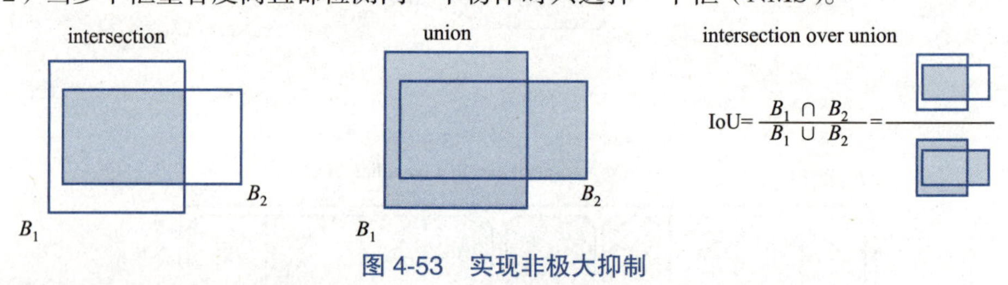

图 4-53　实现非极大抑制

实训步骤

按照实训步骤，使用 YOLOv3 模型实现对图片中的鸟窝进行目标检测。

第一步　解压文件

```
!unrar x -inul -y data-sets/birdnest.rar ./
```

第二步　导入必要包

```
import numpy as np
import cv2 as cv
import os
import time
from matplotlib import pyplot as plt
```

第三步　配置文件相关路径

```
# YOLO 文件路径
yolo_dir = './birdnest'
# 权重文件
weightsPath = os.path.join(yolo_dir,
 'yolov3-bdk2_1500.weights')
configPath = os.path.join(yolo_dir, 'yolov3-bdk.cfg')
# 配置文件
labelsPath = os.path.join(yolo_dir, 'mydata.names')
# label 名称
imgPath = os.path.join(yolo_dir, 'test1.jpg')
# 测试图像
```

第四步　设置置信度和阈值

```
CONFIDENCE = 0.5  # 过滤弱检测的最小概率
THRESHOLD = 0.4  # 非最大值抑制阈值
```

第五步　加载网络并推理

```
net = cv.dnn.readNetFromDarknet(configPath, weightsPath)
# 利用下载的文件
print("[INFO] loading YOLO from disk...")
# 可以打印信息
img = cv.imread(imgPath)
blobImg = cv.dnn.blobFromImage(img, 1.0/255.0, (416, 416), None, True, False)
# net 需要的输入是 blob 格式的，用 blobFromImage() 函数来转格式
net.setInput(blobImg)
# 调用 setInput() 函数将图片送入输入层
outInfo = net.getUnconnectedOutLayersNames()
start = time.time()
layerOutputs = net.forward(outInfo)
```

```
end = time.time()
print("[INFO] YOLO took {:.6f} seconds".format(end - start))
(H, W) = img.shape[:2]
# 获取图片 shape
boxes = []
# 所有边界框
confidences = []
# 所有置信度
classIDs = []
# 所有分类 ID
```

运行结果：

```
[INFO] loading YOLO from disk...
[INFO] YOLO took 3.387619 seconds
```

第六步　解析推理结果

```
for out in layerOutputs:  # 各个输出层
    for detection in out:
        # 拿到置信度
        scores = detection[5:]  # 各个类别的置信度
        classID = np.argmax(scores)  # 最高置信度的 id 即为分类 id
        confidence = scores[classID]
        # 置信度
        # 根据置信度筛查
        if confidence > CONFIDENCE:
            box = detection[0:4] * np.array([W, H, W, H])
            (centerX, centerY, width, height) = box.astype("int")
            x = int(centerX - (width / 2))
            y = int(centerY - (height / 2))
            boxes.append([x, y, int(width), int(height)])
            confidences.append(float(confidence))
            classIDs.append(classID)
idxs = cv.dnn.NMSBoxes(boxes, confidences, CONFIDENCE, THRESHOLD) # boxes
中，保留的 box 的索引 index 存入 idxswith open(labelsPath, 'rt') as f:
    labels = f.read().rstrip('\n').split('\n')
np.random.seed(42)
COLORS = np.random.randint(0, 255, size=(len(labels), 3), dtype="uint8")
# 每一类有不同的颜色，每种颜色都是由 RGB 三个值组成的，所以 size 为 (len(labels),
3)if len(idxs) > 0:
    for i in idxs.flatten():
```

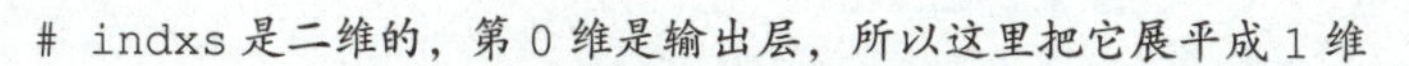

```
# indxs 是二维的，第 0 维是输出层，所以这里把它展平成 1 维
        (x, y) = (boxes[i][0], boxes[i][1])
        (w, h) = (boxes[i][2], boxes[i][3])

        color = [int(c) for c in COLORS[classIDs[i]]]
        cv.rectangle(img, (x, y), (x+w, y+h), color, 2)  # 线条粗细为 2px
        text = "{}: {:.4f}".format(labels[classIDs[i]], confidences[i])
        cv.putText(img, text, (x, y-5), cv.FONT_HERSHEY_SIMPLEX, 0.5, color, 2)
 # cv.FONT_HERSHEY_SIMPLEX 字体风格、0.5 字体大小、粗细 2px
```

第七步　输出图像

图片中对鸟窝的识别结果如图 4-54 所示。

```
img3=img[:,:,::-1]
plt.figure(figsize=(20,20))
plt.imshow(img3)
plt.show()
```

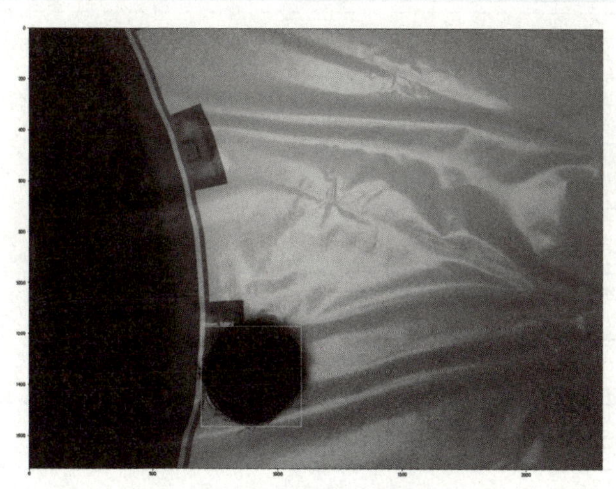

图 4-54　鸟窝检测案例

单元五 自然语言处理篇——让机器读得懂

自然语言是人类发展过程中形成的一种信息交流的方式，包括口语及书面语，反映了人类的思维，都是以自然语言的形式表达。自然语言处理的具体表现形式包括机器翻译、文本摘要、文本分类、文本校对、信息抽取、语音合成、语音识别等。

本篇将通过5个实训案例，让读者认识自然语言处理的应用原理，掌握不同的自然语言处理技术处理文本、声音等信息。

5.1 自然语言处理概述

下面为对自然语言处理（natural language processing，NLP）的不同理解：

◇自然语言处理是人工智能的一个分支。

◇自然语言处理体现了人工智能的最高任务与境界，只有当计算机具备了处理自然语言的能力时，机器才算实现了真正的智能。

◇自然语言处理研究如何利用计算机技术对语言文本（句子、篇章或话语等）进行处理和加工，研究内容包括对词法、句法、语义和语用等信息的识别、分类、提取、转换和生成等各种技术。

自然语言处理是人类和机器之间沟通的桥梁。图5-1是对自然语言处理的形象描述。

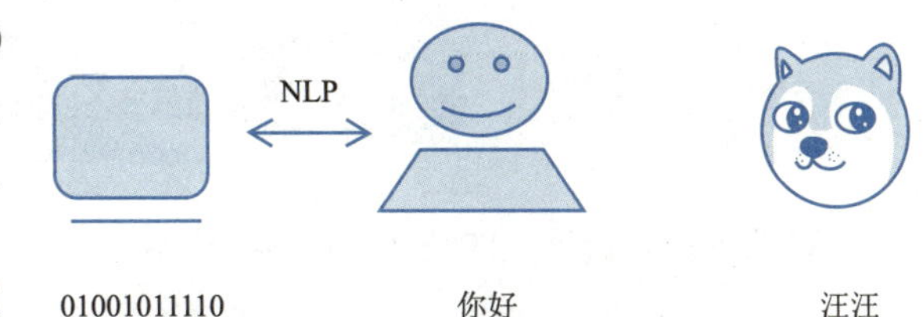

图5-1 对自然语言处理的形象描述

5.2 自然语言处理的核心任务和难点

1. 自然语言处理的核心任务

（1）自然语言理解（natural language understanding，NLU）：希望机器像人一样，具备正常人的语言理解能力。

（2）自然语言生成（natural language generation，NLG）：将非语言格式的数据转换成人类可以理解的语言格式。

2. 自然语言处理的难点

（1）语言是没有规律的，或者说语言的规律是错综复杂的。

（2）语言是可以自由组合的，可以组合复杂的语言表达。

（3）语言是一个开放集合，可以创造一些新的表达方式。

（4）语言需要联系到实践知识，有一定的知识依赖。

（5）语言的使用要基于环境和上下文。

自然语言存在难点的根本原因是自然语言文本和对话的各个层次上广泛存在的歧义性或多义性。

5.3 自然语言处理的典型应用

自然语言处理的典型应用有情感分析、聊天机器人、语音识别、机器翻译等，如图 5-2 所示。

图 5-2　自然语言处理的典型应用

5.4 自然语言处理技术

自然语言处理涉及的技术如图 5-3 所示。

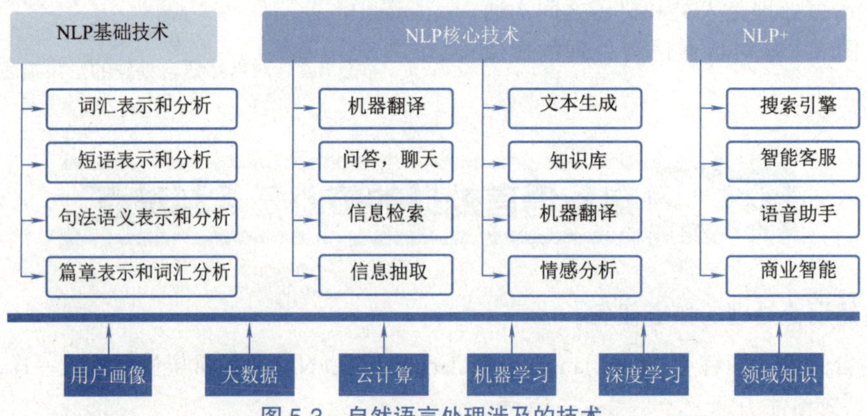

图 5-3　自然语言处理涉及的技术

5.4.1　基础技术

NLP 的基础技术主要是对自然语言中的基本元素进行表示和分析，如分词、词性标注、句法分析、命名实体识别、语义角色标注、多义词消歧义等。

1. 分词

词是最小的能够独立活动的有意义的语言成分，英文单词之间是以空格作为自然分界符的，而汉语是以字为基本的书写单位，词语之间没有明显的区分标记，因此，中文词语分析是中文信息处理的基础与关键，中文分词的难点在于词语之间有各种歧义（见图 5-4）。

和服务必于三日之内裁制完毕。

王府饭店的设施和服务是一流的

图 5-4　中文分词歧义

2. 词性标注

词性标注（Part-of-Speech tagging 或 POS tagging）为分词结果中的每个单词标注一个正确的词性（见图 5-5），也就是确定每个词是名词、动词、形容词或其他词性的过程。

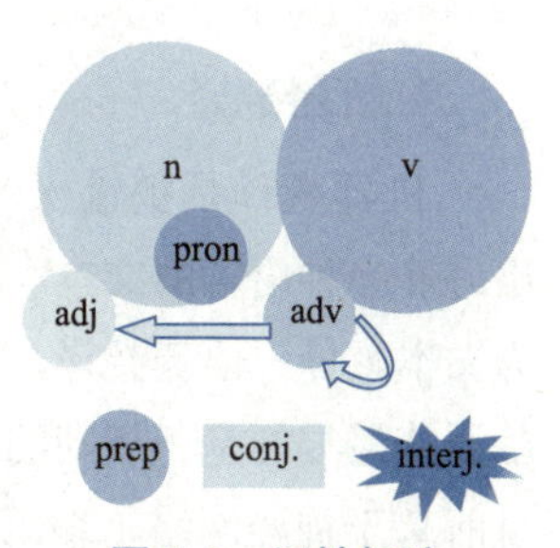

图 5-5　词性标注

3. 命名实体识别

命名实体识别（Named EnTIty RecogniTIon，NER）又称“专名识别”，是指识别文本中具有特定意义的实体，主要包括人名、地名、机构名、专有名词等（见图 5-6）。

小李考上了北京大学，明天就去北京。

人名　　机构　　地名

图 5-6　命名实体识别

5.4.2　核心技术

NLP 的核心技术是建立在基础技术之上的技术产出，基础技术中如词法，句法的分析越准确，核心技术的产出才能越准确。

1. 信息抽取

从给定文本中抽取重要的信息，比如时间、地点、人物、事件、原因、结果、数字、日期、专有名词等，包括实体识别、关系抽取、事件抽取等子任务。

2. 文本挖掘

例如：

每到春节期间，买火车票和机票的人暴增——这是数据。

再匹配这些人的身份证信息，发现这些人大都是从工作地回到自己的老家——这是信息。

回老家跟家人团聚，一起过春节是中国的习俗——这是知识。

上面的例子是显而易见的，但是在实际业务中，有很多不是那么显而易见的信息。比如：

◇每周末共享单车使用量会有规律性地上升或者下降，这是为什么？

◇国庆长假，购物比例比平时时间要高，这是为什么？

文本挖掘包括文本聚类、文本分类、信息抽取、文本摘要、情感分析以及对挖掘信息的可视化（见图 5-7）。

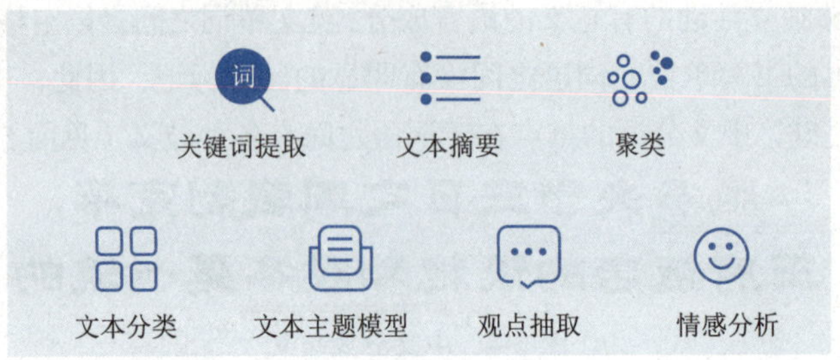

图 5-7　文本挖掘

3. 机器翻译

机器翻译是把输入的源语言文本通过自动翻译输出另外一种语言的文本。根据输入媒介不同，可以细分为文本翻译、语音翻译、手语翻译、图形翻译等。机器翻译从最早的基于规则的方法到基于统计的方法，再到目前基于神经网络（编码 - 解码）的方法，逐渐形成了一套比较严谨的方法体系。图 5-8 所示为不同的场景应用到的机器翻译。

图 5-8　机器翻译

4. 信息检索

信息检索对大规模的文档进行索引。可简单对文档中的词汇，赋予不同的权重来建立索引，也可利用句法分析、信息抽取、文本发掘技术来建立更加深层的索引。在查询时，对输入的查询表达式比如一个检索词或者一个句子进行分析，然后在索引里面查找匹配的候选文档，通过排序机制输出候选文档中得分最高的文档。

5.4.3　NLP+ 高端技术

NLP+ 高端技术能够真正影响人们的生活。

1. 问答系统

对于一个自然语言表达的问题，问答系统可以给出一个精准的答案。问答系统需要对查询语句进行语义分析，包括实体链接、关系识别，形成逻辑表达式，然后到知识库中查找可能的候选答案并通过一个排序机制找出最佳的答案。图 5-9 展示的为一套问答系统的处理文本的过程。

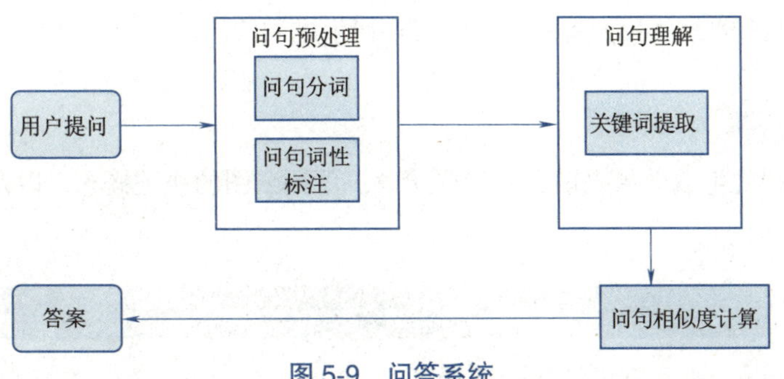

图 5-9　问答系统

2. 对话系统

通过一系列的对话，跟用户进行聊天、回答，完成某一项任务。涉及用户意图识别、通用聊天引擎、问答引擎、对话管理等技术。此外，为了体现上下文相关，要具备多轮对话能力。

对话系统主要分为三大类型：任务型、问答型、闲聊型（见图 5-10）。

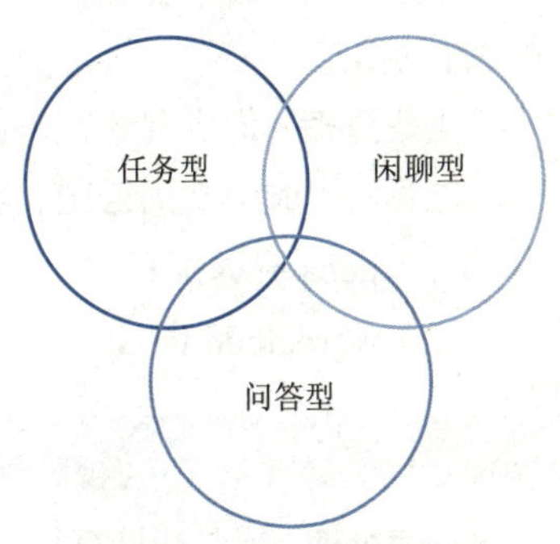

图 5-10　对话系统

3. AI 助手

AI 助手作为最贴近人们生活的一个 AI 工具，发挥着越来越重要的作用。人们也习惯于用 AI 助手来处理一些事情。

（1）移动手机端的智能语音助手，当用户不方便接听电话时，它会帮用户接听并记录通话详情，并转达到用户的手机上。

（2）智能家居的智能语音助手，可以使用户随时通过语音控制智能冰箱、热水器、遥控器等进行相应的开关、定时等操作。

（3）智能车载助手，当用户开车不方便操作手机时，可以一边开车一边用语音操控开导航、听音乐、查路线等。

实训案例 1　一张图知你所云

扫一扫

案例1词云图

实训目标

（1）了解自然语言处理中分词的概念和意义。

（2）使用 jieba 分词工具实现中文分词。

（3）了解词云的概念。

（4）使用相关工具生成一篇中文文档的词云图。

实训背景

在各种发布会、报告演讲展示的 PPT 里，我们常常会见到关键词词云图。那么，如何生成词云图呢？接下来的案例我们将一起来学习如何生成词云图。

实训要点

在体验词云图的生成效果之前，我们先了解一下词云图的相关概念，以及生成词云图需要掌握的背景知识。

知识点1　词云图

概念：词云图是一种数据可视化的图表。

作用：词云图对文本数据中出现频率较高的“关键词”重点突出，让用户能够一眼就看到最关键的信息。

生成原理：词出现的频率越高，越被突出显示，越靠近图的中心。

工具：生成中文词云图，需要掌握两个工具。

（1）jieba 分词工具。

（2）wordcloud 词云工具。

知识点2　分词

分词处理，就是让计算机自动识别出句子中的词，在词间加入边界标记符，分隔出各个词汇。

字是中文基本的书写单位。

词是最小的能够独立活动的有意义的语言成分。中文分词处理是中文信息处理的第一步。

中文分词如图 5-11 所示，不同的分词结果导致不同的含义。

这样的/人/才能/经受住考验
这样的/人才/能/经受住考验
这样的/人/才/能/经受住考验

图 5-11　分词举例

歧义也是中文分词的一大难点。

jieba 是一个 Python 中文分词组件。支持三种分词模式：

（1）精确模式，试图将句子最精确地切开，适合文本分析。

（2）全模式，把句子中所有的可以成词的词语都扫描出来，速度非常快，但是不能解决歧义。

（3）搜索引擎模式，在精确模式的基础上，对长词再次切分，提高召回率，适合用于搜索引擎分词。

牛刀小试：使用 jieba 工具，对句子“小李就读于中国科学院计算所，正在使用派 Lab 学习人工智能技术！”进行分词，对比三种模式的分词结果。

（1）全模式：

```
import jieba
# 使用全模式分词
seg_list = jieba.cut("小李就读于中国科学院计算所，正在使用派课堂学习人工智能技术！",
cut_all=True)
print("【全模式】:"+"/ ".join(seg_list))
```

运行结果：

```
【全模式】：小 / 李 / 就读 / 就读于 / 中国 / 中国科学院 / 科学 / 科学院 / 学院 / 计算 / 计算所 / ， / 正在 / 使用 / 派课堂 / 学习 / 人工 / 人工智能 / 智能 / 技术 / ！
```

（2）精确模式：

```
# 使用精确模式分词
seg_list = jieba.cut("小李就读于中国科学院计算所，正在使用派课堂学习人工智能技术！",
cut_all=False)
print("【精确模式】："+"/ ".join(seg_list))
```

运行结果：

```
【精确模式】：小李 / 就读于 / 中国科学院 / 计算所 / ， / 正在 / 使用 / 派课堂 / 学习 / 人工智能 / 技术 / ！
```

（3）默认模式：

```
# 使用默认模式分词
seg_list = jieba.cut("小李就读于中国科学院计算所，正在使用派课堂学习人工智能技术！")
print("【默认模式】：" + "/ ".join(seg_list))
```

运行结果：

```
【默认模式】：小李 / 就读于 / 中国科学院 / 计算所 / ， / 正在 / 使用 / 派课堂 / 学习 / 人工智能 / 技术 / ！
```

（4）搜索引擎模式：

```
# 使用搜索引擎模式分词
seg_list = jieba.cut_for_search("小李就读于中国科学院计算所，正在使用派课堂学习人工智能技术！")
print("【搜索引擎模式】："+"/ ".join(seg_list))
```

运行结果：

```
【搜索引擎模式】：小李 / 就读 / 就读于 / 中国 / 科学 / 学院 / 科学院 / 中国科学院 / 计算 / 计算所 / ， / 正在 / 使用 / 派课堂 / 学习 / 人工 / 智能 / 人工智能 / 技术 / ！
```

实训步骤

下面逐步生成词云图。

第一步　解压项目所需要的数据和资源并导入包

```
# 导入工具包
import jieba #jieba 分词包
from wordcloud import WordCloud #wordcloud 生成词云包
```

第二步　读取中文文本

```
# 读取 './text/' 文件夹下的一个 txt 文本
file=open('./text/一则新闻.txt',encoding="utf-8")
text=file.read()
```

第三步　对中文文本进行分词

jieba.cut 接收三个参数：

（1）需要分词的字符串。

（2）cut_all 参数：是否使用全模式，默认值为 False。

（3）HMM 参数：用来控制是否使用 HMM 模型，默认值为 True。

```
# 调用 jieba 分词，对读取的文本进行分词处理
textlist=jieba.cut(text)
text=" ".join(textlist)
```

第四步　选择一张白底的背景图片，作为词云图的形状

可以自定义词云图的形状。

```
# 使用 './wordc/bg/' 文件夹下的一张图片作为词云图的形状
mask_pic=numpy.array(Image.open(str('./wordc/bg/地球.png')))
```

第五步　调用 WordCloud 方法，生成词云

（1）WordCloud 基本原理：

①计算每个词在文本中出现的频率，生成一个哈希表。

②根据词频的数值按比例生成一个图片的布局，生成词的颜色、位置、方向等，是词云的数据可视化方式的核心。

③将词按对应的词频在词云布局图上生成图片，完成词云上各词的着色。

（2）WordCloud 函数参数解析：

font_path : string：字体路径，设置词云图中字体的样式。

width : int (default=400)：输出的画布宽度，默认为 400 像素。

height : int (default=200)：输出的画布高度，默认为 200 像素。

mask : nd-array or None (default=None)：如参数为空，则用二维遮罩绘制词云。如 mask 非空，设置的宽高值将被忽略，遮罩形状被 mask 取代。背景图片的画布一定要设置为白色，显示词语的部分为其他颜色。

font_step : int (default=1)：字体步长，如果步长大于 1，会加快运算，但是可能导致结果出现较大的误差。

max_words : number (default=200)：要显示的词的最大个数。

stopwords : set of strings or None：设置需要屏蔽的词（停顿词等），如果为空，则使用内置的 STOPWORDS。

background_color : color value (default="black")：背景颜色。

max_font_size : int or None (default=None)：显示的最大的字体大小

min_font_size : int (default=4)：显示的最小的字体大小

```
# 调用 WordCloud，配置参数，生成词云图
wordcloud = WordCloud(
font_path="/usr/local/lib/python3.8/site-packages/matplotlib/mpl-data/
fonts/ttf/SimHei.ttf",# 设置中文字体
    mask=mask_pic,# 背景图片
    stopwords = './wordc/stopword/stopwords.txt',# 过滤停止词
    background_color = 'white').generate(text)# 设置词云图背景白色
```

第六步　将词云图显示出来

生成的词云图如图 5-12 所示。

```
plt.axis('off')
# 是否显示 x 轴、y 轴下标
ax = plt.imshow(wordcloud)
# 显示词云图
fig = ax.figure
fig.set_size_inches(12,12)
# 可调节图片紧密 尺寸程度
plt.show()
# 显示
```

图 5-12　词云图生成结果

实训案例 2　词以类聚

实训目标

（1）了解词的向量表示。

（2）通过中文词的词向量来找到同类词。

（3）通过中文词的词向量来判断两词的相似度。

（4）通过中文词的词向量来找到一组词中的异类词。

实训背景

现在市场上智能学习机器人特别火。小派的妹妹刚上幼儿园，于是他想要自己动手做一款简易的机器人，作为生日礼物送给妹妹。其中有一个功能是关于汉语词语的，比如人指定一个词，找到它的同类词；人指定多个词，找到其中的异类词等。于是，小派从词向量开始了研究。

实训要点

上述找相似词是基于词向量计算的，将所有词用词向量来表示，在词向量空间通过余弦相似度等方式计算向量之间的距离，距离越短，语义越相近。

词向量（又称“词嵌入”）已经成为 NLP 领域各种任务的必备步骤。

知识点 1　词的向量化

提问：一个文本，经过分词之后，送入某个自然语言处理模型之前该如何表示？

例如，“人 / 如果 / 没用 / 梦想 /，/ 跟 / 咸鱼 / 还有 / 什么 / 差别”，向机器学习模型直接输入字符串显然是不明智的，不便于模型进行计算和文本之间的比较。那么，就需要一种方式来表示一个文本，这种文本表示方式要能够便于进行文本之间的比较、计算等。

最容易想到的，就是对文本进行向量化的表示。例如，根据语料库的分词结果，建立一个词典，每个词用一个向量来表示，这样就可以将文本向量化了。

最早的文本向量化方法是词袋模型，我们先来看看什么是词袋模型。

知识点 2　词袋模型

词袋模型是把文本看成是由一袋一袋的词构成的。例如，有这样两个文本：

“人 / 如果 / 没有 / 梦想 /，/ 跟 / 咸鱼 / 还有 / 什么 / 差别”

“人生 / 短短 / 几十 / 年 /，差别 / 不大 /，/ 开心 / 最 / 重要”

这两个文本，可以构成这样一个词典：

{“人”，“如果”，“没有”，“梦想”，“，”，“跟”，“咸鱼”，“还有”，“什么”，“差别”，“人生”，“短短”，“几十”，“年”，“不大”，“开心”，“最”，“重要”}

字典的长度为 18，每个词对应有一个索引，所以每个词可以用一个 18 维的向量表示。

“人”表示为：{1，0，0，0，…，0}，

“如果”表示为：{0，1，0，0，…，0}，

“重要”表示为：{0，0，0，0，…，1}，

那么，文本该怎么表示呢？

词袋模型把文本当成一个由词组成的袋子，记录句子中包含各个词的个数。

文本 1：{1，1，1，1，1，1，1，1，1，1，0，0，0，0，0，0，0，0}

文本 2：{0，0，0，0，2，0，0，0，0，1，1，1，1，1，1，1，1，1}

以文本 2 为例，用词袋模型可以这么描述：文本 2 里有 0 个“人”，2 个“，”，1 个“差别”等。

所以词袋模型有以下特点：

（1）文本向量化之后的维度与词典的大小相关。

（2）词袋模型没有考虑词语之间的顺序关系。

当语料库很大时，词典的大小可以是几千甚至几万，高维度的向量计算机很难计算。

词袋模型会造成语义鸿沟现象，即两个表达意思很接近的文本，可能其文本向量差距很大。

词袋模型忽略了词序信息，对语义理解来讲是一个极大的信息浪费。

知识点 3　词向量

相比于词袋模型，词向量是一种更为有效的表征方式。因为词向量其实就是用一个一定维度(例如 128 维、256 维)的向量来表示词典里的词。

经过训练之后的词向量，能够表征词语之间的关系。例如，“香蕉”和“苹果”之间的距离，会比“香蕉”和“茄子”之间的距离要近。

例如，向量空间中，pink 这个词余弦距离最近的 50 词如图 5-13 所示。

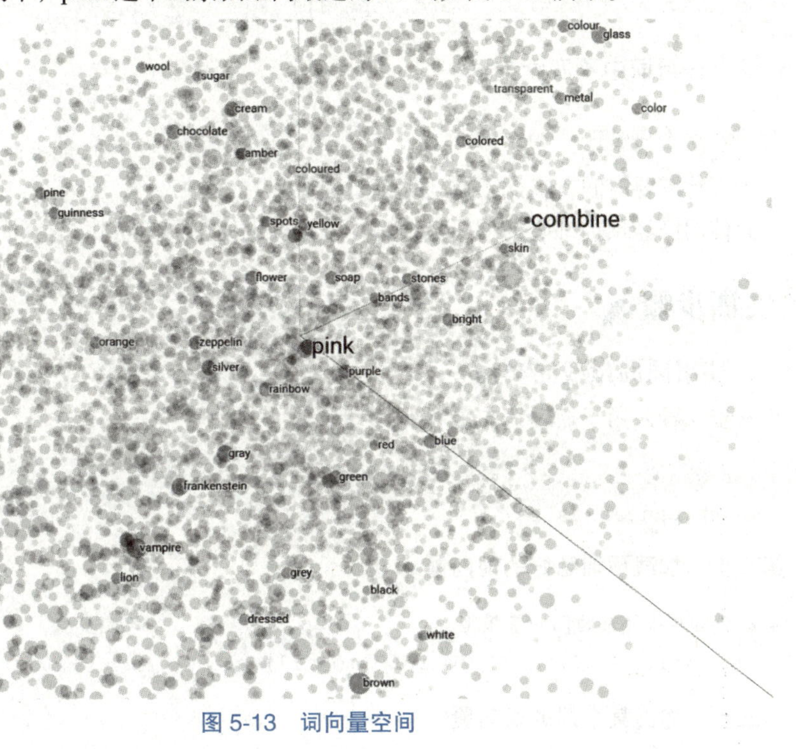

图 5-13　词向量空间

该如何获取和使用词向量呢?

知识点 4　Gensim 

Gensim 是开源的第三方 Python 工具包，用于从原始的非结构化的文本中，无监督地学习到文本的主题向量表达。它支持 TF-IDF、LSA、LDA、word2vec 等多种主题模型算法，支持流式训练，并提供了相似度计算、信息检索等一些常用任务的 API 接口。

可以使用 gensim 函数库在某个语料库上训练 word2vec 模型。word2vec 是一个计算词向量的工具，也是一种语言模型。

下面介绍几个常用的与 word2vec 相关的 API：

1. 获取模型中全部的词向量

```
model.wv.vectors
```

2. 获取模型中全部的词

```
model.wv.index2word
```

3. 计算两个词之间的余弦相似度

```
model.wv.similarity(word1, word2)
```

4. 找出与指定词最相似的前 *N* 个词

```
model.wv.most_similar(word,topn=10)
```

5. 找出一组词中不匹配的词

```
model.wv.doesnt_match([words])
```

由于训练需要时间，在此不详述训练过程。

下面使用已经预训练好的词向量模型，逐步实现使用词向量找同类词、相似度、异类词。

实训步骤

一、使用词向量找同类词

第一步　导入用于处理词向量 gensim 包

```
from gensim.models import Word2Vec
import pandas as pd
```

第二步　加载预训练好的词向量

```
# 加载当前路径下的词向量模型
mod = Word2Vec.load('./Word60.model')
```

第三步　输出某个词的词向量

```
# 输出某个词的词向量
vec = mod.wv['飞机']
print(vec)
```

可以看到“飞机”这个词是用一个 60 维的词向量来表示的。

```
[ 0.84760964  1.0612422   3.9355156  -0.64051855 -1.4992397   0.4327563
  1.1575636  -0.47338855 -2.7551062   1.6147548  -2.1764479  -4.801832
 -1.7185725  -3.8247244  -5.2536387   1.5567888   2.3462503  -0.649995
 -2.6391535   2.1171284   0.56331015 -4.298876    4.879681   -1.8585057
 -4.4761667   2.1028256  -0.4739428   3.7860503   1.7875743  -1.1987387
  7.1971884   1.2283785   2.9144862   0.49521014  1.4915383   1.8978924
  1.4695909  -3.2011137  -0.5872961   6.240105    1.5226971   1.4521217
  1.7426808  -0.25573042  1.7690433   2.5759935   0.80638975  1.8605207
```

```
  2.4870343  -0.67067975 -0.72186685   3.5665627   2.3103735  -3.352525
 -1.489631   -2.4626205  -4.6656475   2.6076145  -1.9511507   1.4835532 ]
```

第四步 调用函数找这个词的同类词

```
#调用正确的函数
sim = mod.wv.most_similar('飞机', topn=2)
```

第五步 输出这个词的同类词

输出结果如图 5-14 所示。

```
#将同类词打印出来
scat =[]#用于保存2组同类词和相似度
for ss in sim:
    scat.append([ss[0],round(ss[1],2)])#相似度保留前2位
df = pd.DataFrame(scat ,columns=['同类词','相似度'])#用
表格显示出来
df
```

	同类词	相似度
0	直升机	0.89
1	客机	0.87

图5-14 “飞机”同类词结果

二、使用词向量计算两词的相似度

第一步 导入用于处理词向量的 gensim 包

```
#导入gensim包中的词向量处理功能
from gensim.models import Word2Vec
```

第二步 加载预训练好的词向量

```
#加载当前路径下的词向量模型
mod = Word2Vec.load('./Word60.model')
```

第三步 给定两个词

```
#定义两个词
text='草莓 香蕉'
```

第四步 调用相似度函数

```
#调用正确的相似度函数
rslt = mod.wv.similarity(text.split()[0],text.split()[1])
print(rslt)
0.80149716
```

三、使用词向量找出一组词中的异类词

第一步 导入用于处理词向量的 gensim 包

```
#导入gensim包中的词向量处理功能
from gensim.models import Word2Vec
```

第二步　加载预训练好的词向量

```
# 加载当前路径下的词向量模型
mod = Word2Vec.load('./Word60.model')
```

第三步　定义一组词

```
# 定义一组词
text = '西瓜 草莓 葡萄 小狗'
```

第四步　调用查找异类词函数

```
# 调用正确的函数
word = mod.wv.doesnt_match(text.split())
print(word)
小狗
```

实训案例 3　一键合成有声音的文字

实训目标

扫一扫

案例3语音合成

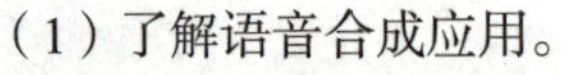

（1）了解语音合成应用。

（2）了解语音合成相关概念和技术。

（3）将中文文本自动合成语音。

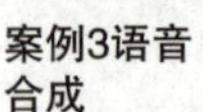

实训背景

小派近期因为工作需要，用到了视频剪辑工具，在剪辑过程中发现一个有意思的功能：可以将自己编辑的文字一键生成对应的语音，而且可以选择不同音色。小派想要了解一下背后的原理，自己动手学习并实现一个语音合成系统。

实训要点

知识点 1　语音合成及应用

语音是语言的外部形式，是最直接地记录人的思维活动的符号体系，也是人类赖以生存发展和从事各种社会活动最基本、最重要的交流方式之一。而让机器开口说话，则是人类千百年来的梦想。语音合成（Text To Speech）是人类不断探索、实现这一梦想的科学实践，是在不断提升的技术领域。

1. 基本概念

语音即人说的话，它的记录形式是一段一段的波形，如图 5-15 所示。

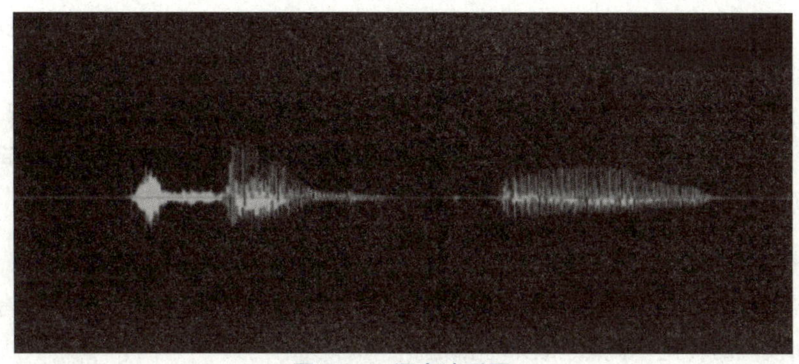

图 5-15　语音波形图

语音合成即将文字转换成语音。

个性化语音合成即用特定说话人的音色来进行语音合成。

说话人转换即将原说话人的声音经过说话人转换变成目标说话人的声音。

2. 应用

语音合成技术已经成功应用在很多领域，包括智能语音客服、语音导航、智能交互机器人等。语音导航的示意图如图 5-16 所示。

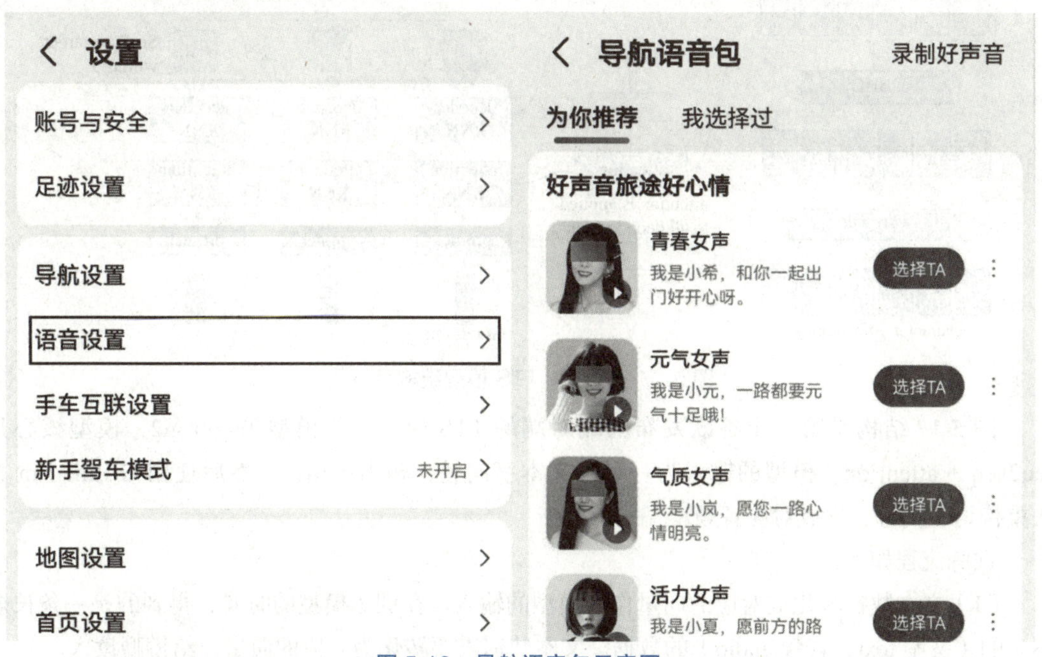

图 5-16　导航语音包示意图

地图导航软件中可以自定义导航语音包，导航过程中，将文字合成为指定发音人的语音。

知识点 2　语音合成系统

1. 传统的语音合成

传统的语音合成包括语音合成前端和语音合成后端。

①语音合成前端主要是文本分析器，它的输入是文本，输出是包含语音学信息的音素序列。

②语音合成后端的输入是音素序列，输出是语音。

通常的语音合成（Text-To-Speech，TTS）模型包含许多模块，例如文本分析、声学模型、音频合成等。而构建这些模块需要大量专业的知识以及特征工程，花费大量的时间和精力，且各个模块之间组合在一起也会产生很多误差累积以及新的问题。

2. 端到端语音合成

端到端语音合成主要包含了端到端的模型，它的输入是文本，输出是合成语音。它的优点是不需要中间模型的转化；缺点是效果不稳定。

一个端到端的深度学习 TTS 模型可以将这些模块都放在一个黑盒子里，不用花费大量的时间去了解 TTS 中需要用的模块或者领域知识，直接用深度学习的方法训练出一个 TTS 模型（见图 5-17），模型训练完成后，给定输入文本，模型就能直接生成对应的音频。

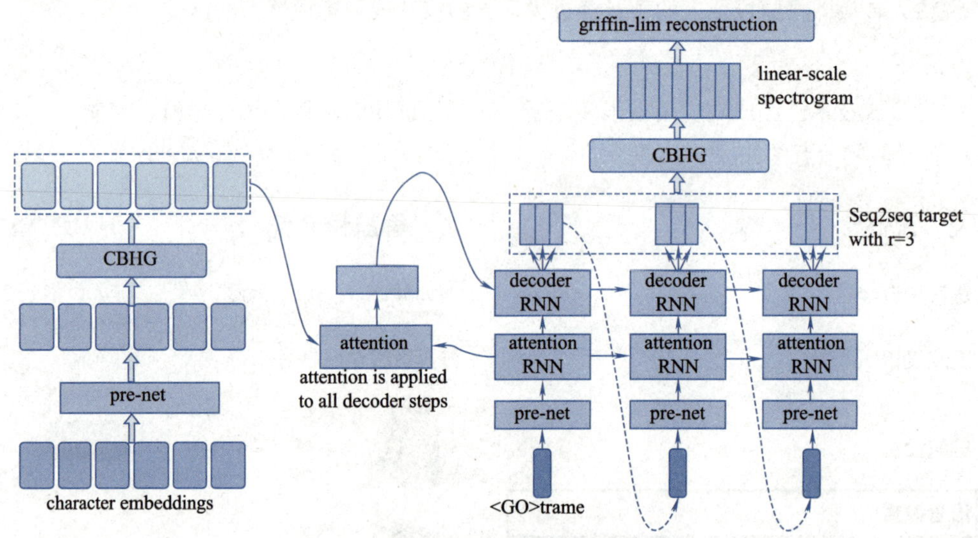

图 5-17　端到端 TTS 模型结构示意图

图 5-17 结构是第一个谷歌发布的端对端的 TTS 神经网络模型 Tacotron2，模型核心是 seq2seq + attention。模型的输入为一系列文本字向量，输出声谱图，然后使用 Griffin_lim 算法重构语音信号，生成对应音频。

训练流程如下：

（1）文本数据转化成对应的向量作为模型的输入。在训练模型的时候，得到的是一条长短不一的（文本 text、音频 audio）的数据。文本数据需要转化为对应的向量，给模型读入。

（2）音频特征提取。对于音频，主要是提取出它的音频特征 melspectrogram（梅尔频谱）。声谱图往往是很大的一张图，为了得到合适大小的声音特征，往往把它通过梅尔标度滤波器组（mel-scale filter banks）变换为梅尔频谱。在梅尔频谱上做倒谱分析就得到了梅尔倒谱。

（3）编码模块。结构上包含了卷积 convolution、highway network、双向 GRU 组成。它的

功能是从输入中提取有价值的特征，有利于提高模型的泛化能力。

（4）解码模块。结构上主要由 attention、GRU 组成。结合编码端的特征，进行输出对应的声谱图。

（5）Griffin-Lim 重建算法，根据频谱生成音频。

实训步骤

第一步　导入必要的 Python 包

```
import tensorflow as tf #tensorflow 框架
from scipy.io import wavfile # 写音频文件
import re
# 正则匹配
import numpy as np
# 科学计算
from zhtts import TTS
# 端到端语音合成框架
from zhtts.tensorflow_tts.processor import BakerProcessor
# 端到端语音合成框架
import IPython.display as ipd
# 语音播放
```

第二步　参数设置

模型路径：提前训练好的语音合成模型，后面调用即可。

静音时长：一句话按标点划分成多个片段之间的静音间隔时长。

采样率：录音设备在 1 s 内对声音信号的采样次数，采样频率越高，声音的还原就越真实越自然。

待合成中文文本。

```
ASSET_DIR = "./zhtts/asset"
sil_time=0.2
sample_rate = 24000
text='随机数通常被视为一个随机的信息量，是一个人工神经网络的神经元，圆周率派（π）则是一个最完美的随机数生成器。'
```

第三步　在每个标点符号处设置 0.2 s、24 000 Hz 的静音帧。

```
silence = np.zeros(int(sil_time *sample_rate), dtype=np.float32)
# 添加静音
```

第四步　对中文文本按标点进行拆分处理

```
texts = re.split(r";", re.sub(r"([、,。！？ ])", r"\1;", text.strip()))
```

```
texts = [x for x in texts if x]
print(texts)
['随机数通常被视为一个随机的信息量，', '是一个人工神经网络的神经元，', '圆周率派(π)则是一个最完美的随机数生成器。']
```

第五步　将文本合成语音

该步骤是语音合成的核心所在，包含两个主要环节：先把文本转换成梅尔频谱，再把梅尔频谱转换成语音。此处调用的是预先训练好的模型，在此不详细说明模型细节，感兴趣的读者可以到查找相关资料结合 zhtts 文件夹下 tensorflow_tts 的代码学习。

```
tts =TTS()
audios = []
for i, text in enumerate(texts):
    mel = tts.text2mel(text)
# 文本转成梅尔频谱
    audio = tts.mel2audio(mel)
# 梅尔频谱转成音频
    audios.append(audio)
    if i < len(texts)-1:
        audios.append(silence)
# 在每个语音片段后即逗号处使用静音段
audio = np.concatenate(audios)
# 将语音片段拼接成一条语音
```

第六步　保存语音文件，并播放

```
wavfile.write("demo.wav", sample_rate, audio)
ipd.display(ipd.Audio('demo.wav'))
```

实训案例 4　你说我写

实训目标

案例4语音识别

（1）了解语音及语音识别相关概念。

（2）理解语音识别任务的基本框架。

（3）按步骤完成语音识别解码过程。

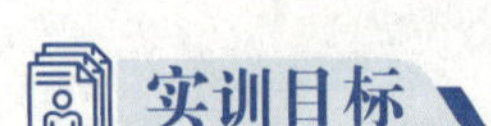

实训背景

小派经常开会，并且需要记录会议内容，但是他发现自己有时写字显然跟不上一些人讲话的速度，于是他想：如果有个软件或者工具能实时把开会内容自动记录下来就好了，根据说话人的语音记录说话内容。语音识别技术就能解决他的问题。

实训要点

知识点1　语音识别

语音是一段连续的音频流。

```
# 运行此代码，点击播放一条音频
import IPython
IPython.display.display(IPython.display.Audio('data-sets/gaokao.wav'))
```

图 5-18 所示为上面这段语音对应的波形图。

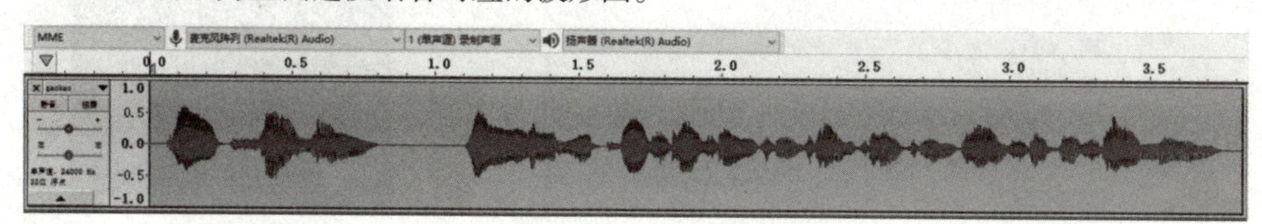

图 5-18　语音波形图

语音识别是将语音片段输入转化为文本输出的过程。目前语音识别技术已经得到了非常广泛的应用。

1. 语音聊天转文字

语音聊天转文字如图 5-19 所示。

2. 引导机器人

在商场餐厅等地方会有引导机器人执行上菜、清洁卫生等服务。引导机器人示意图如图 5-20 所示。

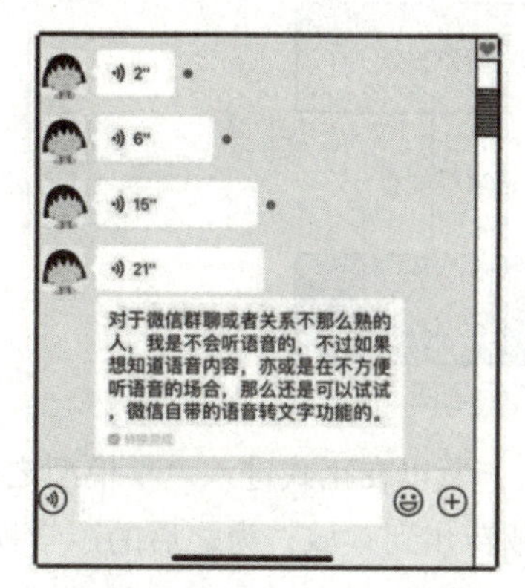

图 5-19　语音转文字示意图

图 5-20　引导机器人示意图

3. 智能家居

通过语音唤醒和控制空调、冰箱、热水器、音箱等家居电器，方便快捷，如图 5-21 所示。

4. 翻译机

语音识别是实现语音翻译的重要一步。在翻译机实际应用中，语音翻译一般分为三个步骤：

先将源语言的语音识别成源语言文字，再将源语言文字翻译成目标语言文字，最后将目标语言文字合成目标语言的语音。翻译机效果示意图如图 5-22 所示。

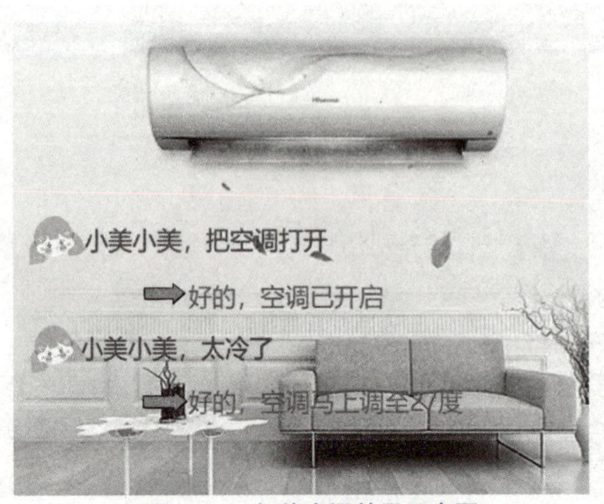

图 5-21　智能空调效果示意图

图 5-22　翻译机效果示意图

知识点 2　语音识别流程

1. 传统语音识别系统

完整的语音识别系统通常包括特征提取、声学模型、语言模型和解码搜索四个模块，如图 5-23 所示。

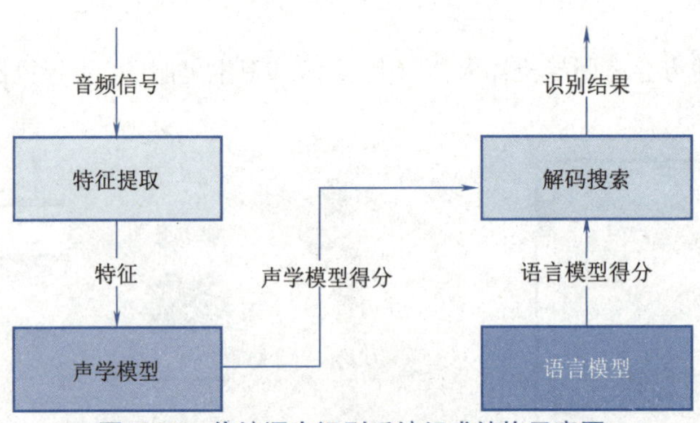

图 5-23　传统语音识别系统组成结构示意图

（1）特征提取：由于实际用到的语音片段都有噪声存在，所以在正式进入声学模型之前，需要通过消除噪声和信道增强等预处理技术，将信号从时域转化到频域，为之后的声学模型提取有效的特征向量。

（2）声学模型：将预处理部分得到的特征向量转化为声学模型得分。

（3）语言模型：某段语音被识别成多种可能的文本序列，语言模型会计算各自的出现概率。

（4）解码搜索：解码搜索阶段会针对声学模型得分和语言模型得分进行综合，将得分最高的词序列作为最后的识别结构。

2. 端到端语音识别系统

端到端语音识别就是基于神经网络构建语音识别模型，如图 5-24 所示，模型的直接输入是原始音频，模型的直接输出是文本序列，如图 5-24 所示。相对传统的语音识别方案而言，端到端语音识别省略了特征抽取、声学模型等中间复杂环节，同时使语音识别技术与语言无关。

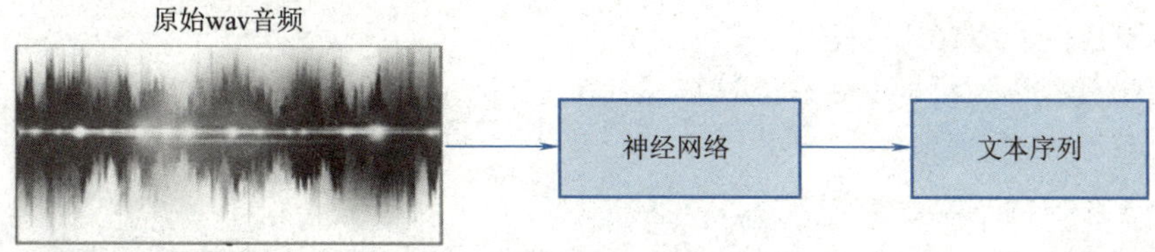

图 5-24　端到端语音识别示意图

中间的神经网络模型可能是 CNN、RNN、selfAttention 等结构，用于学习和处理音频特征。

实训步骤

下面按照实训步骤逐步运行熟悉语音识别模型的调用和解码。

本次实训的语音识别模型是基于端到端框架训练出来的。

第一步　安装该项目需要的 Python 包

```
# 首先安装环境中缺失的该项目的依赖包，torchaudio 用于对原始 wav 音频进行预处理
!pip install torchaudio===0.7.2
```

第二步　解压该项目需要的资源包

```
# 解压该实训中所需要的资源包，包括测试数据和与模型
!unzip -o data-sets/data.zip -d ./
```

```
Archive:  data-sets/data.zip
   creating: ./model/
  inflating: ./model/Attention.py
  inflating: ./model/fbanksampe.py
  inflating: ./model/models.py
  inflating: ./model/PosEncode.py
  inflating: ./model/PosFeedForward.py
   creating: ./models/
  inflating: ./models/dic.dic.npy
  inflating: ./models/read_me
  inflating: ./models/sp_model.pt
  inflating: ./ky1.wav
  inflating: ./ky2.wav
  inflating: ./ky3.wav
```

```
inflating: ./main.py
inflating: ./README.md
inflating: ./requirements.txt
```

第三步　导入该项目需要的 Python 包

```
# 导入该项目的依赖包
from model.models import speech_model
# 模型结构
import torchaudio as ta
# 音频预处理
import numpy as np
# 数据计算
import torch
# 深度学习框架
import IPython.display as ipd
# 音频播放
```

第四步　定义函数，使用 torchaudio 获取音频特征

```
# 定义函数，使用 torchaudio 获取音频特征
def get_fu(path_):
    _wavform, _ = ta.load( path_ )
  # 加载音频
    _wavform = ta.transforms.Resample(new_freq=16000)(_wavform)
  # 对音频进行重采样为 16 000 Hz
    _feature = ta.compliance.kaldi.fbank(
_wavform, num_mel_bins=40)
  # 提取音频特征
    _mean = torch.mean(_feature)
    _std = torch.std(_feature)
    _T_feature =  (_feature - _mean) / _std
    inst_T = _T_feature.unsqueeze(0)
    return inst_T
```

第五步　加载预训练语音识别模型

```
# 加载预训练语音识别模型
model_lo = speech_model()
device_ = torch.device('cpu')
model_lo.load_state_dict(torch.load('models/sp_model.pt'
 , map_location=device_))
model_lo.eval()
```

```
num_wor = np.load('models/dic.dic.npy'
, allow_pickle=True).item()
```

第六步 对测试语音进行识别

```
# 对测试语音进行识别
path_ = 'ky3.wav'
inst_T = get_fu( path_ )
log_  = model_lo( inst_T )
_pre_ = log_.transpose(0,1).detach().numpy()[0]
liuiu = [dd for dd in _pre_.argmax(-1) if dd != 0]
str_end = ''.join([ num_wor[dd] for dd in liuiu ])
ipd.display(ipd.Audio('path_'))
print ( '识别结果：' ,  str_end )
识别结果： 你了解机器人吗我很想学习里面的相关技术真的好厉害
```

实训案例 5 您对商品满意吗

实训目标

案例5情感分类

（1）了解自然语言处理中情感分类任务。

（2）熟悉 lstm 模型的核心结构。

（3）能够搭建 lstm 网络模型实现商品评论的分类。

实训背景

小派兼职经营了一家网店，客户购买并收到了商品之后会填写对商品的评价。为了更好地了解用户对商品的体验，他要分析客户给的评价。由于订单量很大，不可能逐条去分析，他希望从这些评价数据中自动抽取好的评价和不好的评价。他的目标就是有一个关于该商品评价的情感二分类模型。

实训要点

知识点 1 情感分析

情感是人对客观事物是否满足自己的需要而产生的态度体验。机器情感计算就是机器理解人类情感和生成情感的能力。

文本情感计算的六个维度如图 5-25 所示。

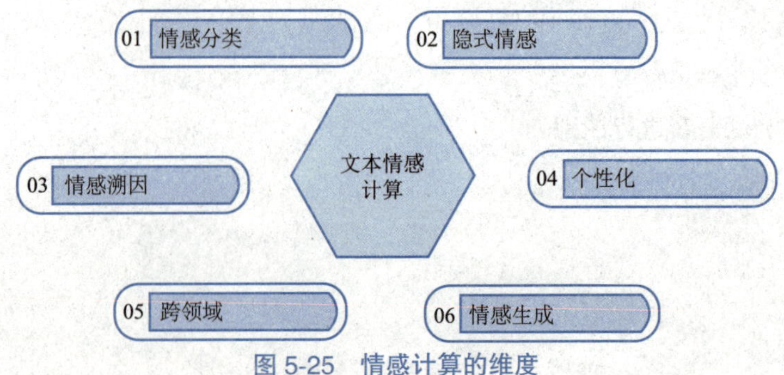

图 5-25 情感计算的维度

情感分类包含粗粒度情感分类和细粒度情感分类。

粗粒度情感分类表明一个人对某件事或对某个物体的整体评价，如图 5-26 所示，一般分为倾向性分类，即褒、贬、中的分类，还有另一种情绪分类，即表示个人主观情绪的喜、怒、悲、恐、惊。

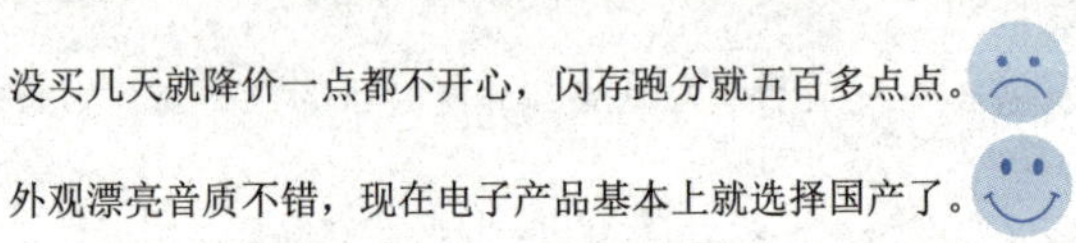

没买几天就降价一点都不开心，闪存跑分就五百多点点。

外观漂亮音质不错，现在电子产品基本上就选择国产了。

图 5-26 粗粒度情感分类示例

细粒度情感分类即针对评价对象及其属性的情感倾向。面向评价对象的情感分类，有很多实际应用。比如关于手机的评价，在评论时按照细粒度分类，可以把评价对象，评价词，属性抽取出来，进一步构建出评价手机体系的维度空间，对每一个粒度进行打分。图 5-27 所示为细粒度情感分类示例。

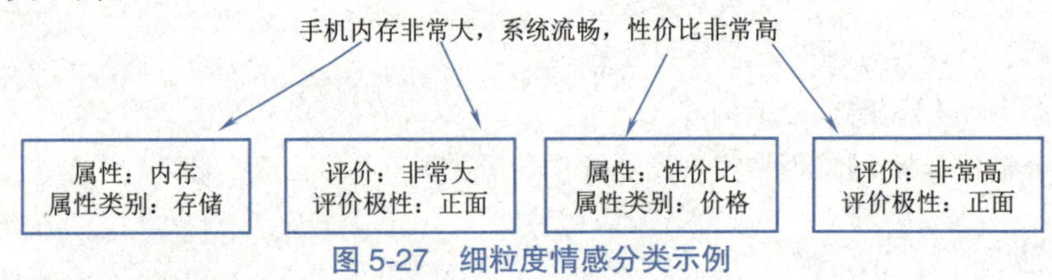

图 5-27 细粒度情感分类示例

粗粒度情感分类是为商家了解用户对产品的评论提供参考。细粒度情感分类可以提供所评价的产品或服务的精准画像，为商家和用户提供不同的评估。

知识点 2 循环神经网络

一个简单的循环神经网络（Recurrent Neural Network, RNN）如图 5-28 所示，它由输入层、一个隐藏层和一个输出层组成：

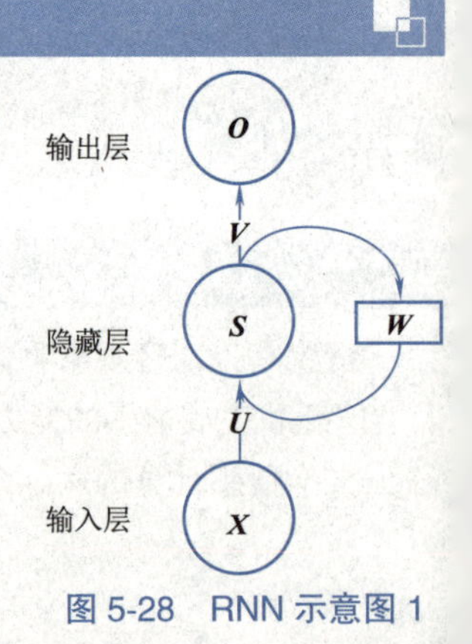

图 5-28 RNN 示意图 1

图中每一块代表的含义如下：

X 是一个向量，它表示输入层的值（这里面没有画出来表示神经元节点的圆圈）。

S 是一个向量，它表示隐藏层的值（这里隐藏层面画了一个节点，也可以想象这一层其实是多个节点，节点数与向量 **S** 的维度相同）。

U 是输入层到隐藏层的权重矩阵。

O 也是一个向量，它表示输出层的值。

V 是隐藏层到输出层的权重矩阵。

如果把上面带 **W** 的那个带箭头的圈去掉，它就变成了最普通的全连接神经网络，如图 5-29 所示。那么，**W** 代表什么呢？

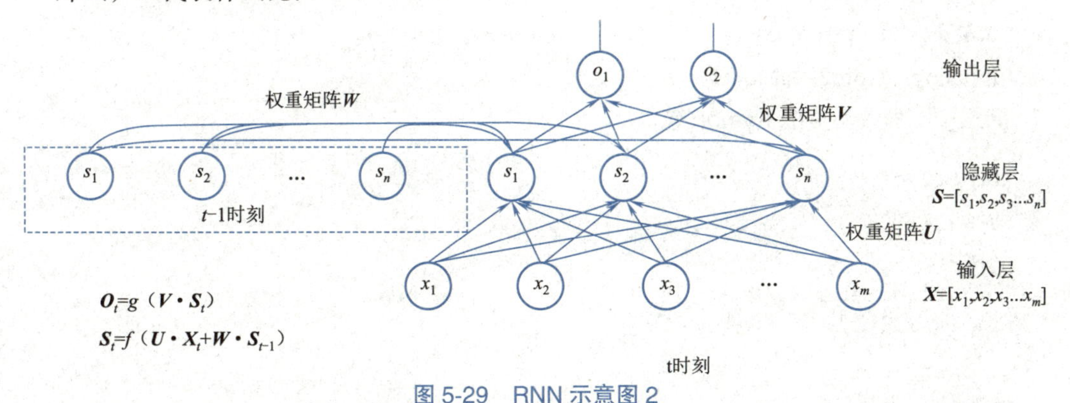

图 5-29 RNN 示意图 2

循环神经网络的隐藏层的值 **S** 不仅仅取决于当前这次的输入 **X**，还取决于上一次隐藏层的值 **S**。

权重矩阵 **W** 就是隐藏层上一次的值作为这一次输入的权重。

如果将 RNN 的隐藏层按时间顺序进行展开，如图 5-30 所示，网络在 t 时刻接收到输入 x_t 之后，隐藏层的值是 s_t，输出值是 o_t。关键一点是，s_t 的值不仅仅取决于 x_t，还取决于 s_{t-1}。

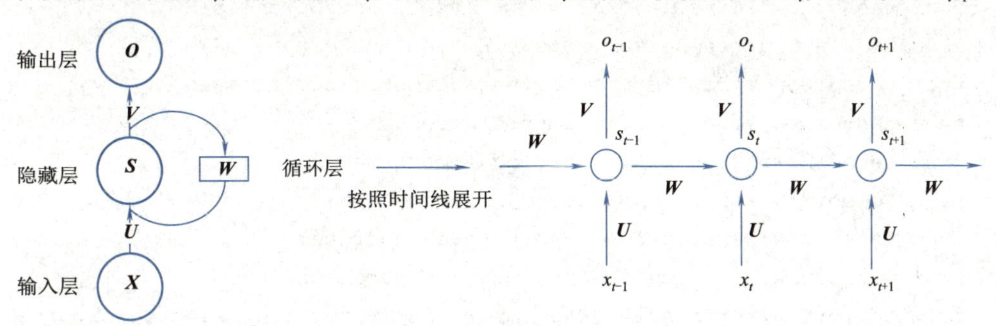

图 5-30 RNN 时间线展开图

长短期记忆（long short-term memory, LSTM）是一种特殊的 RNN，主要是为了解决长序列训练过程中的梯度消失和梯度爆炸问题。简单来说，就是相比普通的 RNN，LSTM 能够在更长的序列中有更好的表现。

实训步骤

该项目路径下包含一份关于某商品的评价文本，而且每条评价均有标签，0 表示差评，1 表示好评。以此数据作为数据集，下面通过构建一个 LSTM 模型，来与对正负面评价进行二分类。

第一步 解压该项目数据集

```
!unzip -o data-sets/data.zip -d ./
```

```
Archive:  data-sets/data.zip
  inflating: ./goods_zh.txt
  inflating: ./lstm.h5
  inflating: ./model_07-0.93.hdf5
  inflating: ./stopword.txt
  inflating: ./word2VecModel
```

第二步　导入必要的 Python 包

```
import os
import csv
import time
import datetime
import random
import json
from collections import Counter
from math import sqrt
import gensim
import pandas as pd
import numpy as np
import tensorflow as tf
from tensorflow.keras.layers import Input,Conv2D,MaxPool2D,
concatenate,Flatten,Dense,Dropout,Embedding,Reshape,LSTM
from tensorflow.keras import Sequential,optimizers,losses
from tensorflow.keras.models import Model
from tensorflow.keras.preprocessing import sequence
from tensorflow.keras import regularizers
from tensorflow.keras.utils import to_categorical
from tensorflow.keras.callbacks import ReduceLROnPlateau
from tensorflow.keras.callbacks import EarlyStopping, ModelCheckpoint
from sklearn.metrics import roc_auc_score, accuracy_score, precision_
score, recall_score
from bs4 import BeautifulSoup
import logging
import gensim
from gensim.models import word2vec
from gensim.models.word2vec import Word2Vec
import multiprocessing
import yaml
import jieba
jieba.setLogLevel(20)
```

```
import warnings
warnings.filterwarnings('ignore')
```

第三步　基本参数配置

配置数据处理、模型训练相关的基本参数，主要包括数据集路径 dataSource、类别数 numClasses、迭代轮数 epochs、词向量维度大小 embeddingSize、批处理句子数 batchSize 等。

```
class Config(object):
    # 数据集路径
    dataSource = "./goods_zh.txt"
    stopWordSource = "./stopword.txt"
    # 分词后保留大于等于最低词频的词
    miniFreq=1
    # 统一输入文本序列的定长，取了所有序列长度的均值。超出将被截断，不足补 0
    sequenceLength = 200
    batchSize=64
    epochs=10
    numClasses = 2
    # 训练集的比例
    rate = 0.8
    # 生成嵌入词向量的维度
    embeddingSize = 150
    # 卷积核数
    numFilters = 30
    # 卷积核大小
    filterSizes = [2,3,4,5]
    dropoutKeepProb = 0.5
    #L2 正则系数
    l2RegLambda = 0.1
# 实例化配置参数对象
config = Config()
```

第四步　预训练词向量

此处直接加载已经训练好的词向量，具体的训练过程见下面代码中的注释部分。

```
'''# 注释部分
file = open("./goods_zh.txt")
sentences=[]
for line in file:
    temp=line.replace('\n','').split(',,')
    sentences.append(jieba.lcut(temp[0]))
```

```
    file.close()


    model = word2vec.Word2Vec(sentences,size=config.embeddingSize,
                              min_count=config.miniFreq,
                              window=10,
                              workers=multiprocessing.cpu_count(),sg=1,
                              iter=20)
    model.save('../data/word2VecModel')
    '''
    model = gensim.models.Word2Vec.load('./word2VecModel')
```

第五步　数据预处理

主要对原始数据做分词处理，将每一个词转换成词典中对应的序号 id，以及划分训练集和测试集。

```
    # 数据预处理的类，生成训练集和测试集
    class Dataset(object):
        def __init__(self, config):
            self.dataSource = config.dataSource
            self.stopWordSource = config.stopWordSource
            # 每条输入的序列处理为定长
            self.sequenceLength = config.sequenceLength
            self.embeddingSize = config.embeddingSize
            self.batchSize = config.batchSize
            self.rate = config.rate
            self.miniFreq=config.miniFreq
            self.stopWordDict = {}
            self.trainReviews = []
            self.trainLabels = []
            self.evalReviews = []
            self.evalLabels = []
            self.testx = []
            self.testy = []
            self.wordEmbedding =None
            self.n_symbols=0
            self.wordToIndex = {}
            self.indexToWord = {}

        def readData(self, filePath):
            file = open(filePath)
            text=[]
```

```
        label=[]
        for line in file:
            temp=line.replace('\n','').split(',,')
            text.append(temp[0])
            label.append(temp[1])
        file.close()
        texts=[jieba.lcut(document.replace('\n',''))
for document in text]
        return texts, label

    def readStopWord(self, stopWordPath):
        # 读取停用词
        with open(stopWordPath, "r") as f:
            stopWords = f.read()
            stopWordList = stopWords.splitlines()
            # 将停用词用列表的形式生成，之后查找停用词时会比较快
            self.stopWordDict=dict(zip(stopWordList,
list(range(len(stopWordList)))))
    def getWordEmbedding(self, words):
        """
        按照数据集中的单词取出预训练好的word2vec中的词向量
        """
        # 中文
        model = gensim.models.Word2Vec.load('./word2VecModel')
        vocab = []
        wordEmbedding = []
        # 添加 "pad" 和 "UNK",
        vocab.append("pad")
        wordEmbedding.append(np.zeros(self.embeddingSize))
        vocab.append("UNK")
        wordEmbedding.append(np.random.randn(
self.embeddingSize))
        for word in words:
            try:
                # 中文
                vector =model[word]
                vocab.append(word)
                wordEmbedding.append(vector)
            except:
                print(word + " : 不存在于词向量中")
        return vocab, np.array(wordEmbedding)
```

```
    def genVocabulary(self, reviews):
        """
        生成词向量和词汇-索引映射字典，可以用全数据集
        """
        allWords = [word for review in reviews for word in review]
        # 去掉停用词
        subWords = [word for word in allWords if word not in self.stopWordDict]
        wordCount = Counter(subWords)  # 统计词频，排序
        sortWordCount = sorted(wordCount.items(),
 key=lambda x: x[1], reverse=True)
        # 去除低频词
        words = [item[0] for item in sortWordCount if item[1] >= self.miniFreq ]
        # 获取词列表和顺序对应的预训练权重矩阵
        vocab, wordEmbedding = self.getWordEmbedding(words)
        self.wordEmbedding = wordEmbedding
        self.wordToIndex = dict(
zip(vocab, list(range(len(vocab)))))
        self.indexToWord = dict(
zip(list(range(len(vocab))), vocab))
        self.n_symbols = len(self.wordToIndex) + 1
        # 将词汇-索引映射表保存为json数据，之后做inference时直接加载来处理数据
        with open("./wordToIndex.json", "w", encoding="utf-8")
as f:
            json.dump(self.wordToIndex, f)
        with open("./indexToWord.json", "w", encoding="utf-8")
as f:
            json.dump(self.indexToWord, f)
    def reviewProcess(self, review, sequenceLength, wordToIndex):
        """
        将数据集中的每条评论里面的词，根据词表，映射为index表示
        每条评论 用index组成的定长数组来表示
        """
        reviewVec = np.zeros((sequenceLength))
        sequenceLen = sequenceLength
        # 判断当前的序列是否小于定义的固定序列长度
        if len(review) < sequenceLength:
            sequenceLen = len(review)
        for i in range(sequenceLen):
            if review[i] in wordToIndex:
                reviewVec[i] = wordToIndex[review[i]]
            else:
                reviewVec[i] = wordToIndex["UNK"]
```

```
        return reviewVec


    def genTrainEvalData(self, x, y, rate):
       # 生成训练集和验证集
        reviews = []
        labels = []
        # 遍历所有的文本，将文本中的词转换成 index 表示
        for i in range(len(x)):
            reviewVec = self.reviewProcess(
x[i], self.sequenceLength, self.wordToIndex)
            reviews.append(reviewVec)
            labels.append([y[i]])
        trainIndex = int(len(x) * rate)
        trainReviews = np.asarray(
reviews[:trainIndex], dtype="int64")
        trainLabels = np.array(
labels[:trainIndex], dtype="float32")
        trainLabels = to_categorical(trainLabels,num_classes=2)
        evalReviews = np.asarray(
reviews[trainIndex:], dtype="int64")
        evalLabels = np.array(
labels[trainIndex:], dtype="float32")
        evalLabels = to_categorical(evalLabels,num_classes=2)
        testx = x[trainIndex:]
        testy = y[trainIndex:]
        return trainReviews, trainLabels, evalReviews, evalLabels,testx,testy
    def dataGen(self):
        """
        初始化训练集和验证集
        """
        # 读取停用词
        self.readStopWord(self.stopWordSource)
        # 读取数据集
        reviews, labels = self.readData(self.dataSource)
        # 分词、去停用词
        # 生成 词汇 - 索引 映射表和预训练权重矩阵，并保存
        self.genVocabulary(reviews)
        # 初始化训练集和测试集
trainReviews,trainLabels,evalReviews,evalLabels,testx,
testy=self.genTrainEvalData(reviews, labels, self.rate)
```

```
        self.trainReviews = trainReviews
        self.trainLabels = trainLabels
        self.evalReviews = evalReviews
        self.evalLabels = evalLabels
        self.testx = testx
        self.testy = testy
data = Dataset(config)
data.dataGen()
print("train data shape: {}".format(data.trainReviews.shape))
print("train label shape: {}".format(data.trainLabels.shape))
print("eval data shape: {}".format(data.evalReviews.shape))
```

运行结果：

```
---- : 不存在于词向量中
-_- : 不存在于词向量中
--- : 不存在于词向量中
----- : 不存在于词向量中
-& : 不存在于词向量中
-_-# : 不存在于词向量中
--------- : 不存在于词向量中
------------- : 不存在于词向量中
--------------- : 不存在于词向量中
+- : 不存在于词向量中
.- : 不存在于词向量中
train data shape: (80846, 200)
train label shape: (80846, 2)
eval data shape: (20212, 200)
```

第六步　定义 LSTM 网络结构

```
def lstm(n_symbols,embedding_weights,config):
    model =Sequential([
        Embedding(input_dim=n_symbols, output_dim=config.embeddingSize,
                        weights=[embedding_weights],
                        input_length=config.sequenceLength),

    #LSTM 层
    LSTM(50,activation='tanh', dropout=0.5, recurrent_dropout
=0.5), Dropout(config.dropoutKeepProb),Dense(
2, activation='softmax')])
model.compile(loss='categorical_crossentropy',optimizer
```

```
='adam',metrics=['accuracy'])

    return model
wordEmbedding = data.wordEmbedding
n_symbols=data.n_symbols
model = lstm(n_symbols,wordEmbedding,config)
model.summary()
```

运行结果：

```
Model: "sequential"
_________________________________________________________________
Layer (type)              Output Shape             Param #
==========================================================
embedding (Embedding) (None, 200, 150)          6684450
_________________________________________________________________
lstm (LSTM)               (None, 50)               40200
_________________________________________________________________
dropout (Dropout)                  (None, 50)           0
_________________________________________________________________
dense (Dense)             (None, 2)                102
==========================================================
Total params: 6,724,752
Trainable params: 6,724,752
Non-trainable params: 0
```

第七步　训练模型

此处为了节约时间，不再演示模型的训练过程，具体训练代码如下，同时保留了训练过程中损失值和准确率的变化曲线图。

```
'''
x_train = data.trainReviews
y_train = data.trainLabels
x_eval = data.evalReviews
y_eval = data.evalLabels
wordEmbedding = data.wordEmbedding
n_symbols=data.n_symbols
reduce_lr = ReduceLROnPlateau(monitor='val_loss', patience=10, mode='auto')
early_stopping = EarlyStopping(monitor='val_loss', patience=5)
model_checkpoint = ModelCheckpoint('./model_{epoch:02d}-{val_accuracy:.2f}.
hdf5', save_best_only=True, save_weights_only=True)
history = model.fit(x_train, y_train, batch_size=config.batchSize, epochs=config.
epochs, validation_split=0.3,shuffle=True, callbacks=[reduce_lr,early_stopping,model_
```

```
checkpoint])
    # 验证
    scores = model.evaluate(x_eval, y_eval)
    # 保存模型
    yaml_string = model.to_yaml()
    with open('./lstm.yml', 'w') as outfile:
        outfile.write( yaml.dump(yaml_string, default_flow_style=True) )
    model.save_weights('./lstm.h5')
    print('test_loss: %f, accuracy: %f' % (scores[0], scores[1]))
    '''
```

模型损失和准确率曲线如图 5-31 所示，图中 training and validation loss 表示训练集和验证集上的损失；training loss 表示训练集上的损失；validation loss 表示验证集上的损失。

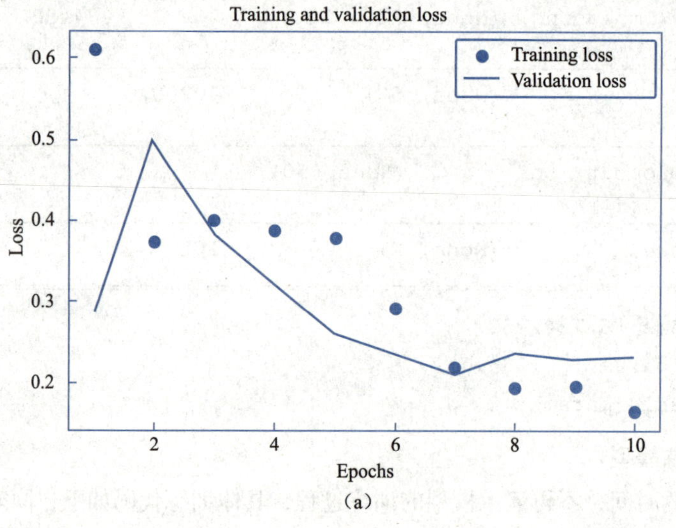

（a）

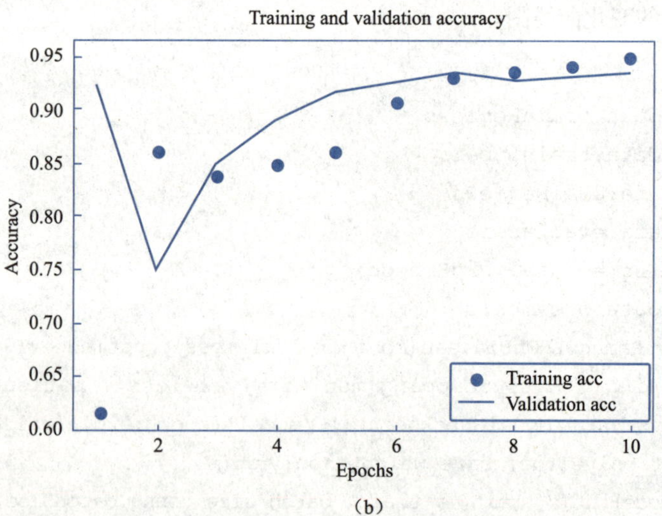

（b）

图 5-31　模型损失和准确率曲线

10 个 epoch 中，每个模型分别在训练集和验证集上的 loss 下降趋势如图 5-31（a）所示。

10 个 epoch 中，每个模型分别在训练集和验证集上的分类准确率的上升趋势如图 5-31（b）所示。

第八步　模型测试

加载已训练的模型，在测试集上计算准确率。

```
x_eval = data.evalReviews
y_eval = data.evalLabels
model_path = './lstm.h5'
model.load_weights (model_path)
scores = model.evaluate(x_eval, y_eval)
print('test_loss: %f, accuracy: %f' % (scores[0], scores[1]))
```

运行结果：

```
632/632 [==============================] - 19s 31ms/step - loss: 0.2392 - accuracy: 0.9304
test_loss: 0.239170, accuracy: 0.930388
```

上面的结果是模型在整个测试集的分类准确率，可以对部分文本的具体预测结果输出和分析。

```
num=15
result = model.predict(x_eval[0:num])
pred = tf.argmax(result, axis=1)
for i in range(num):
    rsltclass='---> 好评 ' if pred[i]==1 else '---> 差评 '
    print(' 第 '+str(i)+' 条评价:'+str(' '.join(data.testx[i]))+rsltclass+'\n')
```

运行结果：

```
第 0 条评价：太垃圾了 ---> 差评
第 1 条评价：物流挺快的，服务态度很好；手机也不错，很喜欢！ ---> 好评
第 2 条评价：很好，很舒服，下次继续光顾 ---> 好评
第 3 条评价：公司买的，一直是买联想电脑。---> 好评
第 4 条评价：都别买，死贵不说，还老卡，用着用着就黑屏，问客服就说打电话 问技术顾问，打电话就说下班了，无语了真的是 ---> 差评
第 5 条评价：哈哈哈哈超级满意的一次购物布摸着很舒服大小刚好也没有评论里说的磨脚物美价廉有点超乎我的意料哈哈哈哈哈哈哈看看洗了之后怎么样脚底很舒服还会回购的 ---> 好评
第 6 条评价：很好很好谢谢 ---> 好评
第 7 条评价：不错，夏天穿正好，就是颜色不耐脏。---> 好评
第 8 条评价：买到了很喜欢的宝贝，真的很不错，值得推荐。---> 好评
第 9 条评价：还是有点落差 ---> 差评
```

```
第 10 条评价：穿上特别不舒服 ---> 好评
第 11 条评价：手机差评，客服差评，买手机还是要去实体店，最起码服务可以保障 ---> 差评
第 12 条评价：垃圾得很！才用了 10 天，耳机就听不了音乐！！！ ---> 差评
第 13 条评价：可以，可以，可以，可以 ---> 差评
第 14 条评价：不错，质量一直相信，支持 #---> 好评
```

从上面测试集中 15 条具体数据来看，模型对绝大部分的评价能够准确做出正负面分类。个别文本分类错误，如第 10 条“穿 上 特别 不 舒服”，可能的原因有：

（1）jiab 分词使句子中“不舒服”切分成两个词“不 舒服”，导致分类错误。

（2）lstm 模型本身没能联系上下文信息。

（3）训练语料中该类型的样本较少。

附录A 派Lab平台基本操作

A.1 平台简介

现有的人工智能实训，主要依赖国外的TensorFlow或Torch、Caffe等开源平台。学校要想搭建完备的人工智能实训平台，需要进行复杂的软件环境配置与硬件升级。与此同时，现有的人工智能教学知识体系主要面向本科及以上人群，要求学生具备一定的数学和计算机知识储备，并不适合高职及以下的学生学习。随机数（浙江）智能科技有限公司（简称随机数智能）响应国家发展人工智能职业教育的时代号召，开展了一系列人工智能课程、平台、教材等产品的研发和推广。

派Lab是由随机数智能专门为高职院校面向人工智能专业打造的在线实训平台，同时支持学生、老师以及学校管理员等角色的使用。基于CDIO教学理念，平台上配备了丰富的人工智能实训案例，可供老师在专业课直接使用，以实训案例驱动教学，调动学生学习的主动性，以实践为主体，理论为辅助，增强学生应用动手能力。

派Lab平台专为学校开展人工智能教育的实际需求而设计，以实训的方式让学生手脑并用，在实际动手中沉浸式学习，让学习变得生动有趣。

派Lab平台采用常见的B/S架构，用户通过浏览器访问平台。由于B/S架构对学生计算机配置要求不高，大部分学校现有的计算机配置已可满足人工智能实训需要，学校无须对计算机硬件进行大规模升级，也无须进行复杂的编程环境配置，仅需保证学校机房连接到服务器的网络带宽满足一定要求即可。

A.2 账号设置

A.2.1 用户登录

用户登录派Lab（lab.314ai.com）后，可查看所有基于个人版的派Lab页面，如图A-1所示。

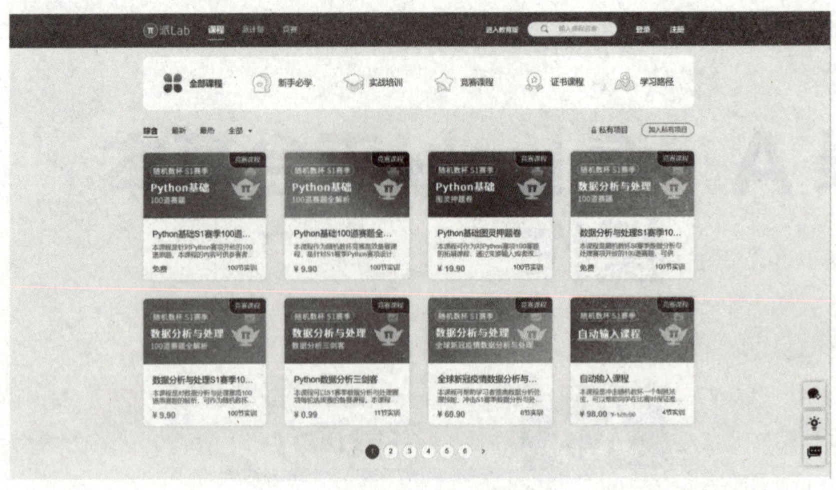

图 A-1　未登录状态页面

此时用户默认为未登录状态，单击右上角的“登录”按钮，即可打开登录对话框。用户可以选择多种登录方式：账号密码登录（见图 A-2）、短信登录（见图 A-3）以及微信登录（见图 A-4）。其中，微信登录需要用户在登录状态绑定个人微信号，仅适用于非首次登录。

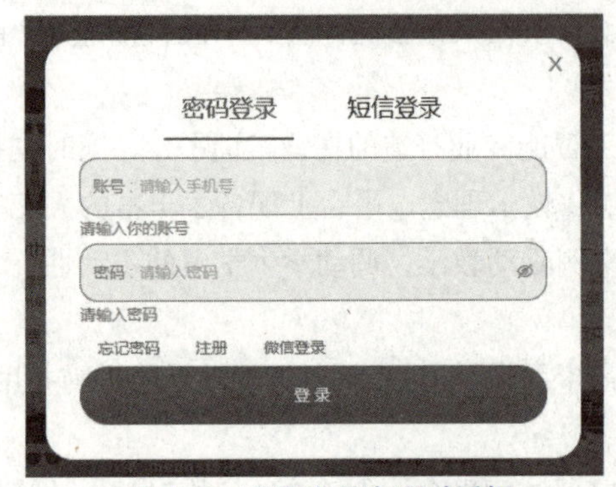

图 A-2　登录账号密码对话框

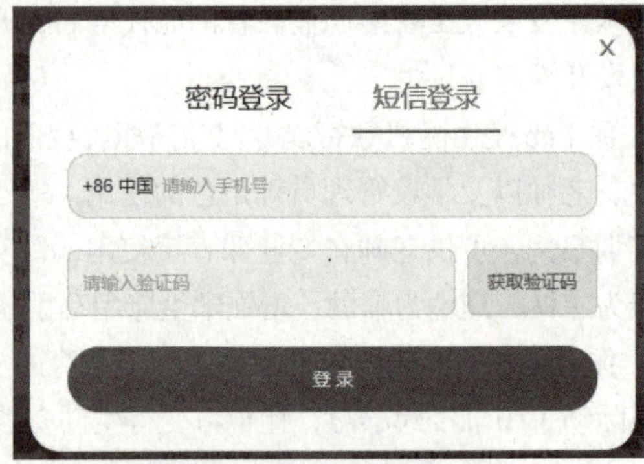

图 A-3　短信登录对话框

图 A-4　微信登录对话框

用户按照指引完成登录后，即可进入派 Lab 人工智能实训平台，如图 A-5 所示。

图 A-5　成功登录派 Lab 实训平台首页

A.2.2　修改密码

修改密码的方式有两种：一种是在登录页单击“忘记密码”按钮；另外一种是登录后在个人设置 - 账号密码处修改密码。

（1）单击“忘记密码”按钮修改自己的登录密码。填写正确的手机号以及新的密码，单击“获取验证码”按钮，所填的手机号将会收到验证码，填写后进行提交即可完成新密码的修改，如图 A-6 所示。

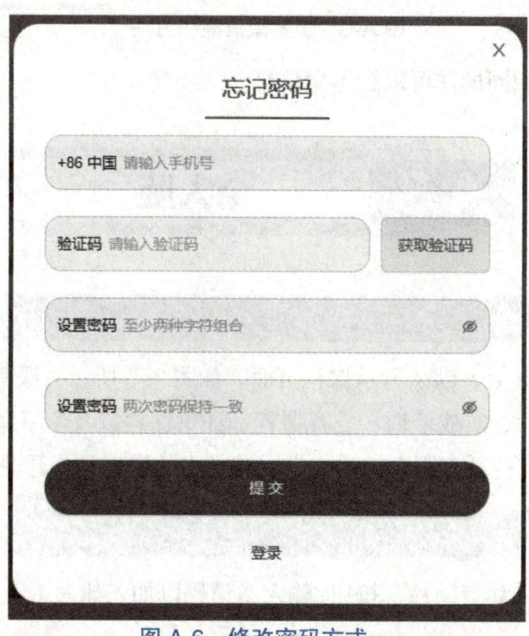

图 A-6　修改密码方式一

（2）在个人设置中修改密码，需要通过手机验证以完成密码的修改，如图 A-7 所示。

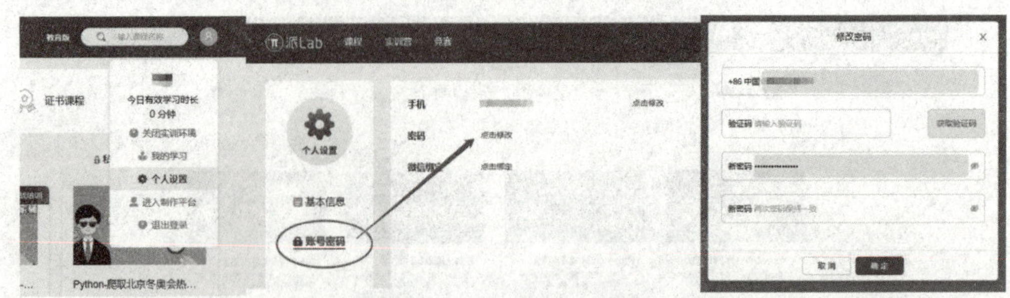

图 A-7　修改密码方式二

A.2.3　绑定微信

处于登录状态的用户，可以在个人设置中绑定微信号。完成绑定后，即可通过微信扫码登录派 Lab，如图 A-8 所示 。

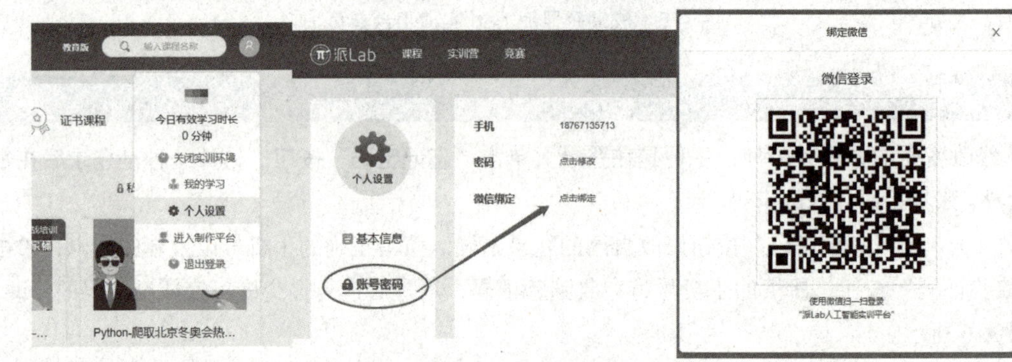

图 A-8　绑定微信操作方法

完成绑定后，通过相同操作可以解绑微信号。

A.3　个人版

A.3.1　平台课程

个人用户登录派 Lab 后，默认显示课程页面。如图 A-5 所示，课程分为付费课程和免费课程，课程类别有新手必学、实战培训、竞赛课程、证书课程以及学习路径。课程页面中显示的派 Lab 中的公开课程，支持所有用户访问。学习路径中的课程是公开课程的特定组合。

A.3.2　私有内容

学生可以通过“加入私有项目”按钮，输入邀请码以加入他人（主要是教师）的私有项目，如图 A-9 所示。

私有项目主要包括课程、仿真课程、作业、考试和教材。

图 A-9　加入私有项目

如图 A-10 所示，在“加入私有项目”按钮左侧，有私有项目的入口，单击后即可查看所有个人已加入的私有项目。

图 A-10　已加入的私有项目

A.3.3　课程学习

在首页课程栏目，单击任意课程后，可以进入课程详情页面。可以查看课程说明、目录和课程教师，如图 A-11 所示。

图 A-11 课程详情页示例

进入课程目录后，单击任意章节的学习按钮即可打开开发环境进行学习，开发环境的使用可以查看 A.6 JupyterLab 如何使用 。

如图 A-12 所示，进入课程目录后，单击文件夹按钮或其他视频按钮，可以查看当前小节的数据集、视频或课程文档等内容。

图 A-12 课程内容相关资源查看示例

A.4 教育版

A.4.1 首页

拥有教育版权限的用户，登录派 Lab 后，单击“教育版”按钮，即可进入教育版界面，如图 A-13 所示。

图 A-13　进入教育版的操作方法

如图 A-14 所示，派 Lab 教育版包含个人版的全部功能，并在此基础上，增加了院校首页、教师中心、控制台（仅限院校管理员用户）三个模块，以下详细说明各个模块。

图 A-14　教育版首页

首页内容由头图、logo、标题与描述组成，如图 A-15 所示，由用户所属院校的管理员进行编辑。

图 A-15　教育版首页用户可编辑内容

首页下方是由派 Lab 提供的院校专属课程资源，如图 A-16 所示。

图 A-16　院校专属课程资源展示

专属课程资源由院校购买后显示，院校教师可以以专属课程为模板，创建属于自己的课程并用于授课。

A.4.2　教师中心－课程

1. 创建新课

用户进入教育版后，单击“教师中心”即可切换教师中心页面。

如图 A-17 所示，教师中心页面由六个模块组成：课程、机器人仿真课程、作业、考试、题库和教材。

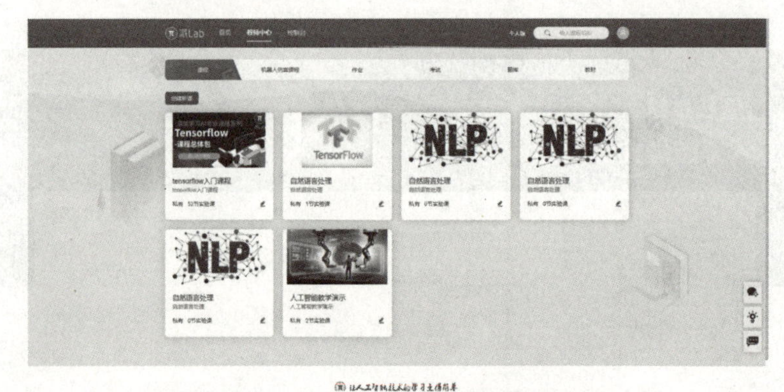

图 A-17　教师中心课程页面

单击“创建新课”按钮，即可开始课程创建，如图 A-18 所示。

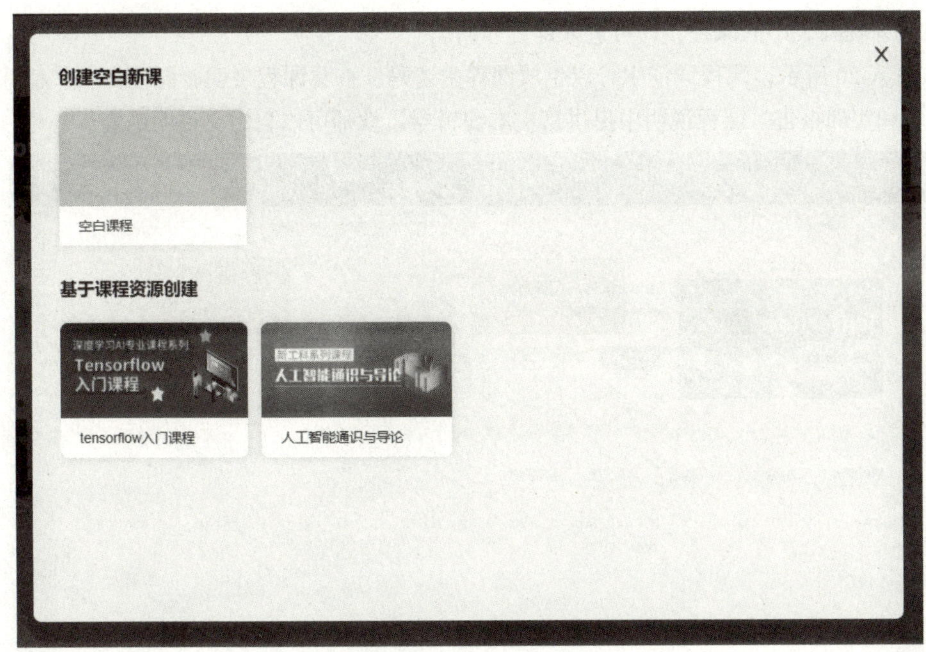

图 A-18　课程创建弹窗

课程创建有两种方式：一是创建空白新课，通过此方法创建的课程，其课程内容全部由创建教师自行制作；二是基于课程资源创建，课程资源是由派 Lab 制作团队完成的优质课程，通过此种方式创建课程，会完全引用派 Lab 团队的课程内容，在此基础上创建教师可以自行发挥与修改，大大节省了课程开发的时间。

需要注意的是，如果无法基于课程资源创建，请联系院校管理员，将课程分配给需要创建课程的教师。创建完成的课程，可以单击“编辑”按钮，修改课程基础信息，如图 A-19 所示。

图 A-19　编辑课程

2. 课程邀请

单击课程列表中的课程，即可进入课程详情。

如图 A-20 所示，课程详情中可以生成课程邀请码、查看课程说明、课程目录、总览数据、参与学生和实训报告。课程说明中提供富文本编辑器，教师可以自定义说明内容。

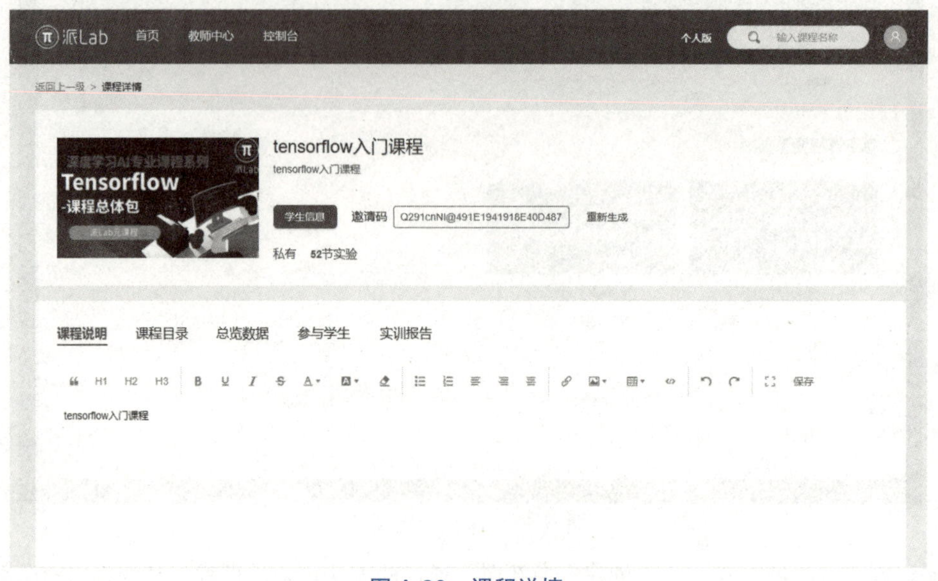

图 A-20　课程详情

课程邀请功能可以生成一个邀请码，任何派 Lab 的用户都可以通过邀请码加入此课程。另外，邀请时，课程加入者所填的信息可以通过“学生信息”按钮进行设置。可以设置的内容包括姓名、学号、性别、班级和邮箱，共五个类别。勾选之后，加入课程的用户需要填写对应信息方可加入课程，如图 A-21 所示。

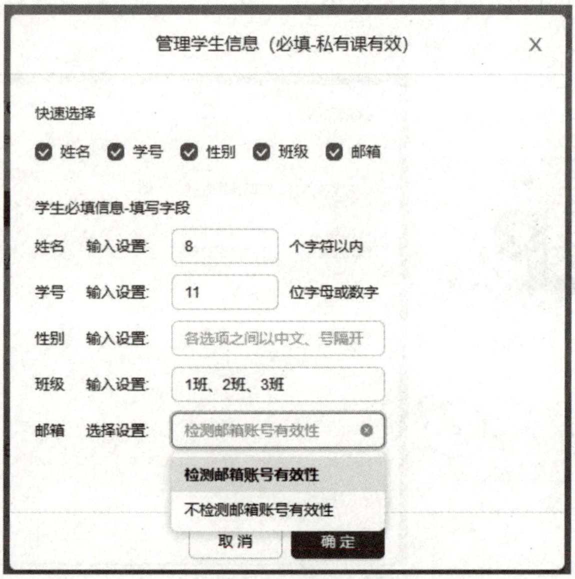

管理学生信息（必填-私有课有效）　X

快速选择

姓名　学号　性别　班级　邮箱

学生必填信息-填写字段

姓名　输入设置:　8　个字符以内

学号　输入设置:　11　位字母或数字

性别　输入设置:　各选项之间以中文、号隔开

班级　输入设置:　1班、2班、3班

邮箱　选择设置:　检测邮箱账号有效性

检测邮箱账号有效性

不检测邮箱账号有效性

取消　确定

图 A-21　加入课程的用户信息编辑

3. 课程制作

课程目录为派 Lab 团队制作的原始课程如图 A-22 所示，教师可以在此基础上创建 / 编辑新章节、小节、制作课程内容等。

图 A-22　课程目录页面

创建小节提供四种创建方式：实训、挑战、使用院校课程和使用我创建的课程，如图 A-23 所示。

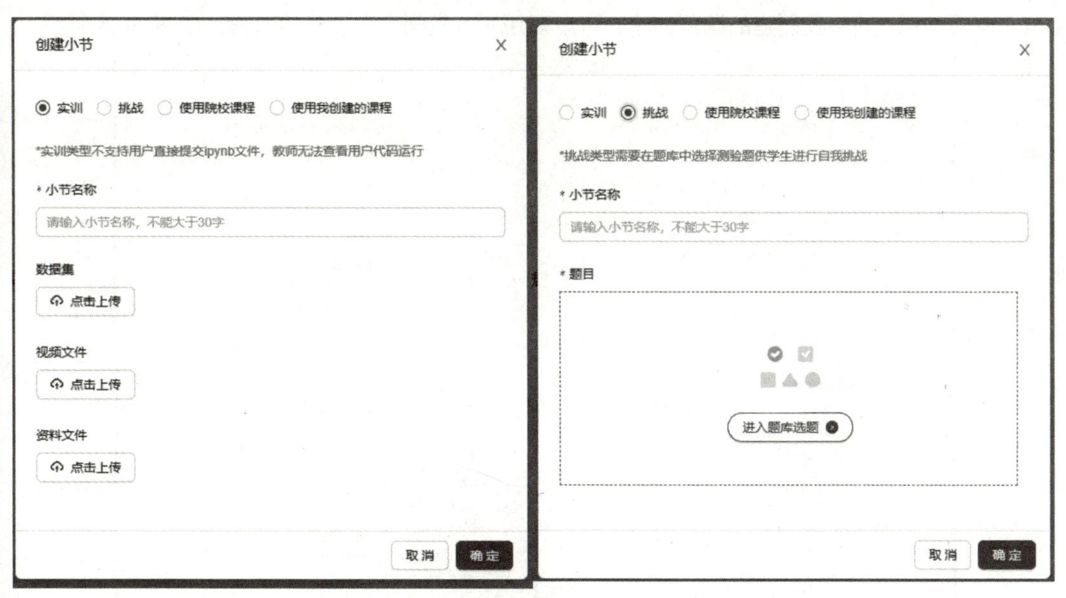

图 A-23　创建小节

创建实训功能创建的是一个空的小节，需要教师自定义数据集、视频和资料；如图 A-24 所示，创建挑战是进入题库中选择题目，可以选择目标类型、难度的题目加入课程中。

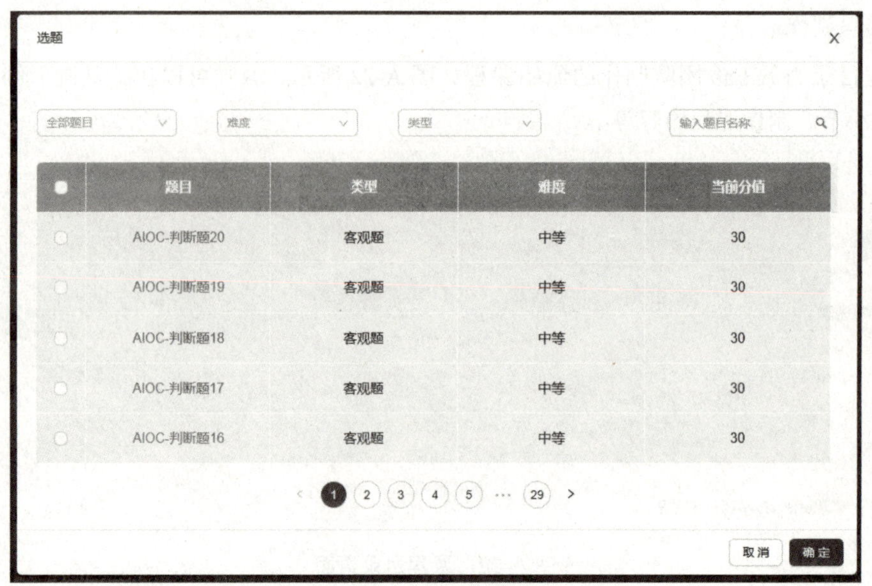

图 A-24　创建挑战选题

使用院校课程创建，可以选择指定课程的指定小节为模板创建小节，一般是在派 Lab 课程部分更新后使用；使用我创建的课程创建，可以复用所有教师个人创建的课程，如图 A-25 所示。

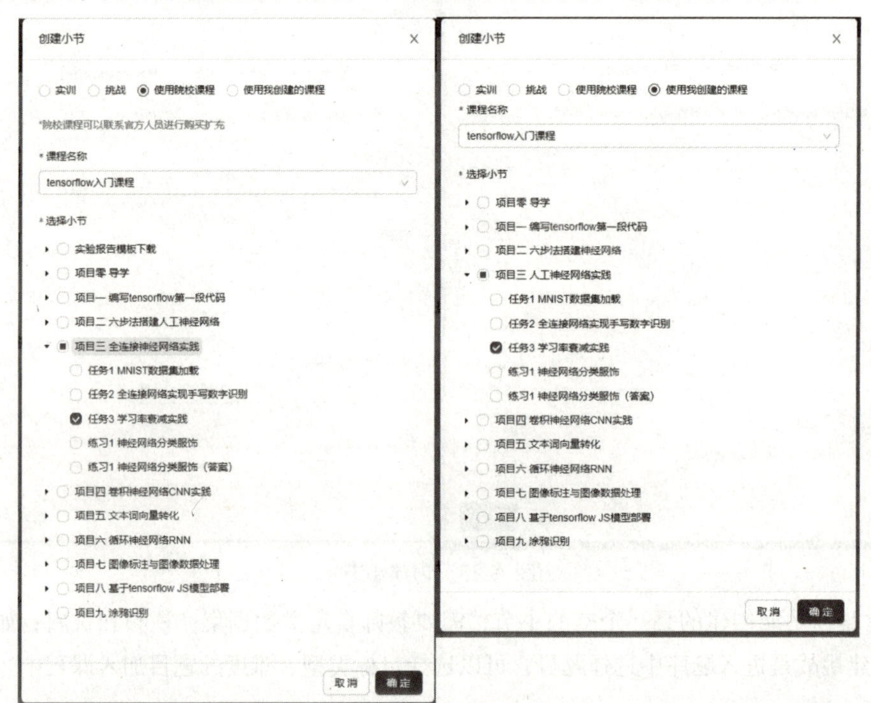

图 A-25　复用课程

小节创建完成后，挑战类型的小节无法制作，实训类型的小节允许制作，教师可以单击“制作”按钮进入 Jupyter 开发环境中，进行自定义编辑。

4. 总览数据

如图 A-26 所示，单击“总览数据”，可以查看课程参与人的学习情况。

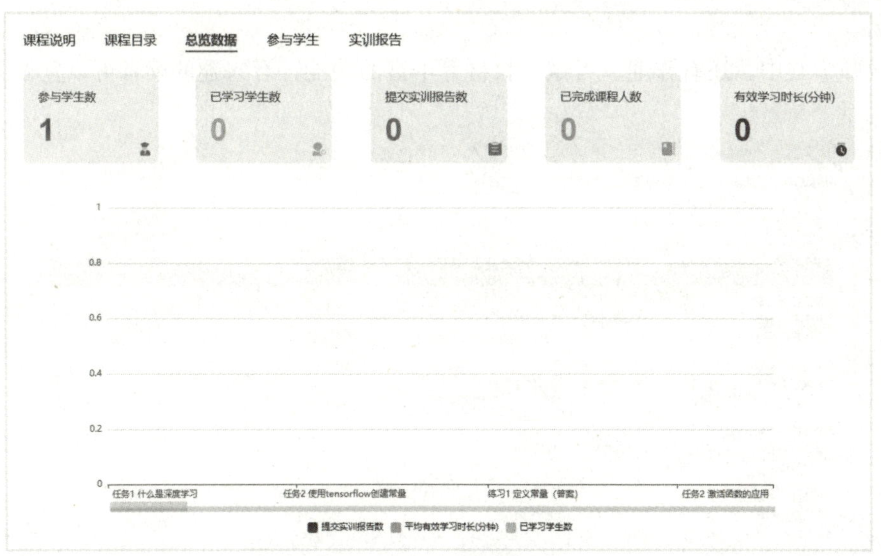

图 A-26　总览数据

5. 参与学生

如图 A-27 所示，单击“参与学生”，可以查看所有参与者的学习进度，报告提交数以及具体每小节的学习详情和得分情况。

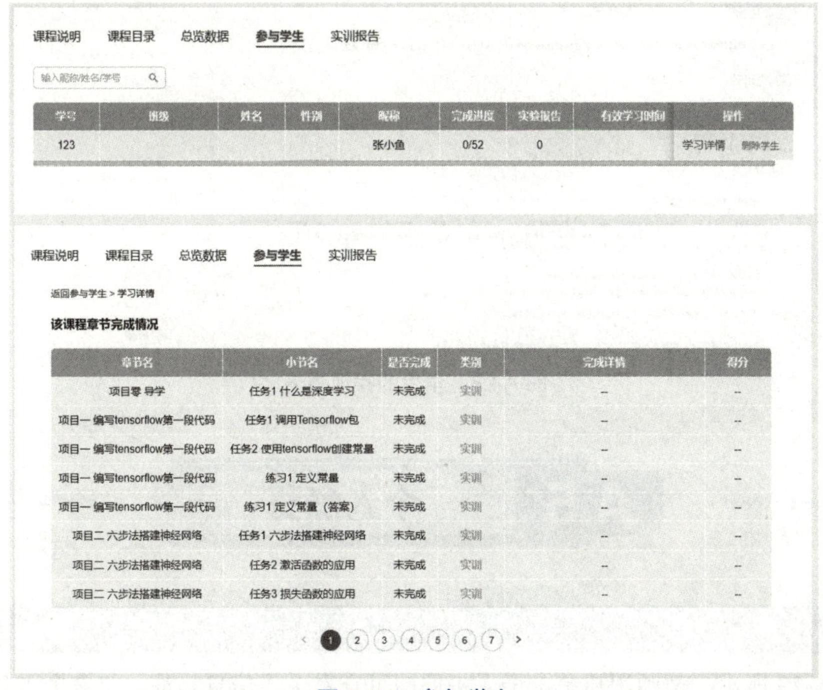

图 A-27　参与学生

6. 实训报告

如图 A-28 所示，单击“实训报告”，可以按照学生姓名、章节、时间等查看学生所提交的实训报告。

在教师中心中，还有作业、考试、教材等丰富的功能，有兴趣的读者可以登录派 Lab 进行查看。

图 A-28 学生的实训报告

A.5 个人概览

A.5.1 个人概览 – 教师

如图 A-29 所示，教师用户单击个人头像即可查看个人信息总览。包含个人身份、所属院校、实验次数和实验时间。

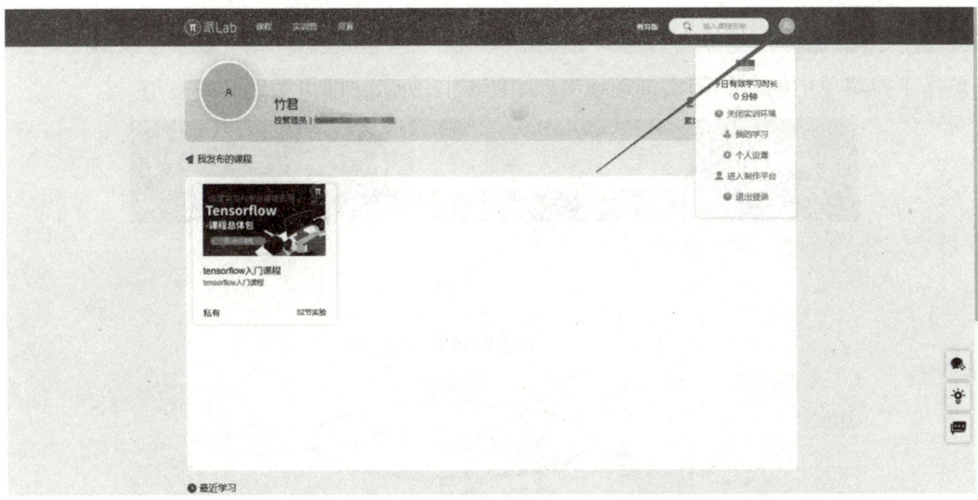

图 A-29　个人总览 – 教师 / 校管理员

页面下方还会显示登录用户所发布的课程以及最近学习的课程，如图 A-30 所示。

图 A-30　最近学习

A.5.2　个人概览 – 普通用户

普通用户单击客人头像也可查看个人信息总览，可以看到自己的最近学习情况，如图 A-31 所示。

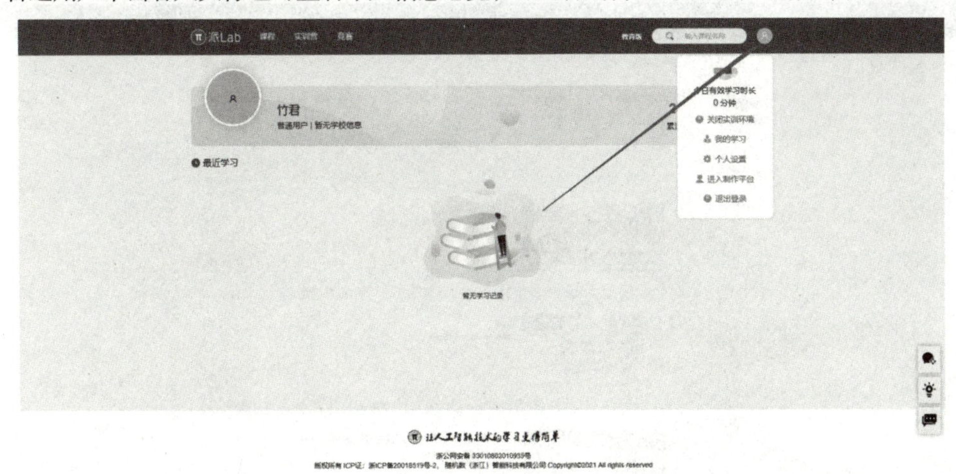

图 A-31　个人总览 – 普通用户

A.5.3 关闭实训环境

单击下拉菜单中的“关闭实训环境”，如图 A-32 所示，即可关闭开发环境。

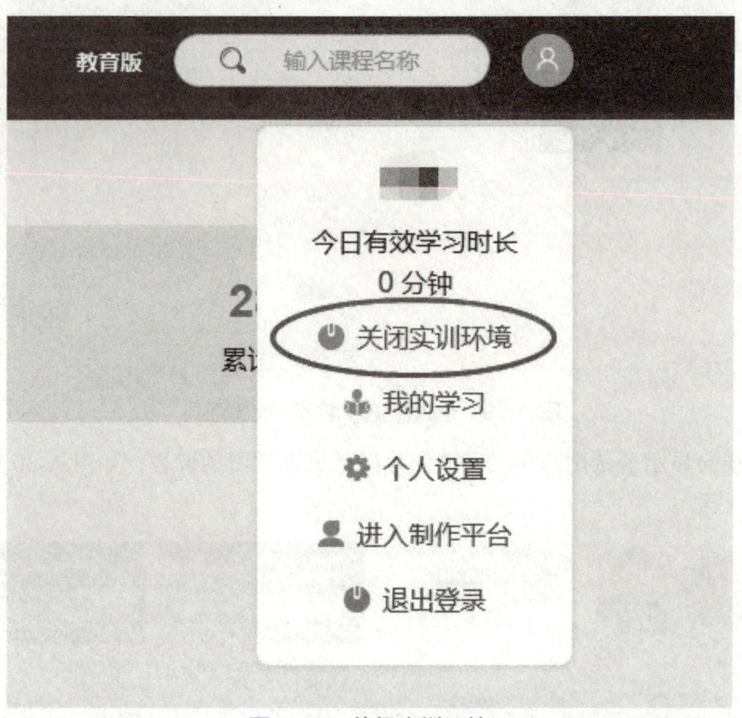

图 A-32　关闭实训环境

A.5.4 我的学习

如图 A-33 所示，单击“我的学习”可以查看个人的课程学习情况。学习情况中包含概览、课程和报告。

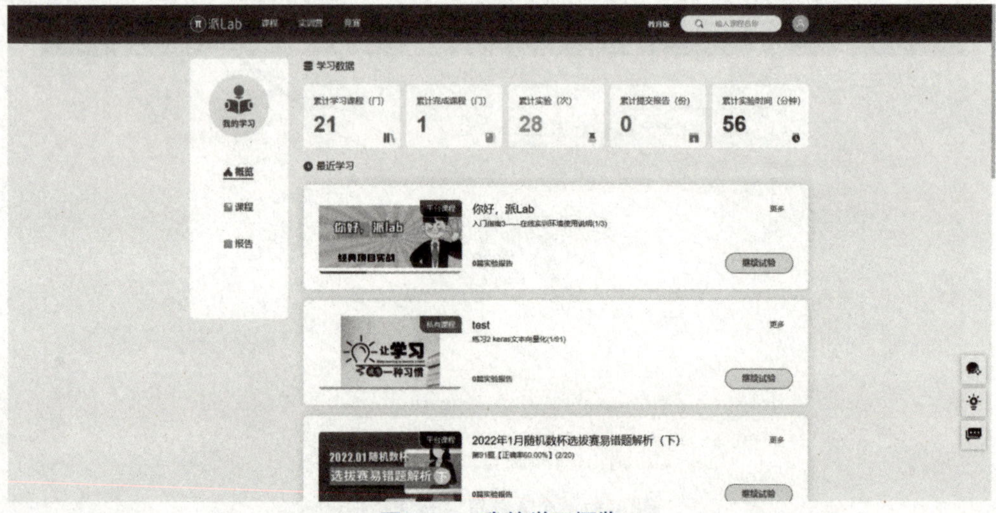

图 A-33　我的学习概览

A.5.5 个人设置

个人设置支持个人基本信息的修改：头像、昵称和个人描述，如图 A-34 所示。

图 A-34　基本信息修改

单击“账号密码”按钮，可以修改自己的手机号、密码。此外，本页面还提供微信绑定和解除功能。

A.6 JupyterLab 如何使用

派 Lab 的在线实训环境是基于最新的 JupyterLab 定制而成的，由一个一个小的单元组成，每个单元称为一个 cell，每个 cell 可以独立运行，这是与传统编程最大的区别。Cell 的类型分为 Markdown 和 Code，在实训环境中，Markdown 内容不可编辑，仅作为实训的指导手册；Code 内容可以编辑以及运行。运行界面如图 A-35 所示。

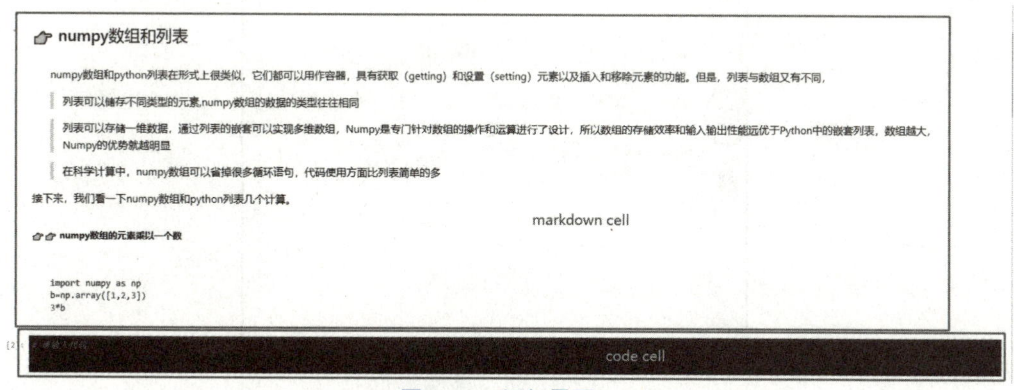

图 A-35　运行界面

接下来讲解派 Lab 实训环境的功能。

A.6.1 文件夹区域

文件夹区域（见图 A-36）中各按钮的功能如下：

按钮 1:“新建”按钮，可以新建一个 Python 文件或者打开控制台、创建文本文件等。

按钮 2:“新建文件夹”按钮，单击可以在当前目录中创建一个文件夹（该文件夹为临时文件夹，重启环境后文件夹会消失）。

按钮 3:“上传”按钮，单击可以上传本机文件至当前目录（同样为临时文件）。

按钮 4:“刷新”按钮，单击刷新文件列表。

按钮 5：目录区域，可查看当前环境的文件目录。

按钮 6:“返回主文件”按钮，返回当前小节的主 ipynb 文件。

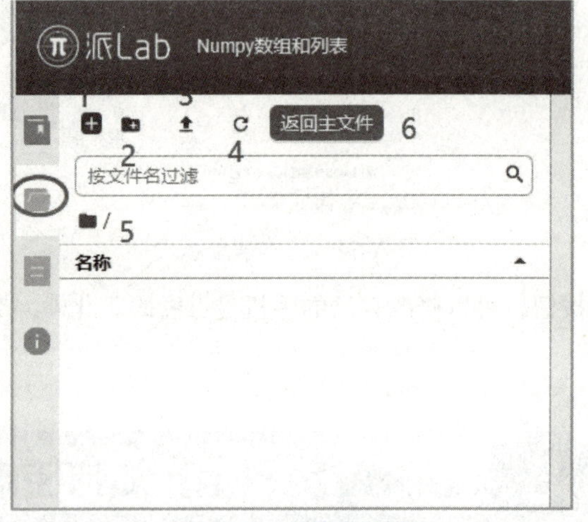

图 A-36 文件夹区域

A.6.2 实训报告区域

通过实训报告区域（见图 A-37），可以以富文本的方式提交该小节的实训报告。

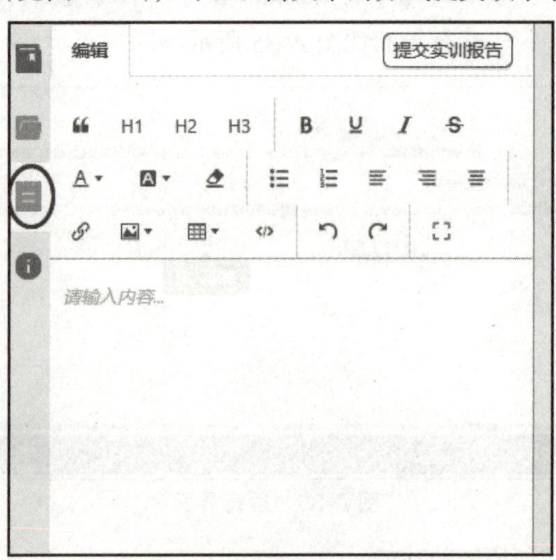

图 A-37 实训报告区域

A.6.3　环境信息区域

环境信息区域显示当前环境的环境信息，如图 A-38 所示。

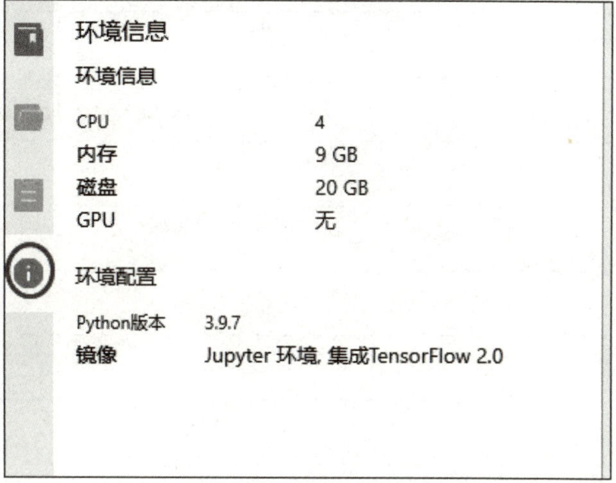

图 A-38　环境信息区域

A.6.4　主界面操作区

主界面操作区（见图 A-39）中各按钮的功能如下：

按钮 1："临时保存"按钮，可对编辑中的内容临时保存。

按钮 2："中断"按钮，中断运行中的 cell。

按钮 3："重启"按钮，重启环境内核，所有变量将重置。

按钮 4："运行"按钮，运行当前选中的 cell。

按钮 5：将选中的 cell 上移一个 cell。

按钮 6：将选中的 cell 下移一个 cell。

按钮 7：创建一个新 cell。

按钮 8：将当前 cell 更改为代码 cell。

按钮 9：将当前 cell 更改为 markdown cell。

按钮 10：删除当前 cell。

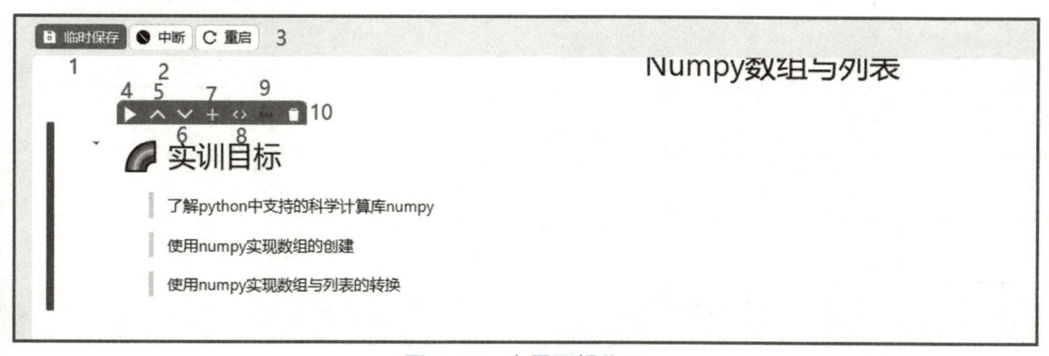

图 A-39　主界面操作区